危险化学品从业人员安全培训系列教材

# 危险化学品生产安全

方文林　主　编

中国石化出版社

## 内 容 提 要

本书在对危险化学品生产企业概述的基础上，重点阐述了“新改扩”建设项目行政许可、危险化学品生产企业安全生产许可和非药品类易制毒化学品生产的许可与备案的程序和监管要求。结合国家重点监管的危险化工工艺讲述了8个典型化学反应基本安全技术，重点说明了生产装置开工、停工的安全监控要点，同时对危险化学品重大危险源安全监控技术、现代企业安全管理技术、生产企业安全教育和培训、危险化学品安全生产检查进行了详细叙述。

本书适合危险化学品企业生产人员培训学习，也可供危险化学品企业管理人员参考。

**图书在版编目(CIP)数据**

危险化学品生产安全 / 方文林主编. —北京：中国石化出版社，2016.6
危险化学品从业人员安全培训系列教材
ISBN 978-7-5114-4037-2

Ⅰ.①危… Ⅱ.①方… Ⅲ.①化工产品-危险品-安全生产-安全培训-教材 Ⅳ.①TQ086.5

中国版本图书馆 CIP 数据核字(2016)第 104937 号



**中国石化出版社出版发行**
地址：北京市东城区安定门外大街 58 号
邮编：100011 电话：(010)84271850
读者服务部电话：(010)84289974
http://www.sinopec-press.com
E-mail：press@sinopec.com
北京科信印刷有限公司印刷
全国各地新华书店经销
*
787×1092 毫米 16 开本 16.25 印张 408 千字
2016 年 6 月第 1 版 2016 年 6 月第 1 次印刷
定价：55.00 元

# 《危险化学品生产安全》

# 编　委　会


**主　　编**　方文林

**编写人员**　綦长茂　鲜爱国　程　军

马洪金　张鲁涛　陈凤棉

**审稿专家**　李东洲　杜红岩　李福阳

# 前　言

目前世界上所发现的化学品已超过1000余万种，不少化学品具有易燃、易爆、有毒、有害的危险特性，给人类生存带来了一定的威胁。在危险化学品的生产过程中，由于对危险化学品的管理、防护不当及生产过程固有的危险性，所引发事故的总起数和死亡人数占危险化学品事故的74%，故必须严格控制危险化学品生产企业的准入，全面提高危险化学品生产企业的安全生产水平。

首先，必须准确界定危险化学品生产企业，严格按照生产企业应具备的基本条件设立企业。生产企业必须有生产装置，生产装置"新改扩"建设项目，必须根据国家的最新要求进行安全条件审查、安全设施设计审查，实施政府行政许可。危险化学品生产企业必须取得安全生产许可证，存在非药品类易制毒化学品的生产企业必须按照法规要求进行生产的许可与备案。

第二，必须提高生产装置的安全技术水平，提高物料输送、加热过程等12个化工单元操作的基本操作技术，提高国家重点监管的危险化工工艺、典型化学反应基本安全技术，加强对生产装置开工、停工的安全监控管理。属于危险化学品重大危险源的生产装置还必须强化安全监控技术，并与生产企业的应急指挥平台的建设有机地融为一体。

第三，必须提高生产企业的现代化管理技术水平。包括危险源辨识与风险评价、关键装置要害(重点)部位监控管理、安全台账档案管理，开展生产企业安全教育培训的策划与组织，提高人的技能和管理水平。及时按照安全监管检查的共性要求、生产现场安全监督检查要求和专业要求，开展安全检查、隐患排查与隐患整改。

基于以上情况我们编写了本书，以便读者准确界定危险化学品生产企业，并有助于提高生产企业的安全技术水平和现代化管理水平。

由于水平有限和时间仓促，书中不妥之处请读者提出宝贵意见和建议，以便再版时修正。

# 目　录

# 第1章　危险化学品生产企业

危险化学品生产、经营、储存、运输、使用或者废弃处置的企业，是指依法设立且取得企业法人营业执照的从事危险化学品生产、经营、储存、运输、使用或者废弃处置等业务，包括最终产品、中间产品或所涉及的危险物品列入《危险化学品名录》的危险化学品的企业。

危险化学品生产单位，是指危险化学品生产企业或者其分公司、子公司所属的独立核算生产成本的单位。

危险化学品生产企业作业场所，是指可能使从业人员接触危险化学品的任何作业活动场所，包括从事危险化学品的生产、操作、处置、储存、搬运、运输、废弃危险化学品的处置或者处理等场所。

## 1.1　危险化学品生产企业界定

2011年12月1日施行的《危险化学品生产企业安全生产许可证实施办法》(国家安全监管总局令第41号)对危险化学品生产企业进行了界定，危险化学品生产企业，是指依法设立且取得企业法人营业执照的从事危险化学品生产的企业，包括最终产品或者中间产品列入《危险化学品目录》(2015版)的企业。

生产最终产品或者中间产品是否为危险化学品的判定，以现行《危险化学品目录》(2015版)的名称及附带说明为准。化学品的名称及说明与现行《危险化学品目录》(2015版)的名称及附带说明不一致的，不视为危险化学品，不需要领取危险化学品生产企业安全生产许可证。

按照国家安监总局有关规定，以使用和销售为目的，购买危化品进行分装(包括充装)或者加入非危化品的溶剂稀释的活动，应视同危化品使用或经营行为，纳入危化品使用许可或经营许可范畴。例如高浓度的液氨加水稀释，成为浓度>10%的氨水溶液，根据《危险化学品目录》(2015版)第35条，查得氨水溶液虽然属于危险化学品，但这样的稀释过程，加入的是非危险化学品——水，应不属于危险化学品生产过程。

危险化学品经营企业将购入的危险化学品配置生产新的危险化学品应视为危险化学品生产企业。对危险化学品浓度由稀提浓的企业应纳入危险化学品生产企业，必须取得安全生产许可证。

按照《城市燃气安全管理规定》(建设部、原劳动部、公安部令第10号)和《城市燃气管理办法》(建设部令第62号)的规定，供给城市中生活、生产等使用的天然气、液化石油气、人工煤气(煤制气、重油制气)等气体燃料属于城市燃气，按《危险化学品安全管理条例》第七十一条规定，不适用于该条例。但作为化工原料等非燃料用途的天然气、液化石油气、人工煤气，应纳入危险化学品安全生产企业范畴。

## 1.2　危险化学品生产企业应具备的条件

《中华人民共和国安全生产法》(2014版)第十七条要求：生产经营单位应当具备本法和

有关法律、行政法规和国家标准或者行业标准规定的安全生产条件；不具备安全生产条件的，不得从事生产经营活动。

《安全生产许可证条例》(国务院总理发布第397号令)规定危险化学品生产企业应当具备下列安全生产条件：

① 建立、健全安全生产责任制，制定完备的安全生产规章制度和操作规程；

② 安全投入符合安全生产要求；

③ 设置安全生产管理机构，配备专职安全生产管理人员；

④ 主要负责人和安全生产管理人员经考核合格；

⑤ 特种作业人员经有关业务主管部门考核合格，取得特种作业操作资格证书；

⑥ 从业人员经安全生产教育和培训合格；

⑦ 依法参加工伤保险，为从业人员缴纳保险费；

⑧ 厂房、作业场所和安全设施、设备、工艺符合有关安全生产法律、法规、标准和规程的要求；

⑨ 有职业危害防治措施，并为从业人员配备符合国家标准或者行业标准的劳动防护用品；

⑩ 依法进行安全评价；

⑪ 有重大危险源检测、评估、监控措施和应急预案；

⑫ 有生产安全事故应急救援预案、应急救援组织或者应急救援人员，配备必要的应急救援器材、设备；

⑬ 法律、法规规定的其他条件。

《危险化学品生产企业安全生产许可证实施办法》(国家安全监管总局令第41号)对《安全生产许可证条例》规定的危险化学品生产企业应具备的条件进行了细化，要求如下：

① 企业选址布局、规划设计以及与重要场所、设施、区域的距离应当符合下列要求：

a) 国家产业政策；当地县级以上(含县级)人民政府的规划和布局；新设立企业建在地方人民政府规划的专门用于危险化学品生产、储存的区域内；

b) 危险化学品生产装置或者储存危险化学品数量构成重大危险源的储存设施，与《危险化学品安全管理条例》第十九条第一款规定的八类场所、设施、区域的距离符合有关法律、法规、规章和国家标准或者行业标准的规定；

c) 总体布局符合《化工企业总图运输设计规范》(GB 50489)、《工业企业总平面设计规范》(GB 50187)、《建筑设计防火规范》(GB 50016)等标准的要求。

石油化工企业除符合本条第一款规定条件外，还应当符合《石油化工企业设计防火规范》(GB 50160)的要求。

② 企业的厂房、作业场所、储存设施和安全设施、设备、工艺应当符合下列要求：

a) 新建、改建、扩建建设项目经具备国家规定资质的单位设计、制造和施工建设；涉及危险化工工艺、重点监管危险化学品的装置，由具有综合甲级资质或者化工石化专业甲级设计资质的化工石化设计单位设计；

b) 不得采用国家明令淘汰、禁止使用和危及安全生产的工艺、设备；新开发的危险化学品生产工艺必须在小试、中试、工业化试验的基础上逐步放大到工业化生产；国内首次使用的化工工艺，必须经过省级人民政府有关部门组织的安全可靠性论证；

c) 涉及危险化工工艺、重点监管危险化学品的装置装设自动化控制系统；涉及危险化工工艺的大型化工装置装设紧急停车系统；涉及易燃易爆、有毒有害气体化学品的场所装设易燃易爆、有毒有害介质泄漏报警等安全设施；

d）生产区与非生产区分开设置，并符合国家标准或者行业标准规定的距离；

e）危险化学品生产装置和储存设施之间及其与建（构）筑物之间的距离符合有关标准规范的规定。

同一厂区内的设备、设施及建（构）筑物的布置必须适用同一标准的规定。

③ 企业应当有相应的职业危害防护设施，并为从业人员配备符合国家标准或者行业标准的劳动防护用品。

④ 企业应当依据《危险化学品重大危险源辨识》（GB 18218），对本企业的生产、储存和使用装置、设施或者场所进行重大危险源辨识。

对已确定为重大危险源的生产和储存设施，应当执行《危险化学品重大危险源监督管理暂行规定》。

⑤ 企业应当依法设置安全生产管理机构，配备专职安全生产管理人员。配备的专职安全生产管理人员必须能够满足安全生产的需要。

⑥ 企业应当建立全员安全生产责任制，保证每位从业人员的安全生产责任与职务、岗位相匹配。

⑦ 企业应当根据化工工艺、装置、设施等实际情况，制定完善下列主要安全生产规章制度：

a）安全生产例会等安全生产会议制度；

b）安全投入保障制度；

c）安全生产奖惩制度；

d）安全培训教育制度；

e）领导干部轮流现场带班制度；

f）特种作业人员管理制度；

g）安全检查和隐患排查治理制度；

h）重大危险源评估和安全管理制度；

i）变更管理制度；

j）应急管理制度；

k）生产安全事故或者重大事件管理制度；

l）防火、防爆、防中毒、防泄漏管理制度；

m）工艺、设备、电气仪表、公用工程安全管理制度；

n）动火、进入受限空间、吊装、高处、盲板抽堵、动土、断路、设备检维修等作业安全管理制度；

o）危险化学品安全管理制度；

p）职业健康相关管理制度；

q）劳动防护用品使用维护管理制度；

r）承包商管理制度；

s）安全管理制度及操作规程定期修订制度。

⑧ 企业应当根据危险化学品的生产工艺、技术、设备特点和原辅料、产品的危险性编制岗位操作安全规程。

⑨ 企业应当按照国家规定提取与安全生产有关的费用，并保证安全生产所必须的资金投入。

⑩ 企业应当依法参加工伤保险，为从业人员缴纳保险费。

⑪ 企业应当依法委托具备国家规定资质的安全评价机构进行安全评价，并按照安全评价报告的意见对存在的安全生产问题进行整改。

⑫ 企业应当依法进行危险化学品登记，为用户提供化学品安全技术说明书，并在危险化学品包装(包括外包装件)上粘贴或者拴挂与包装内危险化学品相符的化学品安全标签。

⑬ 企业应当符合下列应急管理要求：

a）按照国家有关规定编制危险化学品事故应急预案并报有关部门备案；

b）建立应急救援组织或者明确应急救援人员，配备必要的应急救援器材、设备设施，并定期进行演练。

生产、储存和使用氯气、氨气、光气、硫化氢等吸入性有毒有害气体的企业，除符合本条第一款的规定外，还应当配备至少两套以上全封闭防化服；构成重大危险源的，还应当设立气体防护站(组)。

⑭ 企业除符合本章规定的安全生产条件，还应当符合有关法律、行政法规和国家标准或者行业标准规定的其他安全生产条件。

## 1.3 从业人员应具备的条件

《中华人民共和国安全生产法》(2014 版)第二十一条要求危险物品的生产、经营、储存单位和道路运输单位，应当设置安全生产管理机构或者配备专职安全生产管理人员。其他生产经营单位，从业人员超过一百人的，应当设置安全生产管理机构或者配备专职安全生产管理人员；从业人员在一百人以下的，应当配备专职或者兼职的安全生产管理人员。《中华人民共和国安全生产法》(2014 版)还要求企业应当有危险物品安全类注册安全工程师从事安全生产管理工作。

《危险化学品生产企业安全生产许可证实施办法》(国家安全监管总局第 41 号令)对危险化学品生产企业各级人员应具备的条件规定如下：

企业主要负责人、分管安全负责人和安全生产管理人员必须具备与其从事的生产经营活动相适应的安全生产知识和管理能力，依法参加安全生产培训，并经考核合格，取得安全资格证书。

企业分管安全负责人、分管生产负责人、分管技术负责人应当具有一定的化工专业知识或者相应的专业学历，专职安全生产管理人员应当具备国民教育化工化学类(或安全工程)中等职业教育以上学历或者化工化学类中级以上专业技术职称，或者具备危险物品安全类注册安全工程师资格。

特种作业人员应当依照《特种作业人员安全技术培训考核管理规定》，经专门的安全技术培训并考核合格，取得特种作业操作证书。

其他从业人员应当按照国家有关规定，经安全教育培训合格。

### 1.3.1 主要负责人

生产经营单位主要负责人是指对本单位生产经营负全面责任，有生产经营决策权的人员。具体指有限责任公司或股份有限公司的董事长、总经理，其他生产经营单位的厂长、经理、投资人等。

#### 1.3.1.1 资质要求

《中华人民共和国安全生产法》第二十四条规定：“危险物品的生产、经营、储存单位以及矿山、金属冶炼、建筑施工、道路运输单位的主要负责人和安全生产管理人员，应当由主管的负有安全生产监督管理职责的部门对其安全生产知识和管理能力考核合格”。

主要负责人要参加地方政府组织的安全生产管理资格培训，并取得危险化学品生产单位安全资格证，复审周期为三年。主要负责人安全生产管理资格培训时间不少于 48 学时，每年再培训时间不少于 16 学时。

#### 1.3.1.2 安全责任

（1）第一责任

《中华人民共和国安全生产法》第五条规定：“生产经营单位的主要负责人对本单位的安全生产工作全面负责”。主要负责人是安全生产工作的第一责任人。《危险化学品安全管理条例》第四条规定：危险化学品安全管理，应当坚持安全第一、预防为主、综合治理的方针，强化和落实企业的主体责任。生产、储存、使用、经营、运输危险化学品的单位的主要负责人对本单位的危险化学品安全管理工作全面负责。《中华人员共和国消防法》第十六条规定：单位的主要负责人是本单位的消防安全责任人。《中华人民共和国特种设备安全法》第十三条规定：特种设备生产、经营、使用单位及其主要负责人对其生产、经营、使用的特种设备安全负责。

生产经营单位的主要负责人必须履行《中华人民共和国安全生产法》第十八条规定的安全职责，即：

① 建立、健全本单位安全生产责任制；

② 组织制定本单位安全生产规章制度和操作规程；

③ 组织制定并实施本单位安全生产教育和培训计划；

④ 保证本单位安全生产投入的有效实施；

⑤ 督促、检查本单位的安全生产工作，及时消除生产安全事故隐患；

⑥ 组织制定并实施本单位的生产安全事故应急救援预案；

⑦ 及时、如实报告生产安全事故。

这七条安全职责是主要负责人的主要安全职责，是法律规定的最低限度的职责标准。各单位在制定本单位主要负责人的安全职责时要在此七条职责的基础上进行细化、完善。

（2）资源保障

主要负责人要在组织机构、资源上予以保障。

《安全生产法》第二十一条规定：“矿山、金属冶炼、建筑施工、道路运输单位和危险物品的生产、经营、储存单位，应当设置安全生产管理机构或者配备专职安全生产管理人员”。《中华人民共和国特种设备安全法》第十三条规定：特种设备生产、经营、使用单位应当按照国家有关规定配备特种设备安全管理人员、检测人员和作业人员，并对其进行必要的安全教育和技能培训。

《中华人民共和国安全生产法》第二十条规定：“生产经营单位应当具备的安全生产条件所必需的资金投入，由生产经营单位的决策机构、主要负责人或者个人经营的投资人予以保证，并对由于安全生产所必需的资金投入不足导致的后果承担责任”。《中华人民共和国职业病防治法》第二十二条“用人单位应当保障职业病防治所需的资金投入，不得挤占、挪用，并对因资金投入不足导致的后果承担责任。”《生产经营单位安全培训规定》(总局第3号令)第二十三条“生产经营单位应当将安全培训工作纳入本单位年度工作计划。保证本单位安全培训工作所需资金。”第二十五条“生产经营单位安排从业人员进行安全培训期间，应当支付工资和必要的费用。”

《中华人民共和国安全生产法》第四十八条规定：生产经营单位必须依法参加工伤保险，为从业人员缴纳保险费。

国家鼓励生产经营单位投保安全生产责任保险。

第四十二条规定：生产经营单位必须为从业人员提供符合国家标准或者行业标准的劳动防护用品，并监督、教育从业人员按照使用规则佩戴、使用。

《危险化学品从业单位安全标准化通用规范》(AQ 3013—2008)对安全生产投入及工伤保险的要求：

① 企业应依据国家、当地政府的有关安全生产费用提取规定，自行提取安全生产费用，专项用于安全生产。

② 企业应按照规定的安全生产费用使用范围，合理使用安全生产费用，建立安全生产费用台账。

③ 企业应依法参加工伤社会保险，为从业人员缴纳工伤保险费。

购买工伤保险是法律强制性要求。国务院2010年12月20日颁发的《工伤保险条例》规定，“中华人民共和国境内的企业、事业单位、社会团体、民办非企业单位、基金会、律师事务所、会计师事务所等组织和有雇工的个体工商户应当依照本条例规定参加工伤保险，为本单位全部职工或者雇工(以下称职工)缴纳工伤保险费。”因此，企业应该按照规定为所有的从业人员缴纳工伤社会保险金，以解除从业人员的后顾之忧。

《关于印发〈企业安全生产费用提取和使用管理办法〉的通知》(财企[2012]16号)要求，企业要按照规定标准提取安全生产费用在成本中列支，专门用于完善和改进企业或者项目安全生产条件。

保证安全生产所必需的资金包括：

① 完善、改造和维护安全防护设备、设施。

② 配备、维护、保养应急装备(器材、设备、设施等)、应急演练和现场作业人员安全防护物品。

③ 安全生产检查与评价。

④ 重大危险源、事故隐患评估、监控、整改。

⑤ 安全生产宣传、教育与培训。

⑥ 安全生产使用的新技术、新标准、新工艺、新装备的推广应用。

⑦ 其他与安全生产直接相关的投入。

《中华人民共和国安全生产法》第四十四条规定：“生产经营单位应当安排用于配备劳动防护用品、进行安全生产培训的经费”。《中华人民共和国职业病防治法》第二十三条 用人单位必须采用有效的职业病防护设施，并为劳动者提供个人使用的职业病防护用品。

《生产安全事故报告和调查处理条例》(国务院令第493号)第九条　事故发生后，事故现场有关人员应当立即向本单位负责人报告；单位负责人接到报告后，应当于1小时内向事故发生地县级以上人民政府安全生产监督管理部门和负有安全生产监督管理职责的有关部门报告。第十四条　事故发生单位负责人接到事故报告后，应当立即启动事故相应应急预案，或者采取有效措施，组织抢救，防止事故扩大，减少人员伤亡和财产损失。第十六条　事故发生后，有关单位和人员应当妥善保护事故现场以及相关证据，任何单位和个人不得破坏事故现场、毁灭相关证据。

因抢救人员、防止事故扩大以及疏通交通等原因，需要移动事故现场物件的，应当做出标志，绘制现场简图并做出书面记录，妥善保存现场重要痕迹、物证。

(3) 安全培训

《生产经营单位安全培训规定》(国家安全监管总局令第 3 号)第六条规定：生产经营单位主要负责人和安全生产管理人员应当接受安全培训，具备与所从事的生产经营活动相适应的安全生产知识和管理能力。第六条还规定，危险化学品、烟花爆竹等生产经营单位主要负责人和安全生产管理人员，必须接受专门的安全培训，经安全生产监管监察部门对其安全生产知识和管理能力考核合格，取得安全资格证书后，方可任职。

**1.3.1.3　法律责任**

《刑法》《安全生产法》《劳动法》《职业病防治法》《消防法》等规定的罚则如下：

(1)《刑法》中的法律责任

第一百三十四条　【重大责任事故罪；强令违章冒险作业罪】在生产、作业中违反有关安全管理的规定，因而发生重大伤亡事故或者造成其他严重后果的，处三年以下有期徒刑或者拘役；情节特别恶劣的，处三年以上七年以下有期徒刑。

强令他人违章冒险作业，因而发生重大伤亡事故或者造成其他严重后果的，处五年以下有期徒刑或者拘役；情节特别恶劣的，处五年以上有期徒刑。

第一百三十五条　【重大劳动安全事故罪；大型群众性活动重大安全事故罪】安全生产设施或者安全生产条件不符合国家规定，因而发生重大伤亡事故或者造成其他严重后果的，对直接负责的主管人员和其他直接责任人员，处三年以下有期徒刑或者拘役；情节特别恶劣的，处三年以上七年以下有期徒刑。

举办大型群众性活动违反安全管理规定，因而发生重大伤亡事故或者造成其他严重后果的，对直接负责的主管人员和其他直接责任人员，处三年以下有期徒刑或者拘役；情节特别恶劣的，处三年以上七年以下有期徒刑。

第一百三十六条　【危险物品肇事罪】违反爆炸性、易燃性、放射性、毒害性、腐蚀性物品的管理规定，在生产、储存、运输、使用中发生重大事故，造成严重后果的，处三年以下有期徒刑或者拘役；后果特别严重的，处三年以上七年以下有期徒刑。

第一百三十七条　【工程重大安全事故罪】建设单位、设计单位、施工单位、工程监理单位违反国家规定，降低工程质量标准，造成重大安全事故的，对直接责任人员，处五年以下有期徒刑或者拘役，并处罚金；后果特别严重的，处五年以上十年以下有期徒刑，并处罚金。

第一百三十九条　【消防责任事故罪；不报、谎报安全事故罪】违反消防管理法规，经消防监督机构通知采取改正措施而拒绝执行，造成严重后果的，对直接责任人员，处三年以下有期徒刑或者拘役；后果特别严重的，处三年以上七年以下有期徒刑。

在安全事故发生后，负有报告职责的人员不报或者谎报事故情况，贻误事故抢救，情节严重的，处三年以下有期徒刑或者拘役；情节特别严重的，处三年以上七年以下有期徒刑。

(2)《中华人民共和国安全生产法》中的法律责任

第十三条　生产经营单位委托依法设立的为安全生产提供技术、管理服务的机构提供安全生产技术、管理服务的，保证安全生产的责任仍由本单位负责。

第九十条　生产经营单位的决策机构、主要负责人或者个人经营的投资人不依照本法规定保证安全生产所必需的资金投入，致使生产经营单位不具备安全生产条件的，责令限期改正，提供必需的资金；逾期未改正的，责令生产经营单位停产停业整顿。

有前款违法行为，导致发生生产安全事故的，对生产经营单位的主要负责人给予撤职处分，对个人经营的投资人处二万元以上二十万元以下的罚款；构成犯罪的，依照刑法有关规定追究刑事责任。

第九十一条　生产经营单位的主要负责人未履行本法规定的安全生产管理职责的，责令限期改正；逾期未改正的，处二万元以上五万元以下的罚款，责令生产经营单位停产停业整顿。

生产经营单位的主要负责人有前款违法行为，导致发生生产安全事故的，给予撤职处分；构成犯罪的，依照刑法有关规定追究刑事责任。

生产经营单位的主要负责人依照前款规定受刑事处罚或者撤职处分的，自刑罚执行完毕或者受处分之日起，五年内不得担任任何生产经营单位的主要负责人；对重大、特别重大生产安全事故负有责任的，终身不得担任本行业生产经营单位的主要负责人。

第九十二条　生产经营单位的主要负责人未履行本法规定的安全生产管理职责，导致发生生产安全事故的，由安全生产监督管理部门依照下列规定处以罚款：

（一）发生一般事故的，处上一年年收入百分之三十的罚款；

（二）发生较大事故的，处上一年年收入百分之四十的罚款；

（三）发生重大事故的，处上一年年收入百分之六十的罚款；

（四）发生特别重大事故的，处上一年年收入百分之八十的罚款。

第九十四条　生产经营单位有下列行为之一的，责令限期改正，可以处五万元以下的罚款；逾期未改正的，责令停产停业整顿，并处五万元以上十万元以下的罚款，对其直接负责的主管人员和其他直接责任人员处一万元以上二万元以下的罚款：

（一）未按照规定设置安全生产管理机构或者配备安全生产管理人员的；

第一百零三条　生产经营单位与从业人员订立协议，免除或者减轻其对从业人员因生产安全事故伤亡依法应承担的责任的，该协议无效；对生产经营单位的主要负责人、个人经营的投资人处二万元以上十万元以下的罚款。

第一百零六条　生产经营单位的主要负责人在本单位发生生产安全事故时，不立即组织抢救或者在事故调查处理期间擅离职守或者逃匿的，给予降级、撤职的处分，并由安全生产监督管理部门处上一年年收入百分之六十至百分之一百的罚款；对逃匿的处十五日以下拘留；构成犯罪的，依照刑法有关规定追究刑事责任。

生产经营单位的主要负责人对生产安全事故隐瞒不报、谎报或者迟报的，依照前款规定处罚。

（3）《消防法》中的法律责任

第五十八条　违反本法规定，有下列行为之一的，责令停止施工、停止使用或者停产停业，并处三万元以上三十万元以下罚款：

（一）依法应当经公安机关消防机构进行消防设计审核的建设工程，未经依法审核或者审核不合格，擅自施工的；

（二）消防设计经公安机关消防机构依法抽查不合格，不停止施工的；

（三）依法应当进行消防验收的建设工程，未经消防验收或者消防验收不合格，擅自投入使用的；

（四）建设工程投入使用后经公安机关消防机构依法抽查不合格，不停止使用的；

（五）公众聚集场所未经消防安全检查或者经检查不符合消防安全要求，擅自投入使用、营业的。

建设单位未依照本法规定将消防设计文件报公安机关消防机构备案，或者在竣工后未依照本法规定报公安机关消防机构备案的，责令限期改正，处五千元以下罚款。

第五十九条　违反本法规定，有下列行为之一的，责令改正或者停止施工，并处一万元以上十万元以下罚款：

建设单位要求建筑设计单位或者建筑施工企业降低消防技术标准设计、施工的；

工程监理单位与建设单位或者建筑施工企业串通，弄虚作假，降低消防施工质量的。

（4）《中华人民共和国特种设备安全法》中的法律责任

第八十九条　发生特种设备事故，有下列情形之一的，对单位处五万元以上二十万元以下罚款；对主要负责人处一万元以上五万元以下罚款；主要负责人属于国家工作人员的，并依法给予处分：

（一）发生特种设备事故时，不立即组织抢救或者在事故调查处理期间擅离职守或者逃匿的；

（二）对特种设备事故迟报、谎报或者瞒报的。

第九十一条　对事故发生负有责任的单位的主要负责人未依法履行职责或者负有领导责任的，依照下列规定处以罚款；属于国家工作人员的，并依法给予处分：

（一）发生一般事故，处上一年年收入百分之三十的罚款；

（二）发生较大事故，处上一年年收入百分之四十的罚款；

（三）发生重大事故，处上一年年收入百分之六十的罚款。

（5）《安全生产许可证条例》中的法律责任

《安全生产许可证条例》（根据 2014 年 7 月 9 日《国务院关于修改部分行政法规的决定》（国务院令第 653 号）修订）

第十九条　违反本条例规定，未取得安全生产许可证擅自进行生产的，责令停止生产，没收违法所得，并处 10 万元以上 50 万元以下的罚款；造成重大事故或者其他严重后果，构成犯罪的，依法追究刑事责任。

第二十条　违反本条例规定，安全生产许可证有效期满未办理延期手续，继续进行生产的，责令停止生产，限期补办延期手续，没收违法所得，并处 5 万元以上 10 万元以下的罚款；逾期仍不办理延期手续，继续进行生产的，依照本条例第十九条的规定处罚。

第二十一条　违反本条例规定，转让安全生产许可证的，没收违法所得，处 10 万元以上 50 万元以下的罚款，并吊销其安全生产许可证；构成犯罪的，依法追究刑事责任；接受转让的，依照本条例第十九条的规定处罚。

冒用安全生产许可证或者使用伪造的安全生产许可证的，依照本条例第十九条的规定处罚。

（6）《生产安全事故报告和调查处理条例》（国务院令第 493 号）中的法律责任

第三十五条　事故发生单位主要负责人有下列行为之一的，处上一年年收入 40% 至 80% 的罚款；属于国家工作人员的，并依法给予处分；构成犯罪的，依法追究刑事责任：

（一）不立即组织事故抢救的；
（二）迟报或者漏报事故的；
（三）在事故调查处理期间擅离职守的。

第三十六条 事故发生单位及其有关人员有下列行为之一的，对事故发生单位处100万元以上500万元以下的罚款；对主要负责人、直接负责的主管人员和其他直接责任人员处上一年年收入60%至100%的罚款；构成违反治安管理行为的，由公安机关依法给予治安管理处罚；构成犯罪的，依法追究刑事责任：

（一）谎报或者瞒报事故的；
（二）伪造或者故意破坏事故现场的；
（三）转移、隐匿资金、财产，或者销毁有关证据、资料的；
（四）拒绝接受调查或者拒绝提供有关情况和资料的；
（五）在事故调查中作伪证或者指使他人作伪证的；
（六）事故发生后逃匿的。

第三十七条 事故发生单位对事故发生负有责任的，依照下列规定处以罚款：

（一）发生一般事故的，处10万元以上20万元以下的罚款；
（二）发生较大事故的，处20万元以上50万元以下的罚款；
（三）发生重大事故的，处50万元以上200万元以下的罚款；
（四）发生特别重大事故的，处200万元以上500万元以下的罚款。

第三十八条 事故发生单位主要负责人未依法履行安全生产管理职责，导致事故发生的，依照下列规定处以罚款；属于国家工作人员的，并依法给予处分；构成犯罪的，依法追究刑事责任：

（一）发生一般事故的，处上一年年收入30%的罚款；
（二）发生较大事故的，处上一年年收入40%的罚款；
（三）发生重大事故的，处上一年年收入60%的罚款；
（四）发生特别重大事故的，处上一年年收入80%的罚款。

（7）【《生产安全事故报告和调查处理条例》罚款处罚暂行规定】（2007年7月12日国家安全生产监督管理总局令第13号）中的法律责任

第十一条 事故发生单位主要负责人有《生产安全事故报告和调查处理条例》第三十五条规定的行为之一的，依照下列规定处以罚款：

（一）事故发生单位主要负责人在事故发生后不立即组织事故抢救的，处上一年年收入80%的罚款；

（二）事故发生单位主要负责人迟报或者漏报事故的，处上一年年收入40%至60%的罚款；

（三）事故发生单位主要负责人在事故调查处理期间擅离职守的，处上一年年收入60%至80%的罚款。

第十三条 事故发生单位的主要负责人、直接负责的主管人员和其他直接责任人员有《生产安全事故报告和调查处理条例》第三十六条规定的行为之一的，依照下列规定处以罚款：

（一）伪造、故意破坏事故现场，或者转移、隐匿资金、财产、销毁有关证据、资料，或者拒绝接受调查，或者拒绝提供有关情况和资料，或者在事故调查中作伪证，或者指使他人作伪证的，处上一年年收入80%至90%的罚款；

（二）谎报、瞒报事故或者事故发生后逃匿的，处上一年年收入100%的罚款

第十八条　事故发生单位主要负责人未依法履行安全生产管理职责，导致事故发生的，依照下列规定处以罚款：

（一）发生一般事故的，处上一年年收入30%的罚款；

（二）发生较大事故的，处上一年年收入40%的罚款；

（三）发生重大事故的，处上一年年收入60%的罚款；

（四）发生特别重大事故的，处上一年年收入80%的罚款。

（8）《生产经营单位安全培训规定》（国家安监总局令第3号）中的法律责任

第二十九条　生产经营单位有下列行为之一的，由安全生产监管监察部门责令其限期改正，并处2万元以下的罚款：

（一）未将安全培训工作纳入本单位工作计划并保证安全培训工作所需资金的；

（二）未建立健全从业人员安全培训档案的；

（三）从业人员进行安全培训期间未支付工资并承担安全培训费用的。

第三十条　生产经营单位有下列行为的，由安全生产监管监察部门责令其限期改正；逾期未改正的，责令停产停业整顿，并处2万元以下的罚款：

煤矿、非煤矿山、危险化学品、烟花爆竹等生产经营单位主要负责人和安全管理人员未按本规定经考核合格的。

#### 1.3.1.4　必备能力

履行职责时须知道的知识，如安全生产责任制包括的内容有预案需组织编制、内部评审、备案等。

《中华人民共和国安全生产法》第二十四条规定："生产经营单位的主要负责人和安全生产管理人员必须具备与本单位所从事的生产经营活动相应的安全生产知识和管理能力。"所以主要负责人在履行安全职责时必须掌握履职所需的知识和能力。

### 1.3.2　党委（党支部）书记

习近平总书记多次就安全生产工作作出重要批示指示，强调要建立"党政同责、一岗双责、齐抓共管"的安全生产责任体系，党政一把手必须亲力亲为、亲自动手抓。习近平总书记的重要指示，进一步明确了各级党组织的安全生产领导责任。

#### 1.3.2.1　党政同责

党政同责是指企业的党委、行政对安全生产工作都负有领导责任，其班子成员按照职责分工分别承担相应的安全生产工作职责。

#### 1.3.2.2　一岗双责

一岗双责是指企业的党委、行政负责人在履行岗位业务工作职责的同时，按照"谁主管、谁负责"、"管行业必须管安全、管业务必须管安全、管生产经营必须管安全"和"分级负责、属地为主"的原则，履行安全生产工作职责。

#### 1.3.2.3　齐抓共管

齐抓共管是指企业的党委、行政及其工作部门应当共同抓好安全生产，严格落实安全生产监管部门的综合监管责任、行业管理部门的直接监管责任、地方政府的属地监管责任。

在对“党政同责”的理解上，有些人还存在着一定的模糊认识，片面地认为，“党政同责”就是在发生生产事故后，党政负责人一起处理。在以往一些事故的追责处理过程中，主要担责的是企业的行政领导，特别是分管安全生产的一些副职领导，而党委负责人几乎没有因此受过牵连。现在不同了，一旦出事，党政主要负责人都得受到处理。其实这种认识很不全面，“党政同责”的深层意义，不仅仅在于发生事故之后如何去追责、去处理，而是党委和行政共同肩负着安全生产的责任，对宣传教育、人员培训、制度落实、事故预防、社会投入、应急救援、责任追究等，从企业工作的层面，全部纳入党委和行政的议事日程。

## 1.3.3　分管安全负责人、分管生产负责人、分管技术负责人

(1) 其他负责人学历要求

《危险化学品生产企业安全生产许可证实施办法》(安监总局第 41 号令) 第十六条规定：企业分管安全负责人、分管生产负责人、分管技术负责人应当具有一定的化工专业知识或者相应的专业学历，专职安全生产管理人员应当具备国民教育化工化学类(或安全工程)中等职业教育以上学历或者化工化学类中级以上专业技术职称，或者具备危险物品安全类注册安全工程师资格。

(2) 分管安全负责人安全资格证

《危险化学品生产企业安全生产许可证实施办法》(国家安监总局令第 41 号)第十六条规定：企业主要负责人、分管安全负责人和安全生产管理人员必须具备与其从事的生产经营活动相适应的安全生产知识和管理能力，依法参加安全生产培训，并经考核合格，取得安全资格证书。

分管安全负责人要参加地方政府组织的安全培训，并取得危险化学品生产单位安全资格证，复审周期为三年。安全生产管理资格培训时间不少于 48 学时，每年再培训时间不少于 16 学时。

## 1.3.4　安全生产管理人员

生产经营单位安全生产管理人员是指在生产经营单位从事安全生产管理工作的人员。具体指生产经营单位安全生产管理机构负责人及其工作人员，以及未设安全生产管理机构的专兼职安全生产管理人员等。

### 1.3.4.1　资质要求

安全资格证。《中华人民共和国安全生产法》第二十四条规定：“危险物品的生产、经营、储存单位以及矿山、金属冶炼、建筑施工、道路运输单位的主要负责人和安全生产管理人员，应当由主管的负有安全生产监督管理职责的部门对其安全生产知识和管理能力考核合格”。安全生产管理人员要参加地方政府组织的安全培训，并取得危险化学品生产单位安全资格证，复审周期为三年。安全生产管理人员的安全生产管理资格培训时间不少于 48 学时，每年再培训时间不少于 16 学时。

### 1.3.4.2　安全责任

(1)《中华人民共和国安全生产法》中的职责

第二十二条　生产经营单位的安全生产管理机构以及安全生产管理人员履行下列七条职责：

(一) 组织或者参与拟订本单位安全生产规章制度、操作规程和生产安全事故应急救援

预案；

（二）组织或者参与本单位安全生产教育和培训，如实记录安全生产教育和培训情况；

生产经营单位应当建立安全生产教育和培训档案，如实记录安全生产教育和培训的时间、内容、参加人员以及考核结果等情况。

（三）督促落实本单位重大危险源的安全管理措施；

（四）组织或者参与本单位应急救援演练；

（五）检查本单位的安全生产状况，及时排查生产安全事故隐患，提出改进安全生产管理的建议；

（六）制止和纠正违章指挥、强令冒险作业、违反操作规程的行为；

（七）督促落实本单位安全生产整改措施。

这七条职责是安全生产管理机构以及安全生产管理人员的主要安全职责，是法律规定的最低限度的职责标准。各单位在制定本单位安全生产管理机构职责时要在此七条职责的基础上进行细化、完善。本单位安全生产管理机构中的人员安全职责要在此基础上进行分工，安全生产管理机构的每一条职责都有人承担。

第三十二条规定：生产经营单位应当在有较大危险因素的生产经营场所和有关设施、设备上，设置明显的安全警示标志。

（2）《职业病防治法》中的职责

第二十四条　用人单位应当优先采用有利于防治职业病和保护劳动者健康的新技术、新工艺、新设备、新材料，逐步替代职业病危害严重的技术、工艺、设备、材料。

第二十五条　产生职业病危害的用人单位，应当在醒目位置设置公告栏，公布有关职业病防治的规章制度、操作规程、职业病危害事故应急救援措施和工作场所职业病危害因素检测结果。

对产生严重职业病危害的作业岗位，应当在其醒目位置，设置警示标识和中文警示说明。警示说明应当载明产生职业病危害的种类、后果、预防以及应急救治措施等内容。

第二十六条　对可能发生急性职业损伤的有毒、有害工作场所，用人单位应当设置报警装置，配置现场急救用品、冲洗设备、应急撤离通道和必要的泄险区。

对放射工作场所和放射性同位素的运输、贮存，用人单位必须配置防护设备和报警装置，保证接触放射线的工作人员佩戴个人剂量计。

对职业病防护设备、应急救援设施和个人使用的职业病防护用品，用人单位应当进行经常性的维护、检修，定期检测其性能和效果，确保其处于正常状态，不得擅自拆除或者停止使用。

第二十七条　用人单位应当实施由专人负责的职业病危害因素日常监测，并确保监测系统处于正常运行状态。

第三十四条　用人单位与劳动者订立劳动合同（含聘用合同，下同）时，应当将工作过程中可能产生的职业病危害及其后果、职业病防护措施和待遇等如实告知劳动者，并在劳动合同中写明，不得隐瞒或者欺骗。

劳动者在已订立劳动合同期间因工作岗位或者工作内容变更，从事与所订立劳动合同中未告知的存在职业病危害的作业时，用人单位应当依照前款规定，向劳动者履行如实告知的义务，并协商变更原劳动合同相关条款。

用人单位违反前两款规定的，劳动者有权拒绝从事存在职业病危害的作业，用人单位不得因此解除与劳动者所订立的劳动合同。

(3)《中华人员共和国消防法》中的职责

第十六条　机关、团体、企业、事业等单位应当履行下列消防安全职责：

（一）落实消防安全责任制，制定本单位的消防安全制度、消防安全操作规程，制定灭火和应急疏散预案；

（二）按照国家标准、行业标准配置消防设施、器材，设置消防安全标志，并定期组织检验、维修，确保完好有效；

（三）对建筑消防设施每年至少进行一次全面检测，确保完好有效，检测记录应当完整准确，存档备查；

（四）保障疏散通道、安全出口、消防车通道畅通，保证防火防烟分区、防火间距符合消防技术标准；

（五）组织防火检查，及时消除火灾隐患；

（六）组织进行有针对性的消防演练；

（七）法律、法规规定的其他消防安全职责。

单位的主要负责人是本单位的消防安全责任人。

第十七条　县级以上地方人民政府公安机关消防机构应当将发生火灾可能性较大以及发生火灾可能造成重大的人身伤亡或者财产损失的单位，确定为本行政区域内的消防安全重点单位，并由公安机关报本级人民政府备案。

消防安全重点单位除应当履行本法第十六条规定的职责外，还应当履行下列消防安全职责：

（一）确定消防安全管理人，组织实施本单位的消防安全管理工作；

（二）建立消防档案，确定消防安全重点部位，设置防火标志，实行严格管理；

（三）实行每日防火巡查，并建立巡查记录；

（四）对职工进行岗前消防安全培训，定期组织消防安全培训和消防演练。

(4)《危险化学品安全管理条例》(中华人民共和国国务院令第 591 号)中的职责

第十二条　新建、改建、扩建生产、储存危险化学品的建设项目(以下简称建设项目)，应当由安全生产监督管理部门进行安全条件审查。

建设单位应当对建设项目进行安全条件论证，委托具备国家规定的资质条件的机构对建设项目进行安全评价，并将安全条件论证和安全评价的情况报告报建设项目所在地设区的市级以上人民政府安全生产监督管理部门；安全生产监督管理部门应当自收到报告之日起 45 日内作出审查决定，并书面通知建设单位。具体办法由国务院安全生产监督管理部门制定。

新建、改建、扩建储存、装卸危险化学品的港口建设项目，由港口行政管理部门按照国务院交通运输主管部门的规定进行安全条件审查。

第十三条　生产、储存危险化学品的单位，应当对其铺设的危险化学品管道设置明显标志，并对危险化学品管道定期检查、检测。

进行可能危及危险化学品管道安全的施工作业，施工单位应当在开工的 7 日前书面通知管道所属单位，并与管道所属单位共同制定应急预案，采取相应的安全防护措施。管道所属单位应当指派专门人员到现场进行管道安全保护指导。

第十四条　危险化学品生产企业进行生产前，应当依照《安全生产许可证条例》的规定，取得危险化学品安全生产许可证。

第十五条　危险化学品生产企业应当提供与其生产的危险化学品相符的化学品安全技术说明书，并在危险化学品包装(包括外包装件)上粘贴或者拴挂与包装内危险化学品相符的化学品安全标签。化学品安全技术说明书和化学品安全标签所载明的内容应当符合国家标准的要求。

危险化学品生产企业发现其生产的危险化学品有新的危险特性的，应当立即公告，并及时修订其化学品安全技术说明书和化学品安全标签。

第二十二条　生产、储存危险化学品的企业，应当委托具备国家规定的资质条件的机构，对本企业的安全生产条件每3年进行一次安全评价，提出安全评价报告。安全评价报告的内容应当包括对安全生产条件存在的问题进行整改的方案。

生产、储存危险化学品的企业，应当将安全评价报告以及整改方案的落实情况报所在地县级人民政府安全生产监督管理部门备案。在港区内储存危险化学品的企业，应当将安全评价报告以及整改方案的落实情况报港口行政管理部门备案。

第六十七条　危险化学品生产企业、进口企业，应当向国务院安全生产监督管理部门负责危险化学品登记的机构(以下简称危险化学品登记机构)办理危险化学品登记。

危险化学品登记包括下列内容：

(一)分类和标签信息；

(二)物理、化学性质；

(三)主要用途；

(四)危险特性；

(五)储存、使用、运输的安全要求；

(六)出现危险情况的应急处置措施。

(5)《生产安全事故报告和调查处理条例》(国务院令第493号)中的职责

第九条　事故发生后，事故现场有关人员应当立即向本单位负责人报告；单位负责人接到报告后，应当于1小时内向事故发生地县级以上人民政府安全生产监督管理部门和负有安全生产监督管理职责的有关部门报告。

情况紧急时，事故现场有关人员可以直接向事故发生地县级以上人民政府安全生产监督管理部门和负有安全生产监督管理职责的有关部门报告。

第十一条　安全生产监督管理部门和负有安全生产监督管理职责的有关部门逐级上报事故情况，每级上报的时间不得超过2小时。

第十二条　报告事故应当包括下列内容：

(一)事故发生单位概况；

(二)事故发生的时间、地点以及事故现场情况；

(三)事故的简要经过；

(四)事故已经造成或者可能造成的伤亡人数(包括下落不明的人数)和初步估计的直接经济损失；

(五)已经采取的措施；

(六)其他应当报告的情况。

第十三条　事故报告后出现新情况的，应当及时补报。

自事故发生之日起30日内，事故造成的伤亡人数发生变化的，应当及时补报。道路交通事故、火灾事故自发生之日起7日内，事故造成的伤亡人数发生变化的，应当及时补报。

第十六条　事故发生后，有关单位和人员应当妥善保护事故现场以及相关证据，任何单位和个人不得破坏事故现场、毁灭相关证据。

因抢救人员、防止事故扩大以及疏通交通等原因，需要移动事故现场物件的，应当做出标志，绘制现场简图并做出书面记录，妥善保存现场重要痕迹、物证。

(6)【《生产安全事故报告和调查处理条例》罚款处罚暂行规定】(2007 年 7 月 12 日国家安全生产监督管理总局令第 13 号)中的职责

第五条　《条例》所称的迟报、漏报、谎报和瞒报，依照下列情形认定：

(一) 报告事故的时间超过规定时限的，属于迟报；

(二) 因过失对应当上报的事故或者事故发生的时间、地点、类别、伤亡人数、直接经济损失等内容遗漏未报的，属于漏报；

(三) 故意不如实报告事故发生的时间、地点、初步原因、性质、伤亡人数和涉险人数、直接经济损失等有关内容的，属于谎报；

(四) 隐瞒已经发生的事故，超过规定时限未向安全监管监察部门和有关部门报告，经查证属实的，属于瞒报。

第十条　事故发生单位及其有关责任人员对安全生产监督管理部门和煤矿安全监察机构给予的行政处罚，享有陈述、申辩的权利；对行政处罚不服的，有权依法申请行政复议或者提起行政诉讼。

(7)《生产经营单位安全培训规定》(国家安全生产监督管理总局第 3 号令，根据第 63 号令修改，2013 年 8 月 19 日实施)中的职责

第三条　生产经营单位负责本单位从业人员安全培训工作。

生产经营单位应当按照安全生产法和有关法律、行政法规和本规定，建立健全安全培训工作制度。

第四条　生产经营单位应当进行安全培训的从业人员包括主要负责人、安全生产管理人员、特种作业人员和其他从业人员。

生产经营单位从业人员应当接受安全培训，熟悉有关安全生产规章制度和安全操作规程，具备必要的安全生产知识，掌握本岗位的安全操作技能，增强预防事故、控制职业危害和应急处理的能力。

未经安全生产培训合格的从业人员，不得上岗作业。

第十三条　煤矿、非煤矿山、危险化学品、烟花爆竹等生产经营单位必须对新上岗的临时工、合同工、劳务工、轮换工、协议工等进行强制性安全培训，保证其具备本岗位安全操作、自救互救以及应急处置所需的知识和技能后，方能安排上岗作业。

**1.3.4.3　法律责任**

《刑法》《安全生产法》《劳动法》《职业病防治法》《消防法》等规定的罚则如下：

(1)《刑法》中的法律责任

第一百三十四条　【重大责任事故罪；强令违章冒险作业罪】在生产、作业中违反有关安全管理的规定，因而发生重大伤亡事故或者造成其他严重后果的，处三年以下有期徒刑或者拘役；情节特别恶劣的，处三年以上七年以下有期徒刑。

强令他人违章冒险作业，因而发生重大伤亡事故或者造成其他严重后果的，处五年以下有期徒刑或者拘役；情节特别恶劣的，处五年以上有期徒刑。

第一百三十五条　【重大劳动安全事故罪；大型群众性活动重大安全事故罪】安全生产

设施或者安全生产条件不符合国家规定，因而发生重大伤亡事故或者造成其他严重后果的，对直接负责的主管人员和其他直接责任人员，处三年以下有期徒刑或者拘役；情节特别恶劣的，处三年以上七年以下有期徒刑。

举办大型群众性活动违反安全管理规定，因而发生重大伤亡事故或者造成其他严重后果的，对直接负责的主管人员和其他直接责任人员，处三年以下有期徒刑或者拘役；情节特别恶劣的，处三年以上七年以下有期徒刑。

第一百三十六条 【危险物品肇事罪】违反爆炸性、易燃性、放射性、毒害性、腐蚀性物品的管理规定，在生产、储存、运输、使用中发生重大事故，造成严重后果的，处三年以下有期徒刑或者拘役；后果特别严重的，处三年以上七年以下有期徒刑。

第一百三十九条 【消防责任事故罪；不报、谎报安全事故罪】违反消防管理法规，经消防监督机构通知采取改正措施而拒绝执行，造成严重后果的，对直接责任人员，处三年以下有期徒刑或者拘役；后果特别严重的，处三年以上七年以下有期徒刑。

在安全事故发生后，负有报告职责的人员不报或者谎报事故情况，贻误事故抢救，情节严重的，处三年以下有期徒刑或者拘役；情节特别严重的，处三年以上七年以下有期徒刑。

(2)《中华人民共和国安全生产法》中的法律责任

第九十三条 生产经营单位的安全生产管理人员未履行本法规定的安全生产管理职责的，责令限期改正；导致发生生产安全事故的，暂停或者撤销其与安全生产有关的资格；构成犯罪的，依照刑法有关规定追究刑事责任。

第九十四条 生产经营单位有下列行为之一的，责令限期改正，可以处五万元以下的罚款；逾期未改正的，责令停产停业整顿，并处五万元以上十万元以下的罚款，对其直接负责的主管人员和其他直接责任人员处一万元以上二万元以下的罚款：

(一) 未按照规定设置安全生产管理机构或者配备安全生产管理人员的；

(二) 危险物品的生产、经营、储存单位以及矿山、金属冶炼、建筑施工、道路运输单位的主要负责人和安全生产管理人员未按照规定经考核合格的；

(三) 未按照规定对从业人员、被派遣劳动者、实习学生进行安全生产教育和培训，或者未按照规定如实告知有关的安全生产事项的；

(四) 未如实记录安全生产教育和培训情况的；

(五) 未将事故隐患排查治理情况如实记录或者未向从业人员通报的；

(六) 未按照规定制定生产安全事故应急救援预案或者未定期组织演练的；

(七) 特种作业人员未按照规定经专门的安全作业培训并取得相应资格，上岗作业的。

第九十五条 生产经营单位有下列行为之一的，责令停止建设或者停产停业整顿，限期改正；逾期未改正的，处五十万元以上一百万元以下的罚款，对其直接负责的主管人员和其他直接责任人员处二万元以上五万元以下的罚款；构成犯罪的，依照刑法有关规定追究刑事责任：

(一) 未按照规定对矿山、金属冶炼建设项目或者用于生产、储存、装卸危险物品的建设项目进行安全评价的；

(二) 矿山、金属冶炼建设项目或者用于生产、储存、装卸危险物品的建设项目没有安全设施设计或者安全设施设计未按照规定报经有关部门审查同意的；

(三) 矿山、金属冶炼建设项目或者用于生产、储存、装卸危险物品的建设项目的施工单位未按照批准的安全设施设计施工的；

（四）矿山、金属冶炼建设项目或者用于生产、储存危险物品的建设项目竣工投入生产或者使用前，安全设施未经验收合格的。

第九十六条　生产经营单位有下列行为之一的，责令限期改正，可以处五万元以下的罚款；逾期未改正的，处五万元以上二十万元以下的罚款，对其直接负责的主管人员和其他直接责任人员处一万元以上二万元以下的罚款；情节严重的，责令停产停业整顿；构成犯罪的，依照刑法有关规定追究刑事责任：

（一）未在有较大危险因素的生产经营场所和有关设施、设备上设置明显的安全警示标志的；

（二）安全设备的安装、使用、检测、改造和报废不符合国家标准或者行业标准的；

（三）未对安全设备进行经常性维护、保养和定期检测的；

（四）未为从业人员提供符合国家标准或者行业标准的劳动防护用品的；

（五）危险物品的容器、运输工具，以及涉及人身安全、危险性较大的海洋石油开采特种设备和矿山井下特种设备未经具有专业资质的机构检测、检验合格，取得安全使用证或者安全标志，投入使用的；

（六）使用应当淘汰的危及生产安全的工艺、设备的。

第九十八条　生产经营单位有下列行为之一的，责令限期改正，可以处十万元以下的罚款；逾期未改正的，责令停产停业整顿，并处十万元以上二十万元以下的罚款，对其直接负责的主管人员和其他直接责任人员处二万元以上五万元以下的罚款；构成犯罪的，依照刑法有关规定追究刑事责任：

（一）生产、经营、运输、储存、使用危险物品或者处置废弃危险物品，未建立专门安全管理制度、未采取可靠的安全措施的；

（二）对重大危险源未登记建档，或者未进行评估、监控，或者未制定应急预案的；

（三）进行爆破、吊装以及国务院安全生产监督管理部门会同国务院有关部门规定的其他危险作业，未安排专门人员进行现场安全管理的；

（四）未建立事故隐患排查治理制度的。

第九十九条　生产经营单位未采取措施消除事故隐患的，责令立即消除或者限期消除；生产经营单位拒不执行的，责令停产停业整顿，并处十万元以上五十万元以下的罚款，对其直接负责的主管人员和其他直接责任人员处二万元以上五万元以下的罚款。

第一百条　生产经营单位将生产经营项目、场所、设备发包或者出租给不具备安全生产条件或者相应资质的单位或者个人的，责令限期改正，没收违法所得；违法所得十万元以上的，并处违法所得二倍以上五倍以下的罚款；没有违法所得或者违法所得不足十万元的，单处或者并处十万元以上二十万元以下的罚款；对其直接负责的主管人员和其他直接责任人员处一万元以上二万元以下的罚款；导致发生生产安全事故给他人造成损害的，与承包方、承租方承担连带赔偿责任。

生产经营单位未与承包单位、承租单位签订专门的安全生产管理协议或者未在承包合同、租赁合同中明确各自的安全生产管理职责，或者未对承包单位、承租单位的安全生产统一协调、管理的，责令限期改正，可以处五万元以下的罚款，对其直接负责的主管人员和其他直接责任人员可以处一万元以下的罚款；逾期未改正的，责令停产停业整顿。

第一百零一条　两个以上生产经营单位在同一作业区域内进行可能危及对方安全生产的生产经营活动，未签订安全生产管理协议或者未指定专职安全生产管理人员进行安全检查与协调的，责令限期改正，可以处五万元以下的罚款，对其直接负责的主管人员和其他直接责任人员可以处一万元以下的罚款；逾期未改正的，责令停产停业。

第一百零二条　生产经营单位有下列行为之一的，责令限期改正，可以处五万元以下的罚款，对其直接负责的主管人员和其他直接责任人员可以处一万元以下的罚款；逾期未改正的，责令停产停业整顿；构成犯罪的，依照刑法有关规定追究刑事责任：

（一）生产、经营、储存、使用危险物品的车间、商店、仓库与员工宿舍在同一座建筑内，或者与员工宿舍的距离不符合安全要求的；

（二）生产经营场所和员工宿舍未设有符合紧急疏散需要、标志明显、保持畅通的出口，或者锁闭、封堵生产经营场所或者员工宿舍出口的。

第一百零四条　生产经营单位的从业人员不服从管理，违反安全生产规章制度或者操作规程的，由生产经营单位给予批评教育，依照有关规章制度给予处分；构成犯罪的，依照刑法有关规定追究刑事责任。

（3）《职业病防治法》中的法律责任

第七十一条　违反本法规定，有下列行为之一的，由安全生产监督管理部门给予警告，责令限期改正；逾期不改正的，处十万元以下的罚款：

（一）工作场所职业病危害因素检测、评价结果没有存档、上报、公布的；

（二）未采取本法第二十一条规定的职业病防治管理措施的；

（三）未按照规定公布有关职业病防治的规章制度、操作规程、职业病危害事故应急救援措施的；

（四）未按照规定组织劳动者进行职业卫生培训，或者未对劳动者个人职业病防护采取指导、督促措施的；

（五）国内首次使用或者首次进口与职业病危害有关的化学材料，未按照规定报送毒性鉴定资料以及经有关部门登记注册或者批准进口的文件的。

第七十二条　用人单位违反本法规定，有下列行为之一的，由安全生产监督管理部门责令限期改正，给予警告，可以并处五万元以上十万元以下的罚款：

（一）未按照规定及时、如实向安全生产监督管理部门申报产生职业病危害的项目的；

（二）未实施由专人负责的职业病危害因素日常监测，或者监测系统不能正常监测的；

（三）订立或者变更劳动合同时，未告知劳动者职业病危害真实情况的；

（四）未按照规定组织职业健康检查、建立职业健康监护档案或者未将检查结果书面告知劳动者的；

（五）未依照本法规定在劳动者离开用人单位时提供职业健康监护档案复印件的。

第七十三条　用人单位违反本法规定，有下列行为之一的，由安全生产监督管理部门给予警告，责令限期改正，逾期不改正的，处五万元以上二十万元以下的罚款；情节严重的，责令停止产生职业病危害的作业，或者提请有关人民政府按照国务院规定的权限责令关闭：

（一）工作场所职业病危害因素的强度或者浓度超过国家职业卫生标准的；

（二）未提供职业病防护设施和个人使用的职业病防护用品，或者提供的职业病防护设施和个人使用的职业病防护用品不符合国家职业卫生标准和卫生要求的；

（三）对职业病防护设备、应急救援设施和个人使用的职业病防护用品未按照规定进行维护、检修、检测，或者不能保持正常运行、使用状态的；

（四）未按照规定对工作场所职业病危害因素进行检测、评价的；

（五）工作场所职业病危害因素经治理仍然达不到国家职业卫生标准和卫生要求时，未停止存在职业病危害因素的作业的；

（六）未按照规定安排职业病病人、疑似职业病病人进行诊治的；

（七）发生或者可能发生急性职业病危害事故时，未立即采取应急救援和控制措施或者未按照规定及时报告的；

（八）未按照规定在产生严重职业病危害的作业岗位醒目位置设置警示标识和中文警示说明的；

（九）拒绝职业卫生监督管理部门监督检查的；

（十）隐瞒、伪造、篡改、毁损职业健康监护档案、工作场所职业病危害因素检测评价结果等相关资料，或者拒不提供职业病诊断、鉴定所需资料的；

（十一）未按照规定承担职业病诊断、鉴定费用和职业病病人的医疗、生活保障费用的。

第七十五条　用人单位和医疗卫生机构未按照规定报告职业病、疑似职业病的，由有关主管部门依据职责分工责令限期改正，给予警告，可以并处一万元以下的罚款；弄虚作假的，并处二万元以上五万元以下的罚款；对直接负责的主管人员和其他直接责任人员，可以依法给予降级或者撤职的处分。

第七十六条　违反本法规定，有下列情形之一的，由安全生产监督管理部门责令限期治理，并处五万元以上三十万元以下的罚款；情节严重的，责令停止产生职业病危害的作业，或者提请有关人民政府按照国务院规定的权限责令关闭：

（一）隐瞒技术、工艺、设备、材料所产生的职业病危害而采用的；

（二）隐瞒本单位职业卫生真实情况的；

（三）可能发生急性职业损伤的有毒、有害工作场所、放射工作场所或者放射性同位素的运输、贮存不符合本法第二十六条规定的；

（四）使用国家明令禁止使用的可能产生职业病危害的设备或者材料的；

（五）将产生职业病危害的作业转移给没有职业病防护条件的单位和个人，或者没有职业病防护条件的单位和个人接受产生职业病危害的作业的；

（六）擅自拆除、停止使用职业病防护设备或者应急救援设施的；

（七）安排未经职业健康检查的劳动者、有职业禁忌的劳动者、未成年工或者孕期、哺乳期女职工从事接触职业病危害的作业或者禁忌作业的；

（八）违章指挥和强令劳动者进行没有职业病防护措施的作业的。

(4)《突发事件应对法》中的法律责任

第六十四条　有关单位有下列情形之一的，由所在地履行统一领导职责的人民政府责令停产停业，暂扣或者吊销许可证或者营业执照，并处五万元以上二十万元以下的罚款；构成违反治安管理行为的，由公安机关依法给予处罚：

（一）未按规定采取预防措施，导致发生严重突发事件的；

（二）未及时消除已发现的可能引发突发事件的隐患，导致发生严重突发事件的；

（三）未做好应急设备、设施日常维护、检测工作，导致发生严重突发事件或者突发事件危害扩大的；

（四）突发事件发生后，不及时组织开展应急救援工作，造成严重后果的。

前款规定的行为，其他法律、行政法规规定由人民政府有关部门依法决定处罚的，从其规定。

（5）《危险化学品安全管理条例》（中华人民共和国国务院令第591号）中的法律责任

第七十六条　未经安全条件审查，新建、改建、扩建生产、储存危险化学品的建设项目的，由安全生产监督管理部门责令停止建设，限期改正；逾期不改正的，处50万元以上100万元以下的罚款；构成犯罪的，依法追究刑事责任。

第七十七条　未依法取得危险化学品安全生产许可证从事危险化学品生产，或者未依法取得工业产品生产许可证从事危险化学品及其包装物、容器生产的，分别依照《安全生产许可证条例》、《中华人民共和国工业产品生产许可证管理条例》的规定处罚。

违反本条例规定，化工企业未取得危险化学品安全使用许可证，使用危险化学品从事生产的，由安全生产监督管理部门责令限期改正，处10万元以上20万元以下的罚款；逾期不改正的，责令停产整顿。

第七十八条　有下列情形之一的，由安全生产监督管理部门责令改正，可以处5万元以下的罚款；拒不改正的，处5万元以上10万元以下的罚款；情节严重的，责令停产停业整顿：

（一）生产、储存危险化学品的单位未对其铺设的危险化学品管道设置明显的标志，或者未对危险化学品管道定期检查、检测的；

（二）进行可能危及危险化学品管道安全的施工作业，施工单位未按照规定书面通知管道所属单位，或者未与管道所属单位共同制定应急预案、采取相应的安全防护措施，或者管道所属单位未指派专门人员到现场进行管道安全保护指导的；

（三）危险化学品生产企业未提供化学品安全技术说明书，或者未在包装（包括外包装件）上粘贴、拴挂化学品安全标签的；

（四）危险化学品生产企业提供的化学品安全技术说明书与其生产的危险化学品不相符，或者在包装（包括外包装件）粘贴、拴挂的化学品安全标签与包装内危险化学品不相符，或者化学品安全技术说明书、化学品安全标签所载明的内容不符合国家标准要求的；

（五）危险化学品生产企业发现其生产的危险化学品有新的危险特性不立即公告，或者不及时修订其化学品安全技术说明书和化学品安全标签的；

（六）危险化学品经营企业经营没有化学品安全技术说明书和化学品安全标签的危险化学品的；

（七）危险化学品包装物、容器的材质以及包装的型式、规格、方法和单件质量（重量）与所包装的危险化学品的性质和用途不相适应的；

（八）生产、储存危险化学品的单位未在作业场所和安全设施、设备上设置明显的安全警示标志，或者未在作业场所设置通信、报警装置的；

（九）危险化学品专用仓库未设专人负责管理，或者对储存的剧毒化学品以及储存数量构成重大危险源的其他危险化学品未实行双人收发、双人保管制度的；

（十）储存危险化学品的单位未建立危险化学品出入库核查、登记制度的；

（十一）危险化学品专用仓库未设置明显标志的；

（十二）危险化学品生产企业、进口企业不办理危险化学品登记，或者发现其生产、进口的危险化学品有新的危险特性不办理危险化学品登记内容变更手续的。生产、储存剧毒化学品、易制爆危险化学品的单位未设置治安保卫机构、配备专职治安保卫人员的，依照《企业事业单位内部治安保卫条例》的规定处罚。

第八十条　生产、储存、使用危险化学品的单位有下列情形之一的，由安全生产监督管理部门责令改正，处5万元以上10万元以下的罚款；拒不改正的，责令停产停业整顿直至由原发证机关吊销其相关许可证件，并由工商行政管理部门责令其办理经营范围变更登记或者吊销其营业执照；有关责任人员构成犯罪的，依法追究刑事责任：

（一）对重复使用的危险化学品包装物、容器，在重复使用前不进行检查的；

（二）未根据其生产、储存的危险化学品的种类和危险特性，在作业场所设置相关安全设施、设备，或者未按照国家标准、行业标准或者国家有关规定对安全设施、设备进行经常性维护、保养的；

（三）未依照本条例规定对其安全生产条件定期进行安全评价的；

（四）未将危险化学品储存在专用仓库内，或者未将剧毒化学品以及储存数量构成重大危险源的其他危险化学品在专用仓库内单独存放的；

（五）危险化学品的储存方式、方法或者储存数量不符合国家标准或者国家有关规定的；

（六）危险化学品专用仓库不符合国家标准、行业标准的要求的；

（七）未对危险化学品专用仓库的安全设施、设备定期进行检测、检验的。

从事危险化学品仓储经营的港口经营人有前款规定情形的，由港口行政管理部门依照前款规定予以处罚。

第八十一条　有下列情形之一的，由公安机关责令改正，可以处1万元以下的罚款；拒不改正的，处1万元以上5万元以下的罚款：

（一）生产、储存、使用剧毒化学品、易制爆危险化学品的单位不如实记录生产、储存、使用的剧毒化学品、易制爆危险化学品的数量、流向的；

（二）生产、储存、使用剧毒化学品、易制爆危险化学品的单位发现剧毒化学品、易制爆危险化学品丢失或者被盗，不立即向公安机关报告的；

（三）储存剧毒化学品的单位未将剧毒化学品的储存数量、储存地点以及管理人员的情况报所在地县级人民政府公安机关备案的；

（四）危险化学品生产企业、经营企业不如实记录剧毒化学品、易制爆危险化学品购买单位的名称、地址、经办人的姓名、身份证号码以及所购买的剧毒化学品、易制爆危险化学品的品种、数量、用途，或者保存销售记录和相关材料的时间少于1年的；

（五）剧毒化学品、易制爆危险化学品的销售企业、购买单位未在规定的时限内将所销售、购买的剧毒化学品、易制爆危险化学品的品种、数量以及流向信息报所在地县级人民政府公安机关备案的；

（六）使用剧毒化学品、易制爆危险化学品的单位依照本条例规定转让其购买的剧毒化学品、易制爆危险化学品，未将有关情况向所在地县级人民政府公安机关报告的。

生产、储存危险化学品的企业或者使用危险化学品从事生产的企业未按照本条例规定将安全评价报告以及整改方案的落实情况报安全生产监督管理部门或者港口行政管理部门备案，或者储存危险化学品的单位未将其剧毒化学品以及储存数量构成重大危险源的其他危险化学品的储存数量、储存地点以及管理人员的情况报安全生产监督管理部门或者港口行政管理部门备案的，分别由安全生产监督管理部门或者港口行政管理部门依照前款规定予以处罚。

生产实施重点环境管理的危险化学品的企业或者使用实施重点环境管理的危险化学品从事生产的企业未按照规定将相关信息向环境保护主管部门报告的，由环境保护主管部门依照本条第一款的规定予以处罚。

第八十二条　生产、储存、使用危险化学品的单位转产、停产、停业或者解散，未采取有效措施及时、妥善处置其危险化学品生产装置、储存设施以及库存的危险化学品，或者丢弃危险化学品的，由安全生产监督管理部门责令改正，处 5 万元以上 10 万元以下的罚款；构成犯罪的，依法追究刑事责任。

生产、储存、使用危险化学品的单位转产、停产、停业或者解散，未依照本条例规定将其危险化学品生产装置、储存设施以及库存危险化学品的处置方案报有关部门备案的，分别由有关部门责令改正，可以处 1 万元以下的罚款；拒不改正的，处 1 万元以上 5 万元以下的罚款。

第九十五条　发生危险化学品事故，有关地方人民政府及其有关部门不立即组织实施救援，或者不采取必要的应急处置措施减少事故损失，防止事故蔓延、扩大的，对直接负责的主管人员和其他直接责任人员依法给予处分；构成犯罪的，依法追究刑事责任。

(6)《生产安全事故报告和调查处理条例》(国务院令第 493 号)中的法律责任

第三十六条　事故发生单位及其有关人员有下列行为之一的，对事故发生单位处 100 万元以上 500 万元以下的罚款；对主要负责人、直接负责的主管人员和其他直接责任人员处上一年年收入 60%至 100%的罚款；属于国家工作人员的，并依法给予处分；构成违反治安管理行为的，由公安机关依法给予治安管理处罚；构成犯罪的，依法追究刑事责任：

(一) 谎报或者瞒报事故的；

(二) 伪造或者故意破坏事故现场的；

(三) 转移、隐匿资金、财产，或者销毁有关证据、资料的；

(四) 拒绝接受调查或者拒绝提供有关情况和资料的；

(五) 在事故调查中作伪证或者指使他人作伪证的；

(六) 事故发生后逃匿的。

第三十七条　事故发生单位对事故发生负有责任的，依照下列规定处以罚款：

(一) 发生一般事故的，处 10 万元以上 20 万元以下的罚款；

(二) 发生较大事故的，处 20 万元以上 50 万元以下的罚款；

(三) 发生重大事故的，处 50 万元以上 200 万元以下的罚款；

(四) 发生特别重大事故的，处 200 万元以上 500 万元以下的罚款。

(7)【《生产安全事故报告和调查处理条例》罚款处罚暂行规定】(2007 年 7 月 12 日国家安全生产监督管理总局令第 13 号)中的法律责任

第十二条　事故发生单位有《条例》第三十六条第一项规定行为之一的，处 200 万元的罚款；同时贻误事故抢救或者造成事故扩大或者影响事故调查的，处 300 万元的罚款；同时贻误事故抢救或者造成事故扩大或者影响事故调查，手段恶劣，情节严重的，处 500 万元的罚款。

事故发生单位有《条例》第三十六条第二至六项规定行为之一的，处 100 万元以上 200 万元以下的罚款；同时贻误事故抢救或者造成事故扩大或者影响事故调查的，处 200 万元以上 300 万元以下的罚款；同时贻误事故抢救或者造成事故扩大或者影响事故调查，手段恶劣，情节严重的，处 300 万元以上 500 万元以下的罚款。

第十三条　事故发生单位的主要负责人、直接负责的主管人员和其他直接责任人员有《条例》第三十六条规定的行为之一的，依照下列规定处以罚款：

(一) 伪造、故意破坏事故现场，或者转移、隐匿资金、财产、销毁有关证据、资料，或者拒绝接受调查，或者拒绝提供有关情况和资料，或者在事故调查中作伪证，或者指使他人作伪证的，处上一年年收入80%至90%的罚款；

（二）谎报、瞒报事故或者事故发生后逃匿的，处上一年年收入100%的罚款。

第十四条　事故发生单位对造成3人以下死亡，或者3人以上10人以下重伤（包括急性工业中毒），或者300万元以上1000万元以下直接经济损失的事故负有责任的，处10万元以上20万元以下的罚款。

事故发生单位有本条第一款规定的行为且谎报或者瞒报事故的，处20万元的罚款。

第十五条　事故发生单位对较大事故发生负有责任的，依照下列规定处以罚款：

（一）造成3人以上6人以下死亡，或者10人以上30人以下重伤（包括急性工业中毒），或者1000万元以上3000万元以下直接经济损失的，处20万元以上30万元以下的罚款；

（二）造成6人以上10人以下死亡，或者30人以上50人以下重伤（包括急性工业中毒），或者3000万元以上5000万元以下直接经济损失的，处30万元以上50万元以下的罚款。

事故发生单位对较大事故发生负有责任且有谎报或者瞒报行为的，处50万元的罚款。

第十六条　事故发生单位对重大事故发生负有责任的，依照下列规定处以罚款：

（一）造成10人以上15人以下死亡，或者50人以上70人以下重伤（包括急性工业中毒），或者5000万元以上7000万元以下直接经济损失的，处50万元以上100万元以下的罚款；

（二）造成15人以上30人以下死亡，或者70人以上100人以下重伤（包括急性工业中毒），或者7000万元以上1亿元以下直接经济损失的，处100万元以上200万元以下的罚款。

事故发生单位对重大事故发生负有责任且有谎报或者瞒报行为的，处200万元的罚款。

第十七条　事故发生单位对特别重大事故发生负有责任的，处200万元以上500万元以下的罚款。

事故发生单位有本条第一款规定的行为且谎报或者瞒报事故的，处500万元的罚款。

第十九条　法律、行政法规对发生事故的单位及其有关责任人员规定的罚款幅度与本规定不同的，按照较高的幅度处以罚款，但对同一违法行为不得重复罚款。

（8）《危险化学品重大危险源监督管理暂行规定》（国家安全生产监督管理总局令第40号）中的法律责任

第三十二条　危险化学品单位有下列行为之一的，由县级以上人民政府安全生产监督管理部门责令限期改正；逾期未改正的，责令停产停业整顿，可以并处2万元以上10万元以下的罚款：

（一）未按照本规定要求对重大危险源进行安全评估或者安全评价的；

（二）未按照本规定要求对重大危险源进行登记建档的；

（三）未按照本规定及相关标准要求对重大危险源进行安全监测监控的；

（四）未制定重大危险源事故应急预案的。

第三十三条　危险化学品单位有下列行为之一的，由县级以上人民政府安全生产监督管理部门责令限期改正；逾期未改正的，责令停产停业整顿，并处5万元以下的罚款：

（一）未在构成重大危险源的场所设置明显的安全警示标志的；

（二）未对重大危险源中的设备、设施等进行定期检测、检验的。

第三十四条　危险化学品单位有下列情形之一的，由县级以上人民政府安全生产监督管理理部门给予警告，可以并处5000元以上3万元以下的罚款：

（一）未按照标准对重大危险源进行辨识的；

（二）未按照本规定明确重大危险源中关键装置、重点部位的责任人或者责任机构的；

（三）未按照本规定建立应急救援组织或者配备应急救援人员，以及配备必要的防护装备及器材、设备、物资，并保障其完好的；

（四）未按照本规定进行重大危险源备案或者核销的；

（五）未将重大危险源可能引发的事故后果、应急措施等信息告知可能受影响的单位、区域及人员的；

（六）未按照本规定要求开展重大危险源事故应急预案演练的；

（七）未按照本规定对重大危险源的安全生产状况进行定期检查，采取措施消除事故隐患的。

(9)《生产经营单位安全培训规定》(安监总局令第3号)中的法律责任

第二十九条　生产经营单位有下列行为之一的，由安全生产监管监察部门责令其限期改正，并处2万元以下的罚款：

（二）未建立健全从业人员安全培训档案的；

第三十条　生产经营单位有下列行为之一的，由安全生产监管监察部门责令其限期改正；逾期未改正的，责令停产停业整顿，并处2万元以下的罚款：

（一）煤矿、非煤矿山、危险化学品、烟花爆竹等生产经营单位主要负责人和安全管理人员未按本规定经考核合格的；

（二）非煤矿山、危险化学品、烟花爆竹等生产经营单位未按照本规定对其他从业人员进行安全培训的；

（三）非煤矿山、危险化学品、烟花爆竹等生产经营单位未如实告知从业人员有关安全生产事项的；

（四）生产经营单位特种作业人员未按照规定经专门的安全技术培训并取得特种作业人员操作资格证书，上岗作业的。

第三十一条　生产经营单位有下列行为之一的，由安全生产监管监察部门给予警告，吊销安全资格证书，并处3万元以下的罚款：

（一）编造安全培训记录、档案的；

（二）骗取安全资格证书的。

#### 1.3.4.4　必备能力

安全生产管理人员必须履行国家法律法规要求的职责，在履行基本职责时需具备与职责相匹配的知识能力、管理能力，做到知法、知责，才能守法、尽责。

### 1.3.5　其他从业人员

生产经营单位其他从业人员是指除主要负责人和安全生产管理人员以外，该单位从事生产经营各项活动的所有人员，包括其他负责人、技术管理人员、班组长和各岗位的操作人员，以及临时聘用的人员。

#### 1.3.5.1　资质要求

（1）管理人员

① 主管安全生产的负责人要参加地方政府组织的安全培训，并取得危险化学品生产单

位安全资格证，复审周期为三年。安全生产管理资格培训时间不少于48学时，每年再培训时间不少于16学时。

②《中华人民共和国特种设备安全法》第十四条规定：特种设备安全管理人员、检测人员和作业人员应当按照国家有关规定取得相应资格，方可从事相关工作。

（2）操作人员

《中华人民共和国安全生产法》第二十七条规定："生产经营单位的特种作业人员必须按照国家有关规定经专门的安全作业培训，取得相应资格，方可上岗作业"。

危险化学品生产企业涉及的特种作业目录如下：

1 电工作业
2 焊接与热切割作业
3 高处作业
4 制冷与空调作业
5 危险化学品安全作业
5.1 光气及光气化工艺作业
5.2 氯碱电解工艺作业
5.3 氯化工艺作业
5.4 硝化工艺作业
5.5 合成氨工艺作业
5.6 裂解(裂化)工艺作业
5.7 氟化工艺作业
5.8 加氢工艺作业
5.9 重氮化工艺作业
5.10 氧化工艺作业
5.11 过氧化工艺作业
5.12 胺基化工艺作业
5.13 磺化工艺作业
5.14 聚合工艺作业
5.15 烷基化工艺作业
5.16 化工自动化控制仪表作业

特种作业操作证每3年复审1次。特种作业人员在特种作业操作证有效期内，连续从事本工种10年以上，严格遵守有关安全生产法律法规的，经原考核发证机关或者从业所在地考核发证机关同意，特种作业操作证的复审时间可以延长至每6年1次。

#### 1.3.5.2 安全责任

安全责任重于泰山，每一位从业人员要守住法律、制度的红线。只有知法才能守法，所以每一位从业人员要熟知自身的安全职责，清楚应负的法律责任。

(1)《中华人民共和国安全生产法》中的职责

新的《中华人民共和国安全生产法》(2014版)从2014年12月1日实施。规定了从业人员的八大权利和三项义务。

从业人员八大权利：

《安全生产法》明确了从业人员的八项权利是：

① 知情权。即有权了解其作业场所和工作岗位存在的危险因素、防范措施和事故应急措施。

② 建议权。即有权对本单位的安全生产工作提出建议。

③ 批评权、检举权、控告权。即有权对本单位的安全生产管理工作中存在的问题提出批评、检举、控告。

④ 拒绝权。即有权拒绝违章作业指挥和强令冒险作业。

⑤ 紧急避险权。即发现直接危害人身安全的紧急情况时，有权停止作业或者在采取可能的应急措施后撤离作业场所。

⑥ 依法向本单位提出要求赔偿的权利。

⑦ 获得使用符合国家标准或者行业标准的保护用品的权利。

⑧ 获得安全生产教育和培训的权利。

从业人员的三项义务：

《安全生产法》明确了从业人员的三项义务：

① 自律遵规的义务。即从业人员在作业过程中，应当遵守本单位的安全生产规章制度和操作规程，服从管理，正确佩戴使用防护用品。

② 自觉学习安全生产知识的义务。要求掌握本职工作所需的安全生产知识，提高安全生产技能，增强事故预防和应急处理能力。

③ 危险报告义务。刚发现事故隐患或者其他不安全因素时，应当立即向现场安全生产管理人员或者本单位负责人报告。

《安全生产法》中规定的从业人员的合法权利和从业人员的责任和义务具体条款如下：

第六条　生产经营单位的从业人员有依法获得安全生产保障的权利，并应当依法履行安全生产方面的义务。

第十四条　国家实行生产安全事故责任追究制度，依照本法和有关法律、法规的规定，追究生产安全事故责任人员的法律责任。

第十六条　国家对在改善安全生产条件、防止生产安全事故、参加抢险救护等方面取得显著成绩的单位和个人，给予奖励。

第二十五条　生产经营单位应当对从业人员进行安全生产教育和培训，保证从业人员具备必要的安全生产知识，熟悉有关的安全生产规章制度和安全操作规程，掌握本岗位的安全操作技能，了解事故应急处理措施，知悉自身在安全生产方面的权利和义务。未经安全生产教育和培训合格的从业人员，不得上岗作业。

生产经营单位使用被派遣劳动者的，应当将被派遣劳动者纳入本单位从业人员统一管理，对被派遣劳动者进行岗位安全操作规程和安全操作技能的教育和培训。劳务派遣单位应当对被派遣劳动者进行必要的安全生产教育和培训。

生产经营单位接收中等职业学校、高等学校学生实习的，应当对实习学生进行相应的安全生产教育和培训，提供必要的劳动防护用品。学校应当协助生产经营单位对实习学生进行安全生产教育和培训。

生产经营单位应当建立安全生产教育和培训档案，如实记录安全生产教育和培训的时间、内容、参加人员以及考核结果等情况。

第二十七条　生产经营单位的特种作业人员必须按照国家有关规定经专门的安全作业培

训，取得相应资格，方可上岗作业。

特种作业人员的范围由国务院安全生产监督管理部门会同国务院有关部门确定。

第四十一条　生产经营单位应当教育和督促从业人员严格执行本单位的安全生产规章制度和安全操作规程；并向从业人员如实告知作业场所和工作岗位存在的危险因素、防范措施以及事故应急措施。

第四十二条　生产经营单位必须为从业人员提供符合国家标准或者行业标准的劳动防护用品，并监督、教育从业人员按照使用规则佩戴、使用。

第四十八条　生产经营单位必须依法参加工伤保险，为从业人员缴纳保险费。

国家鼓励生产经营单位投保安全生产责任保险。

第三章　从业人员的安全生产权利义务

第四十九条　生产经营单位与从业人员订立的劳动合同，应当载明有关保障从业人员劳动安全、防止职业危害的事项，以及依法为从业人员办理工伤保险的事项。

生产经营单位不得以任何形式与从业人员订立协议，免除或者减轻其对从业人员因生产安全事故伤亡依法应承担的责任。

第五十条　生产经营单位的从业人员有权了解其作业场所和工作岗位存在的危险因素、防范措施及事故应急措施，有权对本单位的安全生产工作提出建议。

第五十一条　从业人员有权对本单位安全生产工作中存在的问题提出批评、检举、控告；有权拒绝违章指挥和强令冒险作业。

生产经营单位不得因从业人员对本单位安全生产工作提出批评、检举、控告或者拒绝违章指挥、强令冒险作业而降低其工资、福利等待遇或者解除与其订立的劳动合同。

第五十二条　从业人员发现直接危及人身安全的紧急情况时，有权停止作业或者在采取可能的应急措施后撤离作业场所。

生产经营单位不得因从业人员在前款紧急情况下停止作业或者采取紧急撤离措施而降低其工资、福利等待遇或者解除与其订立的劳动合同。

第五十三条　因生产安全事故受到损害的从业人员，除依法享有工伤保险外，依照有关民事法律尚有获得赔偿的权利的，有权向本单位提出赔偿要求。

第五十四条　从业人员在作业过程中，应当严格遵守本单位的安全生产规章制度和操作规程，服从管理，正确佩戴和使用劳动防护用品。

第五十五条　从业人员应当接受安全生产教育和培训，掌握本职工作所需的安全生产知识，提高安全生产技能，增强事故预防和应急处理能力。

第五十六条　从业人员发现事故隐患或者其他不安全因素，应当立即向现场安全生产管理人员或者本单位负责人报告；接到报告的人员应当及时予以处理。

第七十一条　任何单位或者个人对事故隐患或者安全生产违法行为，均有权向负有安全生产监督管理职责的部门报告或者举报。

(2)《中华人民共和国消防法》中的职责

第四十四条　任何人发现火灾都应当立即报警。任何单位、个人都应当无偿为报警提供便利，不得阻拦报警。严禁谎报火警。

人员密集场所发生火灾，该场所的现场工作人员应当立即组织、引导在场人员疏散。

任何单位发生火灾，必须立即组织力量扑救。邻近单位应当给予支援。

消防队接到火警，必须立即赶赴火灾现场，救助遇险人员，排除险情，扑灭火灾。

(3)《职业病防治法》中的职责

《职业病防治法》是对员工的权利与义务的规定。

员工的权利：

员工的权利是指劳动者依法享有职业卫生保护的权利，劳动者享有下列职业卫生保护权利。

① 获得职业卫生教育、培训。

② 获得职业健康检查、职业病诊疗、康复等职业病防治服务。

③ 了解工作场所产生或者可能产生的职业病危害因素、危害后果和应当采取的职业病防护措施。

④ 要求用人单位提供符合防治职业病要求的职业病防护设施和个人使用的职业病防护用品，改善工作条件。

⑤ 对违反职业病防治法律、法规以及危及生命健康的行为提出批评、检举和控告。

⑥ 拒绝违章指挥和强令进行没有职业病防护措施的作业。

⑦ 参与用人单位职业卫生工作的民主管理，对职业病防治工作提出意见和建议。

员工的义务：

劳动者应当学习和掌握相关的职业卫生知识，遵守职业病防治法律、法规、规章和操作规程，正确使用、维护职业病防护设备和个人使用的职业病防护用品，发现职业病危害事故隐患应当及时报告。

(4)《中华人民共和国特种设备安全法》中的职责

第十二条　任何单位和个人有权向负责特种设备安全监督管理的部门和有关部门举报涉及特种设备安全的违法行为，接到举报的部门应当及时处理。

第十四条　特种设备安全管理人员、检测人员和作业人员应当按照国家有关规定取得相应资格，方可从事相关工作。特种设备安全管理人员、检测人员和作业人员应当严格执行安全技术规范和管理制度，保证特种设备安全。

第十五条　特种设备生产、经营、使用单位对其生产、经营、使用的特种设备应当进行自行检测和维护保养，对国家规定实行检验的特种设备应当及时申报并接受检验。

第三十三条　特种设备使用单位应当在特种设备投入使用前或者投入使用后三十日内，向负责特种设备安全监督管理的部门办理使用登记，取得使用登记证书。登记标志应当置于该特种设备的显著位置。

第三十四条　特种设备使用单位应当建立岗位责任、隐患治理、应急救援等安全管理制度，制定操作规程，保证特种设备安全运行。

第三十五条　特种设备使用单位应当建立特种设备安全技术档案。安全技术档案应当包括以下内容：

（一）特种设备的设计文件、产品质量合格证明、安装及使用维护保养说明、监督检验证明等相关技术资料和文件；

（二）特种设备的定期检验和定期自行检查记录；

（三）特种设备的日常使用状况记录；

（四）特种设备及其附属仪器仪表的维护保养记录；

（五）特种设备的运行故障和事故记录。

第三十七条　特种设备的使用应当具有规定的安全距离、安全防护措施。

第三十九条　特种设备使用单位应当对其使用的特种设备进行经常性维护保养和定期自行检查，并作出记录。

特种设备使用单位应当对其使用的特种设备的安全附件、安全保护装置进行定期校验、检修，并作出记录。

第四十条　特种设备使用单位应当按照安全技术规范的要求，在检验合格有效期届满前一个月向特种设备检验机构提出定期检验要求。

特种设备使用单位应当将定期检验标志置于该特种设备的显著位置。

未经定期检验或者检验不合格的特种设备，不得继续使用。

第四十一条　特种设备安全管理人员应当对特种设备使用状况进行经常性检查，发现问题应当立即处理；情况紧急时，可以决定停止使用特种设备并及时报告本单位有关负责人。

特种设备作业人员在作业过程中发现事故隐患或者其他不安全因素，应当立即向特种设备安全管理人员和单位有关负责人报告；特种设备运行不正常时，特种设备作业人员应当按照操作规程采取有效措施保证安全。

第四十二条　特种设备出现故障或者发生异常情况，特种设备使用单位应当对其进行全面检查，消除事故隐患，方可继续使用。

第四十五条　电梯的维护保养应当由电梯制造单位或者依照本法取得许可的安装、改造、修理单位进行。

电梯的维护保养单位应当在维护保养中严格执行安全技术规范的要求，保证其维护保养的电梯的安全性能，并负责落实现场安全防护措施，保证施工安全。

电梯的维护保养单位应当对其维护保养的电梯的安全性能负责；接到故障通知后，应当立即赶赴现场，并采取必要的应急救援措施。

(5)《危险化学品安全管理条例》中的职责

《危险化学品安全管理条例》已经 2011 年 2 月 16 日国务院第 144 次常务会议修订通过，中华人民共和国国务院令第 591 号公布《危险化学品安全管理条例》，自 2011 年 12 月 1 日起施行。

第四条 危险化学品单位应当具备法律、行政法规规定和国家标准、行业标准要求的安全条件，建立、健全安全管理规章制度和岗位安全责任制度，对从业人员进行安全教育、法制教育和岗位技术培训。从业人员应当接受教育和培训，考核合格后上岗作业；对有资格要求的岗位，应当配备依法取得相应资格的人员。

(6)《生产安全事故报告和调查处理条例》(国务院令第 493 号)中的职责

第九条　事故发生后，事故现场有关人员应当立即向本单位负责人报告；单位负责人接到报告后，应当于 1 小时内向事故发生地县级以上人民政府安全生产监督管理部门和负有安全生产监督管理职责的有关部门报告。

情况紧急时，事故现场有关人员可以直接向事故发生地县级以上人民政府安全生产监督管理部门和负有安全生产监督管理职责的有关部门报告。

第十六条　事故发生后，有关单位和人员应当妥善保护事故现场以及相关证据，任何单位和个人不得破坏事故现场、毁灭相关证据。

因抢救人员、防止事故扩大以及疏通交通等原因，需要移动事故现场物件的，应当做出标志，绘制现场简图并做出书面记录，妥善保存现场重要痕迹、物证。

(7)《生产经营单位安全培训规定》中的职责

《生产经营单位安全培训规定》(安监总局令第 3 号)，自 2013 年 8 月 29 日起施行。

第四条　生产经营单位应当进行安全培训的从业人员包括主要负责人、安全生产管理人员、特种作业人员和其他从业人员。

生产经营单位从业人员应当接受安全培训，熟悉有关安全生产规章制度和安全操作规程，具备必要的安全生产知识，掌握本岗位的安全操作技能，增强预防事故、控制职业危害和应急处理的能力。

未经安全生产培训合格的从业人员，不得上岗作业。

第十一条　煤矿、非煤矿山、危险化学品、烟花爆竹等生产经营单位必须对新上岗的临时工、合同工、劳务工、轮换工、协议工等进行强制性安全培训，保证其具备本岗位安全操作、自救互救以及应急处置所需的知识和技能后，方能安排上岗作业。

第十三条　生产经营单位新上岗的从业人员，岗前培训时间不得少于 24 学时。

煤矿、非煤矿山、危险化学品、烟花爆竹等生产经营单位新上岗的从业人员安全培训时间不得少于 72 学时，每年接受再培训的时间不得少于 20 学时。

第十七条　从业人员在本生产经营单位内调整工作岗位或离岗一年以上重新上岗时，应当重新接受车间(工段、区、队)和班组级的安全培训。

生产经营单位实施新工艺、新技术或者使用新设备、新材料时，应当对有关从业人员重新进行有针对性的安全培训。

第十八条　生产经营单位的特种作业人员，必须按照国家有关法律、法规的规定接受专门的安全培训，经考核合格，取得特种作业操作资格证书后，方可上岗作业。

**1.3.5.3　法律责任**

(1)《刑法》中的法律责任

第一百三十四条　【重大责任事故罪；强令违章冒险作业罪】在生产、作业中违反有关安全管理的规定，因而发生重大伤亡事故或者造成其他严重后果的，处三年以下有期徒刑或者拘役；情节特别恶劣的，处三年以上七年以下有期徒刑。

强令他人违章冒险作业，因而发生重大伤亡事故或者造成其他严重后果的，处五年以下有期徒刑或者拘役；情节特别恶劣的，处五年以上有期徒刑。

第一百三十五条　【重大劳动安全事故罪；大型群众性活动重大安全事故罪】安全生产设施或者安全生产条件不符合国家规定，因而发生重大伤亡事故或者造成其他严重后果的，对直接负责的主管人员和其他直接责任人员，处三年以下有期徒刑或者拘役；情节特别恶劣的，处三年以上七年以下有期徒刑。

举办大型群众性活动违反安全管理规定，因而发生重大伤亡事故或者造成其他严重后果的，对直接负责的主管人员和其他直接责任人员，处三年以下有期徒刑或者拘役；情节特别恶劣的，处三年以上七年以下有期徒刑。

第一百三十六条　【危险物品肇事罪】违反爆炸性、易燃性、放射性、毒害性、腐蚀性物品的管理规定，在生产、储存、运输、使用中发生重大事故，造成严重后果的，处三年以下有期徒刑或者拘役；后果特别严重的，处三年以上七年以下有期徒刑。

第一百三十七条　【工程重大安全事故罪】建设单位、设计单位、施工单位、工程监理单位违反国家规定，降低工程质量标准，造成重大安全事故的，对直接责任人员，处五年以下有期徒刑或者拘役，并处罚金；后果特别严重的，处五年以上十年以下有期徒刑，并处罚金。

第一百三十九条　【消防责任事故罪；不报、谎报安全事故罪】违反消防管理法规，经消防监督机构通知采取改正措施而拒绝执行，造成严重后果的，对直接责任人员，处三年以下有期徒刑或者拘役；后果特别严重的，处三年以上七年以下有期徒刑。在安全事故发生后，负有报告职责的人员不报或者谎报事故情况，贻误事故抢救，情节严重的，处三年以下有期徒刑或者拘役；情节特别严重的，处三年以上七年以下有期徒刑。

(2)《中华人民共和国安全生产法》中的法律责任(表 1-1)

**表 1-1　安全生产法中的法律责任**

| 条款号 | 条款内容 | 条款涉及人员 |
| --- | --- | --- |
| 第九十四条 | 生产经营单位有下列行为之一的，责令限期改正，可以处五万元以下的罚款；逾期未改正的，责令停产停业整顿，并处五万元以上十万元以下的罚款，对其直接负责的主管人员和其他直接责任人员处一万元以上二万元以下的罚款： | |
| | (一) 未按照规定设置安全生产管理机构或者配备安全生产管理人员的 | 主要负责人、其他负责人(主管人事经理、主管人事科长)及人事管理人员 |
| | (二) 危险物品的生产、经营、储存单位以及矿山、金属冶炼、建筑施工、道路运输单位的主要负责人和安全生产管理人员未按照规定经考核合格的 | 主要负责人、其他负责人(主管教育培训经理、主管教育培训科长)及技术管理人员(教育培训管理人员、安全生产管理人员) |
| | (三) 未按照规定对从业人员、被派遣劳动者、实习学生进行安全生产教育和培训，或者未按照规定如实告知有关的安全生产事项的 | 其他负责人(主管教育培训经理、主管教育培训科长) |
| | (四) 未如实记录安全生产教育和培训情况的 | 技术管理人员(教育培训管理人员、安全生产管理人员) |
| | (五) 未将事故隐患排查治理情况如实记录或者未向从业人员通报的 | 技术管理人员(生产、设备、工程、安全等隐患排查管理人员)、班组长 |
| | (六) 未按照规定制定生产安全事故应急救援预案或者未定期组织演练的 | 主要负责人、其他负责人、技术管理人员、班组长和各岗位的操作人员 |
| | (七) 特种作业人员未按照规定经专门的安全作业培训并取得相应资格，上岗作业的 | 其他负责人、技术管理人员、班组长和各岗位的操作人员，以及临时聘用的人员 |
| 第九十五条 | 生产经营单位有下列行为之一的，责令停止建设或者停产停业整顿，限期改正；逾期未改正的，处五十万元以上一百万元以下的罚款，对其直接负责的主管人员和其他直接责任人员处二万元以上五万元以下的罚款；构成犯罪的，依照刑法有关规定追究刑事责任： | |
| | (一) 未按照规定对矿山、金属冶炼建设项目或者用于生产、储存、装卸危险物品的建设项目进行安全评价的 | 其他负责人、技术管理人员(工程、设备、发展规划、安全等管理人员) |
| | (二) 矿山、金属冶炼建设项目或者用于生产、储存、装卸危险物品的建设项目没有安全设施设计或者安全设施设计未按照规定报经有关部门审查同意的 | 其他负责人、技术管理人员(工程、设备、发展规划、安全等管理人员) |
| | (三) 矿山、金属冶炼建设项目或者用于生产、储存、装卸危险物品的建设项目的施工单位未按照批准的安全设施设计施工的 | 其他负责人、技术管理人员(工程、设备、发展规划、安全等管理人员) |
| | (四) 矿山、金属冶炼建设项目或者用于生产、储存危险物品的建设项目竣工投入生产或者使用前，安全设施未经验收合格的 | 其他负责人、技术管理人员(工程、设备、发展规划、安全等管理人员) |

续表

| 条款号 | 条款内容 | 条款涉及人员 |
| --- | --- | --- |
| 第九十六条 | 生产经营单位有下列行为之一的，责令限期改正，可以处五万元以下的罚款；逾期未改正的，处五万元以上二十万元以下的罚款，对其直接负责的主管人员和其他直接责任人员处一万元以上二万元以下的罚款；情节严重的，责令停产停业整顿；构成犯罪的，依照刑法有关规定追究刑事责任： | |
| | （一）未在有较大危险因素的生产经营场所和有关设施、设备上设置明显的安全警示标志的 | 技术管理人员（工程、设备、安全等管理人员） |
| | （二）安全设备的安装、使用、检测、改造和报废不符合国家标准或者行业标准的 | 技术管理人员（工程、设备、安全等管理人员） |
| | （三）未对安全设备进行经常性维护、保养和定期检测的 | 技术管理人员（工程、设备、安全等管理人员）、班组长岗位的操作人员 |
| | （四）未为从业人员提供符合国家标准或者行业标准的劳动防护用品的 | 负责劳动防护用品管理的技术管理人员和班组长 |
| | （五）危险物品的容器、运输工具，以及涉及人身安全、危险性较大的海洋石油开采特种设备和矿山井下特种设备未经具有专业资质的机构检测、检验合格，取得安全使用证或者安全标志，投入使用的 | 负责设备管理的技术人员 |
| | （六）使用应当淘汰的危及生产安全的工艺、设备的 | 技术管理人员（工艺、设备、安全等管理人员） |
| 第九十八条 | 生产经营单位有下列行为之一的，责令限期改正，可以处十万元以下的罚款；逾期未改正的，责令停产停业整顿，并处十万元以上二十万元以下的罚款，对其直接负责的主管人员和其他直接责任人员处二万元以上五万元以下的罚款；构成犯罪的，依照刑法有关规定追究刑事责任： | |
| | （一）生产、经营、运输、储存、使用危险物品或者处置废弃危险物品，未建立专门安全管理制度、未采取可靠的安全措施的 | 技术管理人员（安全、生产、工艺、设备、企业管理等管理人员）和班组长 |
| | （二）对重大危险源未登记建档，或者未进行评估、监控，或者未制定应急预案的 | 技术管理人员（安全、生产、工艺、设备、应急预案等管理人员） |
| | （三）进行爆破、吊装以及国务院安全生产监督管理部门会同国务院有关部门规定的其他危险作业，未安排专门人员进行现场安全管理的 | 技术管理人员（安全、生产、工艺、设备、工程等管理人员） |
| | （四）未建立事故隐患排查治理制度的 | 技术管理人员（安全、生产、工艺、设备、工程、企业管理等管理人员） |
| 第九十九条 | 生产经营单位未采取措施消除事故隐患的，责令立即消除或者限期消除；生产经营单位拒不执行的，责令停产停业整顿，并处十万元以上五十万元以下的罚款，对其直接负责的主管人员和其他直接责任人员处二万元以上五万元以下的罚款 | 其他负责人、技术管理人员（安全、生产、工艺、设备、工程等管理人员） |

续表

| 条款号 | 条款内容 | 条款涉及人员 |
| --- | --- | --- |
| 第一百条 | 生产经营单位将生产经营项目、场所、设备发包或者出租给不具备安全生产条件或者相应资质的单位或者个人的，责令限期改正，没收违法所得；违法所得十万元以上的，并处违法所得二倍以上五倍以下的罚款；没有违法所得或者违法所得不足十万元的，单处或者并处十万元以上二十万元以下的罚款；对其直接负责的主管人员和其他直接责任人员处一万元以上二万元以下的罚款；导致发生生产安全事故给他人造成损害的，与承包方、承租方承担连带赔偿责任 | 发包、出租主管人员、直接责任人员 |
| | 生产经营单位未与承包单位、承租单位签订专门的安全生产管理协议或者未在承包合同、租赁合同中明确各自的安全生产管理职责，或者未对承包单位、承租单位的安全生产统一协调、管理的，责令限期改正，可以处五万元以下的罚款，对其直接负责的主管人员和其他直接责任人员可以处一万元以下的罚款；逾期未改正的，责令停产停业整顿 | 发包、出租主管人员、直接责任人员和安全生产管理人员 |
| 第一百零一条 | 两个以上生产经营单位在同一作业区域内进行可能危及对方安全生产的生产经营活动，未签订安全生产管理协议或者未指定专职安全生产管理人员进行安全检查与协调的，责令限期改正，可以处五万元以下的罚款，对其直接负责的主管人员和其他直接责任人员可以处一万元以下的罚款；逾期未改正的，责令停产停业 | 直接负责的主管人员和其他直接责任人员 |
| 第一百零二条 | 生产经营单位有下列行为之一的，责令限期改正，可以处五万元以下的罚款，对其直接负责的主管人员和其他直接责任人员可以处一万元以下的罚款；逾期未改正的，责令停产停业整顿；构成犯罪的，依照刑法有关规定追究刑事责任： | |
| | （一）生产、经营、储存、使用危险物品的车间、商店、仓库与员工宿舍在同一座建筑内，或者与员工宿舍的距离不符合安全要求的 | 其他负责人、技术管理人员（安全、后勤等管理人员） |
| | （二）生产经营场所和员工宿舍未设有符合紧急疏散需要、标志明显、保持畅通的出口，或者锁闭、封堵生产经营场所或者员工宿舍出口的 | 技术管理人员（安全、后勤、保卫等管理人员） |
| 第一百零三条 | 生产经营单位与从业人员订立协议，免除或者减轻其对从业人员因生产安全事故伤亡依法应承担的责任的，该协议无效；对生产经营单位的主要负责人、个人经营的投资人处二万元以上十万元以下的罚款 | 主要负责人、个人经营的投资人 |
| 第一百零四条 | 生产经营单位的从业人员不服从管理，违反安全生产规章制度或者操作规程的，由生产经营单位给予批评教育，依照有关规章制度给予处分；构成犯罪的，依照刑法有关规定追究刑事责任 | 班组长、岗位操作人员 |

续表

| 条款号 | 条款内容 | 条款涉及人员 |
| --- | --- | --- |
| 第一百零五条 | 违反本法规定，生产经营单位拒绝、阻碍负有安全生产监督管理职责的部门依法实施监督检查的，责令改正；拒不改正的，处二万元以上二十万元以下的罚款；对其直接负责的主管人员和其他直接责任人员处一万元以上二万元以下的罚款；构成犯罪的，依照刑法有关规定追究刑事责任 | 直接负责的主管人员和其他直接责任人员 |

(3)《消防法》中的法律责任

第六十七条　机关、团体、企业、事业等单位违反本法第十六条、第十七条、第十八条、第二十一条第二款规定的，责令限期改正；逾期不改正的，对其直接负责的主管人员和其他直接责任人员依法给予处分或者给予警告处罚。

第六十二条　有下列行为之一的，依照《中华人民共和国治安管理处罚法》的规定处罚：

(一) 违反有关消防技术标准和管理规定生产、储存、运输、销售、使用、销毁易燃易爆危险品的；

(二) 非法携带易燃易爆危险品进入公共场所或者乘坐公共交通工具的；

(三) 谎报火警的；

(四) 阻碍消防车、消防艇执行任务的；

(五) 阻碍公安机关消防机构的工作人员依法执行职务的。

第六十三条　违反本法规定，有下列行为之一的，处警告或者五百元以下罚款；情节严重的，处五日以下拘留：

(一) 违反消防安全规定进入生产、储存易燃易爆危险品场所的；

(二) 违反规定使用明火作业或者在具有火灾、爆炸危险的场所吸烟、使用明火的。

第六十四条　违反本法规定，有下列行为之一，尚不构成犯罪的，处十日以上十五日以下拘留，可以并处五百元以下罚款；情节较轻的，处警告或者五百元以下罚款：

(一) 指使或者强令他人违反消防安全规定，冒险作业的；

(二) 过失引起火灾的；

(三) 在火灾发生后阻拦报警，或者负有报告职责的人员不及时报警的；

(四) 扰乱火灾现场秩序，或者拒不执行火灾现场指挥员指挥，影响灭火救援的；

(五) 故意破坏或者伪造火灾现场的；

(六) 擅自拆封或者使用被公安机关消防机构查封的场所、部位的。

(4)《职业病防治法》中的法律责任

第七十九条　用人单位违反本法规定，造成重大职业病危害事故或者其他严重后果，构成犯罪的，对直接负责的主管人员和其他直接责任人员，依法追究刑事责任。

(5)《中华人民共和国特种设备安全法》中的法律责任

第八十三条　违反本法规定，特种设备使用单位有下列行为之一的，责令限期改正；逾期未改正的，责令停止使用有关特种设备，处一万元以上十万元以下罚款：

(一) 使用特种设备未按照规定办理使用登记的；

(二) 未建立特种设备安全技术档案或者安全技术档案不符合规定要求，或者未依法设置使用登记标志、定期检验标志的；

（三）未对其使用的特种设备进行经常性维护保养和定期自行检查，或者未对其使用的特种设备的安全附件、安全保护装置进行定期校验、检修，并作出记录的；

（四）未按照安全技术规范的要求及时申报并接受检验的；

（五）未按照安全技术规范的要求进行锅炉水(介)质处理的；

（六）未制定特种设备事故应急专项预案的。

第八十四条　违反本法规定，特种设备使用单位有下列行为之一的，责令停止使用有关特种设备，处三万元以上三十万元以下罚款：

（一）使用未取得许可生产，未经检验或者检验不合格的特种设备，或者国家明令淘汰、已经报废的特种设备的；

（二）特种设备出现故障或者发生异常情况，未对其进行全面检查、消除事故隐患，继续使用的；

（三）特种设备存在严重事故隐患，无改造、修理价值，或者达到安全技术规范规定的其他报废条件，未依法履行报废义务，并办理使用登记证书注销手续的。

第八十六条　违反本法规定，特种设备生产、经营、使用单位有下列情形之一的，责令限期改正；逾期未改正的，责令停止使用有关特种设备或者停产停业整顿，处一万元以上五万元以下罚款：

（一）未配备具有相应资格的特种设备安全管理人员、检测人员和作业人员的；

（二）使用未取得相应资格的人员从事特种设备安全管理、检测和作业的；

（三）未对特种设备安全管理人员、检测人员和作业人员进行安全教育和技能培训的。

(6)《生产安全事故报告和调查处理条例》(国务院令第493号)中的法律责任

第三十六条　事故发生单位及其有关人员有下列行为之一的，对事故发生单位处100万元以上500万元以下的罚款；对主要负责人、直接负责的主管人员和其他直接责任人员处上一年年收入60%至100%的罚款；构成违反治安管理行为的，由公安机关依法给予治安管理处罚；构成犯罪的，依法追究刑事责任：

（一）谎报或者瞒报事故的；

（二）伪造或者故意破坏事故现场的；

（三）转移、隐匿资金、财产，或者销毁有关证据、资料的；

（四）拒绝接受调查或者拒绝提供有关情况和资料的；

（五）在事故调查中作伪证或者指使他人作伪证的；

（六）事故发生后逃匿的。

(7)【《生产安全事故报告和调查处理条例》罚款处罚暂行规定】(2007年7月12日国家安全生产监督管理总局令第13号)中的法律责任

第十三条　事故发生单位的主要负责人、直接负责的主管人员和其他直接责任人员有《条例》第三十六条规定的行为之一的，依照下列规定处以罚款：

（一）伪造、故意破坏事故现场，或者转移、隐匿资金、财产、销毁有关证据、资料，或者拒绝接受调查，或者拒绝提供有关情况和资料，或者在事故调查中作伪证，或者指使他人作伪证的，处上一年年收入80%至90%的罚款；

（二）谎报、瞒报事故或者事故发生后逃匿的，处上一年年收入100%的罚款。

#### 1.3.5.4 必备能力

其他从业人员中的其他负责人(生产副经理、设备副经理、工程副经理、人事副经理等)、技术管理人员(安全管理人员、设备管理人员、工艺技术管理人员、工程管理人员)、班组长和各岗位的操作人员以及临时聘用的人员，除了遵守国家法律法规外，必须履行本岗位的安全职责，坚持“谁主管、谁负责”、“谁签字、谁负责”的原则，做好本岗位安全工作。

“谁主管、谁负责”就是各级人员对所管辖的范围负有安全管理主体责任。在实际工作中，不能认为安全工作只是主管安全的领导和安全管理人员的工作，领导班子分工对所分管的单位或部门，管理人员所负责的专业工作同样负有安全管理的主体责任。

# 第 2 章　危险化学品“新改扩”建设项目行政许可

危险化学品安全生产许可是政府安全管理的重要手段和主要工作。本章详细介绍了有关危险化学品安全生产行政许可的适用范围、受理部门、许可条件、提交材料、审批程序和有关工作要求。具体包括以下许可事项：危险化学品建设项目安全审查；危险化学品生产企业安全生产许可；危险化学品经营许可以及非药品类易制毒化学品生产、经营的许可与备案。

## 2. 1　危险化学品建设项目安全审查

为加强对危险化学品的安全管理，必须从建设阶段开始就为后续的生产过程创造必要的安全条件，为此，国家安监总局根据《安全生产法》和新修订的《危险化学品安全管理条例》(国务院 591 号令)专门制定了《危险化学品建设项目安全监督管理办法》(国家安监总局第 45 号令)，以规范危险化学品建设项目安全审查工作，《办法》自 2012 年 4 月 1 日起施行。国家安监总局 2006 年 9 月 2 日公布的《危险化学品建设项目安全许可实施办法》(国家安监总局第 8 号令)同时废止。

2015 年 4 月 2 日国家安全生产监督管理总局公布了第 77 号令，对《建设项目安全设施“三同时”监督管理暂行办法》(国家安监总局第 45 号令)进行了修改，自 2015 年 5 月 1 日起施行。

### 2. 1. 1　危险化学品建设项目安全审查范围的界定

建设项目是指经县级以上人民政府及其有关主管部门依法审批、核准或者备案的生产经营单位新建、改建、扩建工程项目。

建设项目安全设施，是指生产经营单位在生产经营活动中用于预防生产安全事故的设备、设施、装置、构(建)筑物和其他技术措施的总称。

生产经营单位是建设项目安全设施建设的责任主体。建设项目安全设施必须与主体工程同时设计、同时施工、同时投入生产和使用(以下简称“三同时”)。安全设施投资应当纳入建设项目概算。

中华人民共和国境内从事危险化学品生产、储存、使用、经营的单位在新建、改建、扩建危险化学品生产、储存的建设项目以及伴有危险化学品产生的化工建设项目(包括危险化学品长输管道建设项目)属于安全审查范围。而危险化学品的勘探、开采及其辅助的储存，原油和天然气勘探、开采的配套输送及储存，城镇燃气的输送及储存等建设项目，不属于安全审查范围。

建设项目安全审查，包括建设项目安全条件审查、安全设施的设计审查。

### 2. 1. 2　危险化学品建设项目安全审查的受理部门

建设项目的安全审查由建设单位申请，安监部门根据规定分级负责实施。建设项目未通过安全审查的，不得开工建设或者投入生产(使用)。

各级安监部门具体分工如下：

(1) 国家安全生产监督管理总局

国家安全生产监督管理总局对全国建设项目安全设施“三同时”实施综合监督管理，并在国务院规定的职责范围内承担有关建设项目安全设施“三同时”的监督管理。受理下列建设项目的安全审查：国务院审批(核准、备案)的建设项目；跨省、自治区、直辖市建设项目的安全审查。

(2) 县级以上地方各级安全生产监督管理部门

县级以上地方各级安全生产监督管理部门对本行政区域内的建设项目安全设施“三同时”实施综合监督管理，并在本级人民政府规定的职责范围内承担本级人民政府及其有关主管部门审批、核准或者备案的建设项目安全设施“三同时”的监督管理。

跨两个及两个以上行政区域的建设项目安全设施“三同时”由其共同的上一级人民政府安全生产监督管理部门实施监督管理。

上一级人民政府安全生产监督管理部门根据工作需要，可以将其负责监督管理的建设项目安全设施“三同时”工作委托下一级人民政府安全生产监督管理部门实施监督管理。

省市安全生产监督管理局负责实施下列建设项目的安全审查：

① 国务院投资主管部门审批(核准、备案)的；

② 省市政府或省市政府相关主管部门审批(核准、备案)的；

③ 生产剧毒化学品的；

④ 跨区(县)的；

⑤ 国家安全生产监督管理总局委托实施安全审查的。

区县安全生产监督管理局负责实施下列建设项目的安全审查：

① 本行政区域内除国家和市级安全生产监督管理部门实施安全审查以外的建设项目；

② 省市安全生产监督管理局委托实施安全审查的建设项目。

安全生产监督管理部门应当加强建设项目安全设施建设的日常安全监管，落实有关行政许可及其监管责任，督促生产经营单位落实安全设施建设责任。

## 2.2 建设项目设立安全条件审查

### 2.2.1 建设项目设立安全条件审查的分级

国家安全生产监督管理总局指导、监督全国建设项目安全审查的实施工作，并负责实施国务院审批(核准、备案)的、跨省、自治区、直辖市的建设项目。

省、自治区、直辖市人民政府安全生产监督管理部门指导、监督本行政区域内建设项目安全审查的监督管理工作，负责安全审查国务院投资主管部门审批(核准、备案)的、生产剧毒化学品的、省级安全生产监督管理部门确定的国务院审批(核准、备案)的其他建设项目。确定并公布本部门和本行政区域内由设区的市级人民政府安全生产监督管理部门(以下简称市级安全生产监督管理部门)应由国家安全生产监督管理总局实施以外的建设项目，并报国家安全生产监督管理总局备案。

上级安全生产监督管理部门可以根据工作需要将其负责实施的建设项目安全审查工作委

托下一级安全生产监督管理部门实施。接受委托的安全生产监督管理部门不得将其受托的建设项目安全审查工作再委托其他单位实施。委托实施安全审查的，审查结果由委托的安全生产监督管理部门负责。跨省、自治区、直辖市的建设项目和生产剧毒化学品的建设项目，不得委托实施安全审查。涉及国家安全生产监督管理总局公布的重点监管危险化工工艺的和重点监管危险化学品中的有毒气体、液化气体、易燃液体、爆炸品，且构成重大危险源的建设项目不得委托县级人民政府安全生产监督管理部门实施安全审查。

### 2.2.2 建设项目安全预评价

生产经营单位建设下列建设项目，应当在进行可行性研究时，委托具有相应资质的安全评价机构，对其建设项目进行安全预评价，并编制安全预评价报告。建设项目安全预评价报告应当符合国家标准或者行业标准的规定，还应当符合有关危险化学品建设项目的规定：

① 非煤矿矿山建设项目；

② 生产、储存危险化学品(包括使用长输管道输送危险化学品，下同)的建设项目；

③ 生产、储存烟花爆竹的建设项目；

④ 使用危险化学品从事生产并且使用量达到规定数量的化工建设项目(属于危险化学品生产的除外，以下简称化工建设项目)；

⑤ 法律、行政法规和国务院规定的其他建设项目。

### 2.2.3 建设项目设立安全条件审查应提交的资料

建设单位应当在建设项目开始初步设计前，应按要求进行网上申报并向相应的安全生产监督管理部门提交下列文件、资料，申请建设项目安全条件审查：①建设项目安全条件审查申请书及文件；②建设项目安全条件论证报告；③建设项目安全评价报告；④建设项目批准、核准或者备案文件和规划相关文件的复制件(国有土地使用证等不得替代规划许可文件，对于现有企业拟建符合城市规划要求且不新增建设用地的建设项目，建设单位可仅提交建设(规划)主管部门颁发的建设工程规划许可证)；⑤工商行政管理部门颁发的企业营业执照或者企业名称预先核准通知书的复制件。

### 2.2.4 实施建设项目设立安全条件审查

安全生产监督管理部门对已经受理的符合安全条件审查申请条件的建设项目指派有关人员或者组织专家对申请文件、资料进行审查，并自受理申请之日起四十五日内向建设单位出具建设项目安全条件审查意见书。建设项目安全条件审查意见书的有效期为两年。根据法定条件和程序，需要对申请文件、资料的实质内容进行核实的，安全生产监督管理部门将指派两名以上工作人员对建设项目进行现场核查。

对下列建设项目，安全条件审查不予通过：①安全条件论证报告或者安全评价报告存在重大缺陷、漏项的，包括建设项目主要危险、有害因素辨识和评价不全或者不准确的；②建设项目与周边场所、设施的距离或者拟建场址自然条件不符合有关安全生产法律、法规、规章和国家标准、行业标准的规定的；③主要技术、工艺未确定，或者不符合有关安全生产法律、法规、规章和国家标准、行业标准的规定的；④国内首次使用的化工工艺，未经省级人民政府有关部门组织的安全可靠性论证的；⑤对安全设施设计提出的对策与建议不符合法律、法规、规章和国家标准、行业标准的规定的；⑥未委托具备相应资质的安全评价机构进行安全评价的；⑦隐瞒有关情况或者提供虚假文件、资料的。

建设项目未通过安全条件审查的，建设单位经过整改后可以重新申请建设项目安全条件审查。已经通过安全条件审查的建设项目有下列情形之一的，建设单位应当重新进行安全条件论证和安全评价，并申请审查：①建设项目周边条件发生重大变化的；②变更建设地址的；③主要技术、工艺路线、产品方案或者装置规模发生重大变化的；④建设项目在安全条件审查意见书有效期内未开工建设，期限届满后需要开工建设的。

## 2.3 建设项目安全设施设计审查

建设单位应当在通过安全条件审查之后委托设计单位编写危险化学品建设项目安全设施设计专篇并向相应安全生产监督管理局申报进行安全设施设计专篇审查。

### 2.3.1 建设项目安全设施设计及专篇

生产经营单位在建设项目初步设计时，应当委托有相应资质的初步设计单位对建设项目安全设施同时进行设计，编制安全设施设计。安全设施设计必须符合有关法律、法规、规章和国家标准或者行业标准、技术规范的规定以及建设项目安全条件审查意见书、《化工建设项目安全设计管理导则》(AQ/T 3033)对建设项目安全设施进行设计，并尽可能采用先进适用的工艺、技术和可靠的设备、设施。建设项目安全设施设计还应当充分考虑建设项目安全预评价报告提出的安全对策措施。并按照《危险化学品建设项目安全设施设计专篇编制导则》的要求编制建设项目安全设施设计专篇。

建设单位在建设项目设计合同中应主动要求设计单位对设计进行危险与可操作性(HAZOP)审查，并派遣有生产操作经验的人员参加审查，对HAZOP审查报告进行审核。涉及“两重点一重大”和首次工业化设计的建设项目，必须在基础设计阶段开展HAZOP分析。

### 2.3.2 设计单位的资质要求

建设项目的设计单位必须取得原建设部《工程设计资质标准》(建市〔2007〕86号)规定的化工石化医药、石油天然气(海洋石油)等相关工程设计资质。涉及重点监管危险化工工艺、重点监管危险化学品和危险化学品重大危险源(以下简称“两重点一重大”)的大型建设项目，其设计单位资质应为工程设计综合资质或相应工程设计化工石化医药、石油天然气(海洋石油)行业、专业资质甲级。

安全设施设计单位、设计人应当对其编制的设计文件负责。

### 2.3.3 安全设计过程管理

在建设项目前期论证或可行性研究阶段，设计单位应开展初步的危险源辨识，认真分析拟建项目存在的工艺危险有害因素、当地自然地理条件、自然灾害和周边设施对拟建项目的影响，以及拟建项目一旦发生泄漏、火灾、爆炸等事故时对周边安全可能产生的影响。涉及“两重点一重大”建设项目的工艺包设计文件应当包括工艺危险性分析报告。在总体设计和基础工程设计阶段，设计单位应根据建设项目的特点，重点开展下列设计文件的安全评审：①总平面布置图；②装置设备布置图；③爆炸危险区域划分图；④工艺管道和仪表流程图(PID)；⑤安全联锁、紧急停车系统及安全仪表系统；⑥可燃及有毒物料泄漏检测系统；

⑦火炬和安全泄放系统；⑧应急系统和设施。设计单位应加强对建设项目的安全风险分析，积极应用 HAZOP 分析等方法进行内部安全设计审查。

### 2.3.4 安全设计实施要点

设计单位应根据建设项目危险源特点和标准规范的适用范围，确定本项目采用的标准规范。对涉及“两重点一重大”的建设项目，应至少满足下列现行标准规范的要求，并以最严格的安全条款为准：①《工业企业总平面设计规范》（GB 50187）；②《化工企业总图运输设计规范》（GB 50489）；③《石油化工企业设计防火规范》（GB 50160）；④《石油天然气工程设计防火规范》（GB 50183）；⑤《建筑设计防火规范》（GB 50016）；⑥《石油库设计规范》（GB 50074）；⑦《石油化工可燃气体和有毒气体检测报警设计规范》（GB 50493）；⑧《化工建设项目安全设计管理导则》（AQ/T 3033）。

具有爆炸危险性的建设项目，其防火间距应至少满足 GB50160 的要求。当国家标准规范没有明确要求时，可根据相关标准采用定量风险分析计算并确定装置或设施之间的安全距离。

液化烃罐组或可燃液体罐组不应毗邻布置在高于工艺装置、全厂性重要设施或人员集中场所的位置；可燃液体罐组不应阶梯布置。当受条件限制或有工艺要求时，应采取防止可燃液体流入低处设施或场所的措施。

建设项目可燃液体储罐均应单独设置防火堤或防火隔堤。防火堤内的有效容积不应小于罐组内 1 个最大储罐的容积，当浮顶罐组不能满足此要求时，应设置事故存液池储存剩余部分，但罐组防火堤内的有效容积不应小于罐组内 1 个最大储罐容积的 50%。

承重钢结构的设计应按照《工程结构可靠性设计统一标准》（GB 50153）和《钢结构设计规范》（GB 50017）等相关规范要求，根据结构破坏可能产生后果的严重性（人员伤亡、经济损失、对社会或环境产生影响等），确定采用的安全等级。对可能产生严重后果的结构，其设计安全等级不得低于二级。

新建化工装置必须设计装备自动化控制系统。应根据工艺过程危险和风险分析结果，确定是否需要装备安全仪表系统。涉及重点监管危险化工工艺的大、中型新建项目要按照《过程工业领域安全仪表系统的功能安全》（GB/T 21109）和《石油化工安全仪表系统设计规范》（GB 50770）等相关标准开展安全仪表系统设计。

液化石油气、液化天然气、液氯和液氨等易燃易爆有毒有害液化气体的充装应设计万向节管道充装系统，充装设备管道的静电接地、装卸软管及仪表和安全附件应配备齐全。

危险化学品长输管道应设置防泄漏、实时检测系统（SCADA 数据采集与监控系统）及紧急切断设施。

有毒物料储罐、低温储罐及压力球罐进出物料管道应设置自动或手动遥控的紧急切断设施。

装置区内控制室、机柜间面向有火灾、爆炸危险性设备侧的外墙应为无门窗洞口、耐火极限不低于 3 小时的不燃烧材料实体墙。

### 2.3.5 建设项目安全设施设计的内容

① 设计依据；

② 建设项目概述；

③ 建设项目潜在的危险、有害因素和危险、有害程度及周边环境安全分析；
④ 建筑及场地布置；
⑤ 重大危险源分析及检测监控；
⑥ 安全设施设计采取的防范措施；
⑦ 安全生产管理机构设置或者安全生产管理人员配备要求；
⑧ 从业人员教育培训要求；
⑨ 工艺、技术和设备、设施的先进性和可靠性分析；
⑩ 安全设施专项投资概算；
⑪ 安全预评价报告中的安全对策及建议采纳情况；
⑫ 预期效果以及存在的问题与建议；
⑬ 可能出现的事故预防及应急救援措施；
⑭ 法律、法规、规章、标准规定需要说明的其他事项。

### 2.3.6 危险化学品的生产企业安全设施和设备设置

国家安监总局于2007年颁布了“关于印发《危险化学品建设项目安全设施目录(试行)》和《危险化学品建设项目安全设施设计专篇编制导则(试行)》的通知”(安监总危化〔2007〕225号)。有关安全设施的规定及要求摘要如下：

#### 2.3.6.1 安全设施的含义

安全设施是指企业(单位)在生产经营活动中将危险因素、有害因素控制在安全范围内以及预防、减少、消除危害所配备的装置(设备)和采取的措施。

#### 2.3.6.2 安全设施的分类

安全设施分为预防事故设施、控制事故设施、减少与消除事故影响设施3类。

(1) 预防事故设施

① 检测、报警设施。

压力、温度、液位、流量、组份等报警设施，可燃气体、有毒有害气体、氧气等检测和报警设施，用于安全检查和安全数据分析等检验检测设备、仪器。

② 设备安全防护设施。

防护罩、防护屏、负荷限制器、行程限制器，制动、限速、防雷、防潮、防晒、防冻、防腐、防渗漏等设施，传动设备安全锁闭设施，电器过载保护设施，静电接地设施。

③ 防爆设施。

各种电气、仪表的防爆设施，抑制助燃物品混入(如氮封)、易燃易爆气体和粉尘形成等设施，阻隔防爆器材，防爆工器具。

④ 作业场所防护设施。

作业场所的防辐射、防静电、防噪音、通风(除尘、排毒)、防护栏(网)、防滑、防灼烫等设施。

⑤ 安全警示标志。

包括各种指示、警示作业安全和逃生避难及风向等警示标志。

(2) 控制事故设施

① 泄压和止逆设施。

用于泄压的阀门、爆破片、放空管等设施，用于止逆的阀门等设施，真空系统的密封设施。

② 紧急处理设施。

紧急备用电源，紧急切断、分流、排放(火炬)、吸收、中和、冷却等设施，通入或者加入惰性气体、反应抑制剂等设施，紧急停车、仪表联锁等设施。

(3) 减少与消除事故影响设施

① 防止火灾蔓延设施。

阻火器、安全水封、回火防止器、防油(火)堤，防爆墙、防爆门等隔爆设施，防火墙、防火门、蒸汽幕、水幕等设施，防火材料涂层。

② 灭火设施。

水喷淋、惰性气体、蒸气、泡沫释放等灭火设施，消火栓、高压水枪(炮)、消防车、消防水管网、消防站等。

③ 紧急个体处置设施。

洗眼器、喷淋器、逃生器、逃生索、应急照明等设施。

④ 应急救援设施。

堵漏、工程抢险装备和现场受伤人员医疗抢救装备。

⑤ 逃生避难设施。

逃生和避难的安全通道(梯)、安全避难所(带空气呼吸系统)、避难信号等。

⑥ 劳动防护用品和装备。

包括头部，面部，视觉、呼吸、听觉器官，四肢，躯干防火、防毒、防灼烫、防腐蚀、防噪声、防光射、防高处坠落、防砸击、防刺伤等免受作业场所物理、化学因素伤害的劳动防护用品和装备。

### 2.3.7 建设项目安全设施设计审查申请

建设单位应当在建设项目初步设计完成后、详细设计开始前，向出具建设项目安全条件审查意见书的安全生产监督管理部门申请建设项目安全设施设计审查，并提交下列文件资料：

① 建设项目审批、核准或者备案的文件；

② 建设项目安全设施设计审查申请；

③ 建设项目安全设施设计；

④ 建设项目安全预评价报告及相关文件资料；

⑤ 法律、行政法规、规章规定的其他文件资料。

### 2.3.8 建设项目安全设施设计审查实施

安全生产监督管理部门收到申请后，对属于本部门职责范围内的，应当及时进行审查，并在收到申请后5个工作日内作出受理或者不予受理的决定，书面告知申请人；对不属于本部门职责范围内的，应当将有关文件资料转送有审查权的安全生产监督管理部门，并书面告知申请人。

对已经受理的建设项目安全设施设计审查申请，安全生产监督管理部门应当自受理之日起20个工作日内作出是否批准的决定，并书面告知申请人。20个工作日内不能作出决定的，经本部门负责人批准，可以延长10个工作日，并应当将延长期限的理由书面告知申请人。

安全生产监督管理部门根据需要指派两名以上工作人员按照法定条件和程序对申请文

件、资料的实质内容进行现场核查。

建设项目安全设施设计有下列情形之一的，不予批准，并不得开工建设：

① 无建设项目审批、核准或者备案文件的；

② 未委托具有相应资质的设计单位进行设计的；

③ 安全预评价报告由未取得相应资质的安全评价机构编制的；

④ 设计内容不符合有关安全生产的法律、法规、规章和国家标准或者行业标准、技术规范的规定的；

⑤ 未采纳安全预评价报告中的安全对策和建议，且未作充分论证说明的；

⑥ 不符合法律、行政法规规定的其他条件的。

建设项目安全设施设计审查未予批准的，生产经营单位经过整改后可以向原审查部门申请再审。

已经批准的建设项目及其安全设施设计有下列情形之一的，生产经营单位应当报原批准部门审查同意；未经审查同意的，不得开工建设：

① 建设项目的规模、生产工艺、原料、设备发生重大变更的；

② 改变安全设施设计且可能降低安全性能的；

③ 在施工期间重新设计的。

## 2.4 建设项目安全设施的施工、监理

建设项目安全设施的施工应当由取得相应资质的施工单位进行，并与建设项目主体工程同时施工。施工单位应当在施工组织设计中编制安全技术措施和施工现场临时用电方案，同时对危险性较大的分部分项工程依法编制专项施工方案，并附具安全验算结果，经施工单位技术负责人、总监理工程师签字后实施。施工单位应当严格按照安全设施设计和相关施工技术标准、规范施工，并对安全设施的工程质量负责。

施工单位发现安全设施设计文件有错漏的，应当及时向生产经营单位、设计单位提出。生产经营单位、设计单位应当及时处理。施工单位发现安全设施存在重大事故隐患时，应当立即停止施工并报告生产经营单位进行整改。整改合格后，方可恢复施工。

工程监理单位应当审查施工组织设计中的安全技术措施或者专项施工方案是否符合工程建设强制性标准。工程监理单位在实施监理过程中，发现存在事故隐患的，应当要求施工单位整改；情况严重的，应当要求施工单位暂时停止施工，并及时报告生产经营单位。施工单位拒不整改或者不停止施工的，工程监理单位应当及时向有关主管部门报告。工程监理单位、监理人员应当按照法律、法规和工程建设强制性标准实施监理，并对安全设施工程的工程质量承担监理责任。

建设项目安全设施建成后，生产经营单位应当对安全设施进行检查，对发现的问题及时整改。

## 2.5 建设项目试生产（使用）

### 2.5.1 建设项目试生产(使用)条件

建设项目安全设施施工完成后，建设单位应当按照有关安全生产法律、法规、规章和国

家标准、行业标准的规定，对建设项目安全设施进行检验、检测，保证建设项目安全设施满足危险化学品生产、储存的安全要求，并处于正常适用状态。

### 2.5.2 试生产(使用)方案

建设单位应当组织建设项目的设计、施工、监理等有关单位和专家，研究提出建设项目试生产(使用)(以下简称试生产〈使用〉)可能出现的安全问题及对策，并按照有关安全生产法律、法规、规章和国家标准、行业标准的规定，制定周密的试生产(使用)方案。试生产(使用)方案应当包括下列有关安全生产的内容：①建设项目设备及管道试压、吹扫、气密、单机试车、仪表调校、联动试车等生产准备的完成情况；②投料试车方案；③试生产(使用)过程中可能出现的安全问题、对策及应急预案；④建设项目周边环境与建设项目安全试生产(使用)相互影响的确认情况；⑤危险化学品重大危险源监控措施的落实情况；⑥人力资源配置情况；⑦试生产(使用)起止日期。

### 2.5.3 试生产(使用)方案的审查

建设单位在采取有效安全生产措施后，方可将建设项目安全设施与生产、储存、使用的主体装置、设施同时进行试生产(使用)。试生产(使用)前，建设单位应当组织专家对试生产(使用)方案进行审查。试生产(使用)时，建设单位应当组织专家对试生产(使用)条件进行确认，对试生产(使用)过程进行技术指导。

在投料试车阶段，设计单位应参加试车前的安全审查，提供相关技术资料和数据，为安全试车提供技术支持。

### 2.5.4 试生产(使用)方案的备案

化工建设项目，应当在建设项目试运行前将试运行方案报负责建设项目安全许可的安全生产监督管理部门备案，提交下列文件、资料：①试生产(使用)方案备案表；②试生产(使用)方案；③设计、施工、监理单位对试生产(使用)方案以及是否具备试生产(使用)条件的意见；④专家对试生产(使用)方案的审查意见；⑤安全设施设计重大变更情况的报告；⑥施工过程中安全设施设计落实情况的报告；⑦组织设计漏项、工程质量、工程隐患的检查情况，以及整改措施的落实情况报告；⑧建设项目施工、监理单位资质证书(复制件)；⑨建设项目质量监督手续(复制件)；⑩主要负责人、安全生产管理人员、注册安全工程师资格证书(复制件)，以及特种作业人员名单；⑪从业人员安全教育、培训合格的证明材料；⑫劳动防护用品配备情况说明；⑬安全生产责任制文件，安全生产规章制度清单、岗位操作安全规程清单；⑭设置安全生产管理机构和配备专职安全生产管理人员的文件(复制件)。

安全生产监督管理部门对建设单位报送备案的文件、资料进行审查；符合法定形式的，自收到备案文件、资料之日起五个工作日内出具试生产(使用)备案意见书。

### 2.5.5 建设项目试生产期限

试运行时间应当不少于 30 日，最长不得超过 180 日。需要延期的，可以向原备案部门提出申请。经两次延期后仍不能稳定生产的，建设单位应当立即停止试生产，组织设计、施工、监理等有关单位和专家分析原因，整改问题后，按照规定重新制定试生产(使用)方案并报安全生产监督管理部门备案。

## 2.6 建设项目安全设施竣工验收

### 2.6.1 建设项目安全设施施工情况报告

建设项目安全设施施工完成后，施工单位应当编制建设项目安全设施施工情况报告。建设项目安全设施施工情况报告应当包括：①施工单位的基本情况，包括施工单位以往所承担的建设项目施工情况；②施工单位的资质情况(提供相关资质证明材料复印件)；③施工依据和执行的有关法律、法规、规章和国家标准、行业标准；④施工质量控制情况；⑤施工变更情况，包括建设项目在施工和试生产期间有关安全生产的设施改动情况。

### 2.6.2 生产安全事故应急预案编写与备案

建设单位应当按照生产经营单位生产安全事故应急预案编制导则(GB/T 29639—2013)的要求编制本单位的综合生产安全事故应急预案和专项应急预案及现场处置方案，危险化学品生产、经营单位还应组织专家对应急预案进行评审。

应急预案同时应按要求进行网上申报并在安全生产监督管理局进行备案取得备案证明。

### 2.6.3 重大危险源辨识与评估

建设单位应当按照《危险化学品重大危险源辨识》标准，对本单位的危险化学品生产、经营、储存和使用装置、设施或者场所进行重大危险源辨识，并记录辨识过程与结果。构成重大危险源的应按照《重大危险源安全监督管理暂行规定》对重大危险源进行安全评估并确定重大危险源等级。建设单位可以组织本单位的注册安全工程师、技术人员或者聘请有关专家进行安全评估，也可以委托具有相应资质的安全评价机构进行安全评估。重大危险源安全评估可以与本单位的安全评价一起进行，以安全评价报告代替安全评估报告，也可以单独进行重大危险源安全评估。

### 2.6.4 安全验收评价报告

建设项目试生产期间，建设单位应当按规定委托有相应资质的安全评价机构对建设项目及其安全设施试生产(使用)情况进行安全验收评价，且不得委托在可行性研究阶段进行安全评价的同一安全评价机构。

安全评价机构应当按照《危险化学品建设项目安全评价细则》的要求及有关安全生产的法律、法规、规章和国家标准、行业标准进行评价并出具评价报告。建设项目安全验收评价报告还应当符合有关危险化学品建设项目的规定。

### 2.6.5 安全设施的竣工验收

建设项目竣工投入生产或者使用前，生产经营单位应当组织对安全设施进行竣工验收，并形成书面报告备查。安全设施竣工验收合格后，方可投入生产和使用。

安全监管部门应当按照下列方式之一对建设项目的竣工验收活动和验收结果的监督核查：

① 对安全设施竣工验收报告按照不少于总数10%的比例进行随机抽查；

② 在实施有关安全许可时，对建设项目安全设施竣工验收报告进行审查。

抽查和审查以书面方式为主。对竣工验收报告的实质内容存在疑问，需要到现场核查的，安全监管部门应当指派两名以上工作人员对有关内容进行现场核查。工作人员应当提出现场核查意见，并如实记录在案。

建设项目的安全设施有下列情形之一的，建设单位不得通过竣工验收，并不得投入生产或者使用：

① 未选择具有相应资质的施工单位施工的；

② 建设项目安全设施的施工不符合国家有关施工技术标准的；

③ 未选择具有相应资质的安全评价机构进行安全验收评价或者安全验收评价不合格的；

④ 安全设施和安全生产条件不符合有关安全生产法律、法规、规章和国家标准或者行业标准、技术规范规定的；

⑤ 发现建设项目试运行期间存在事故隐患未整改的；

⑥ 未依法设置安全生产管理机构或者配备安全生产管理人员的；

⑦ 从业人员未经过安全生产教育和培训或者不具备相应资格的；

⑧ 不符合法律、行政法规规定的其他条件的。

建设项目安全设施竣工验收未通过的，生产经营单位经过整改后可以向原验收部门再次申请验收。

生产经营单位应当按照档案管理的规定，建立建设项目安全设施“三同时”文件资料档案，并妥善保存。

建设单位安全设施竣工验收合格后，按照有关法律法规及其配套规章的规定申请有关危险化学品的安全生产许可或经营许可。

# 第3章　危险化学品生产企业安全生产许可

为严格规范危险化学品生产企业安全生产条件，做好安全生产许可证的办法和管理工作，根据《安全生产许可证条例》、《危险化学品安全管理条例》等法律、行政法规，国家安监总局制定了《危险化学品生产企业安全生产许可证实施办法》(下述简称《实施办法》)国家安监总局令第41号，自2011年12月1日起施行。原国家安监总局2004年5月17日公布的《危险化学品生产企业安全生产许可证实施办法》(原国家安监局第10号令)同时废止。

2015年5月27日国家安全生产监督管理总局公布第79号令《国家安全监管总局关于废止和修改危险化学品等领域七部规章的决定》，其中包括对《危险化学品生产企业安全生产许可证实施办法》(国家安监总局41号令)的修改完善，自2015年7月1日起施行。

## 3.1　许可范围

按照《危险化学品生产企业安全生产许可证实施办法》的规定，危险化学品生产企业，是指依法设立且取得工商营业执照或者工商核准文件，从事生产的最终产品或者中间产品列入了《危险化学品目录》(2015版)的企业。

危险化学品生产企业应当依照该办法的规定取得危险化学品安全生产许可证(以下简称安全生产许可证)方可从事危险化学品的生产活动。未取得安全生产许可证的企业，不得从事危险化学品的生产活动。

安全生产许可证，由政府安监部门发放，意味着获证单位在生产安全方面符合要求，换句话说，企业可以招收工人在获证厂房里进行生产作业，这些工人在这里工作是安全的。

危险化学品生产许可证，由政府质检部门发放，全名是：危险化学品压缩气体工业产品生产许可证，意味着获证单位的厂房和设备、管理体系、产品质量等方面符合国家法规政策标准的要求，产品可以出售。

两个证书的侧重点不一样，一个侧重生产工人的安全，另一个侧重产品质量和用户的安全。目前两个证书都需要依法办理，一般是先要取得安全生产许可证，然后才能办理工业产品生产许可证。

## 3.2　实施安全生产许可证颁发和管理的部门

安全生产许可证的颁发管理工作实行企业申请、两级发证、属地监管的原则。

国家安全生产监督管理总局指导、监督全国安全生产许可证的颁发管理工作，并负责涉及危险化学品生产的中央企业及其直接控股的涉及危险化学品生产的企业(总部)安全生产许可证的颁发管理。

省、自治区、直辖市安全生产监督管理部门(以下简称省级安全生产监督管理部门)负责本行政区域内中央企业及其直接控股涉及危险化学品生产的企业(总部)以外的企业安全生产许可证的颁发管理。

省级安监部门可以将其负责的安全生产许可证颁发工作，委托企业所在地设区的市级或者县级安监部门实施。涉及剧毒化学品生产的企业安全生产许可证颁发工作，不得委托实施。国家安监总局公布的涉及危险化工工艺和重点监管危险化学品的企业安全生产许可证颁发工作，不得委托县级安监部门实施。省级安监部门应当将受委托的设区的市级或者县级安监部门以及委托事项予以公告。还应当对其颁发安全生产许可证的工作给予指点、监督，并对其法律后果负责。

受委托的设区的市级或者县级安监部门在受委托的范围内，以省级安监部门安全生产监督管理部门的名义实施许可，但不得再委托其他组织和个人实施。

## 3.3 申　　请

涉及危险化学品生产的中央企业及其直接控股的涉及危险化学品生产的企业(总部)向国家安全生产监督管理总局申请安全生产许可证。

中央企业及其直接控股涉及危险化学品生产的企业(总部)以外的企业，如中央管理的危险化学品生产企业(集团公司、总公司、上市公司)所属分公司、子公司以及分公司、子公司下属的生产单位申请领取安全生产许可证，由中央管理的危险化学品生产企业所属的分公司、子公司分别向所在地省级安全生产许可证颁发管理机关提出申请。

其他的危险化学品生产企业及其分公司、子公司和分公司、子公司下属的生产单位申请领取安全生产许可证，由该危险化学品生产企业或其子公司分别向所在地设区的市级或者县级安全生产监督管理部门提出申请。

新建企业安全生产许可证的申请，应当在危险化学品生产建设项目安全设施竣工验收通过后10个工作日内提出。

### 3.3.1 提交的文件和资料

危险化学品生产企业申请安全生产许可证时，应当提交下列文件和资料，并对其内容的真实性负责：

① 申请安全生产许可证的文件及申请书；

② 安全生产责任制文件，安全生产规章制度、岗位操作安全规程清单；

③ 设置安全生产管理机构，配备专职安全生产管理人员的文件复制件；

④ 主要负责人、分管安全负责人、安全生产管理人员安全培训合格证明和特种作业人员的特种作业操作证复制件；

⑤ 与安全生产有关的费用提取和使用情况报告，新建企业提交有关安全生产费用提取和使用规定的文件；

⑥ 为从业人员缴纳工伤保险费的证明材料；

⑦ 危险化学品事故应急救援预案的备案证明文件；

⑧ 危险化学品登记证复制件；

⑨ 工商营业执照副本或者工商核准文件复制件；

⑩ 具备资质的中介机构出具的安全评价报告；

⑪ 新建企业的竣工验收报告复制件；

⑫ 应急救援组织或者应急救援人员，以及应急救援器材、设备设施清单。

中央企业及其直接控股涉及危险化学品生产的企业(总部)提交上述第④条中的特种作业操作证复制件和上述第⑧、⑩、⑪条规定以外的文件、资料。

有危险化学品重大危险源的企业，除提交上述第①条规定的文件、资料外，还应当提供重大危险源及其应急预案的备案证明文件、资料。

### 3.3.2 安全生产许可证的颁发程序

① 负责颁发安全生产许可证的安监部门或其委托受理的部门(通称实施机关)收到企业申请文件、资料后，应当按照下列情况分别作出处理：

a) 申请事项依法不需要取得安全生产许可证的，即时告知企业不予受理；

b) 申请事项依法不属于本实施机关职责范围的，即时作出不予受理的决定，并告知企业向相应的实施机关申请；

c) 申请材料存在可以当场更正的错误的，允许企业当场更正，并受理其申请；

d) 申请材料不齐全或者不符合法定形式的，当场告知或者在5个工作日内出具补正告知书，一次告知企业需要补正的全部内容；逾期不告知的，自收到申请材料之日起即为受理；

e) 企业申请材料齐全、符合法定形式，或者按照实施机关要求提交了全部补正材料的，立即受理其申请。

实施机关受理或者不予受理申请，都应当出具加盖本机关专用印章和注明日期的书面凭证。

② 安全生产许可证申请受理后，实施机关应当组织对企业提交的申请文件、资料进行审查。对企业提交的文件、资料实质内容存在疑问，需要到现场核查的，应当指派工作人员就有关内容进行现场核查。工作人员应当如实提出现场核查意见。

③ 实施机关应当在受理之日起45个工作日内作出是否准予许可的决定(审查过程中的现场核查所需时间不计算在内)。

④ 实施机关作出准予许可决定的，应当自决定之日起10个工作日内颁发安全生产许可证。

⑤ 实施机关作出不予许可的决定的，应当在10个工作日内书面告知企业并说明理由。

## 3.4 延期申请

① 安全生产许可证有效期为3年。企业安全生产许可证有效期届满后继续生产危险化学品的，应当在安全生产许可证有效期届满前3个月提出延期申请，并提交延期申请书和《实施办法》第二十五条规定的申请文件、资料。

实施机关按照实施办法进行审查，并作出是否准予延期的决定。

② 企业在安全生产许可证有效期内，符合下列条件的，其安全生产许可证届满时，经原实施机关同意，可不提交实相关文件、资料，直接办理延期手续：

a) 严格遵守有关安全生产的法律、法规和本办法的；

b) 取得安全生产许可证后，加强日常安全生产管理，未降低安全生产条件，并达到安全生产标准化等级二级以上的；

c) 未发生死亡事故的。

## 3.5 变　　更

危险化学品生产企业在安全生产许可证有效期内有下列情形之一的，应当向原安全生产许可证颁发管理机关申请变更安全生产许可证：

① 变更主要负责人的；

② 变更隶属关系的；

③ 变更企业名称或者隶属关系的；

④ 新建、改建、扩建项目经验收合格的。

企业在安全生产许可证有效期内变更主要负责人、企业名称或者注册地址的，应当自工商营业执照或者隶属关系变更之日起10个工作日内向实施机关提出变更申请，并提交下列文件、资料：①变更后的工商营业执照副本复制件；②变更主要负责人的，还应当提供主要负责人经安全生产监督管理部门考核合格后颁发的安全资格证复制件；③变更注册地址的，还应当提供相关证明材料。

对已经受理的变更申请，实施机关应当在对企业提交的文件、资料审查无误后，方可办理安全生产许可证变更手续。

企业在安全生产许可证有效期内变更隶属关系的，仅需提交隶属关系变更证明材料报实施机关备案。

企业在安全生产许可证有效期内，当原生产装置新增产品或者改变工艺技术对企业的安全生产产生重大影响时，应当对该生产装置或者工艺技术进行专项安全评价，并对安全评价报告中提出的问题进行整改；在整改完成后，向原实施机关提出变更申请，提交安全评价报告。实施机关按照《实施办法》的规定办理变更手续。

企业在安全生产许可证有效期内，有危险化学品新建、改建、扩建建设项目的，应当在建设项目安全设施竣工验收合格之日起10个工作日内向原实施机关提出变更申请，并提交建设项目安全设施竣工验收报告等相关文件、资料。

已经建成投产的危险化学品生产企业在申请安全生产许可证期间，应当依法进行生产，确保安全；不具备安全生产条件的，应当进行整改并制定安全保障措施；经整改仍不具备安全生产条件的，不得进行生产。

危险化学品生产企业不得转让、冒用、买卖、出租、出借或使用伪造的安全生产许可证

## 3.6 注　　销

取得安全生产许可证的危险化学品生产企业终止危险化学品生产活动、注销营业执照的，应向安全生产许可证颁发管理机关申请注销其安全生产许可证。

# 第 4 章　非药品类易制毒化学品生产的许可与备案

为加强非药品类易制毒化学品管理，规范非药品类易制毒化学品生产、经营、购买、运输和进口、出口行为，防止易制毒化学品被用于制造毒品，国务院专门制定了《易制毒化学品管理条例》(国务院令第 445 号)，对易制毒化学品的生产、经营、购买、运输和进口、出口实行分类管理和许可制度。

按照《易制毒化学品管理条例》的规定，易制毒化学品分为三类。第一类是可以用于制毒的主要原料，这一类中又分为药品类易制毒化学品和非药品类易制毒化学品，第二类、第三类是可以用于制毒的化学配剂。

这项管理工作涉及十多个政府部门。国家安监总局根据《条例》规定的安监督部门的职责制定了《非药品类易制毒化学品生产、经营许可办法》(国家安监总局 5 号令)，对非药品类易制毒化学品生产经营实行许可证制度。

## 4.1 适用范围

《非药品类易制毒化学品生产、经营许可办法》中所称非药品类易制毒化学品，是指《易制毒化学品管理条例》附表中确定的可以用于制毒的非药品类主要原料和化学配剂。

非药品类易制毒化学品分类和品种目录见表 4-1。

**表 4-1　非药品类易制毒化学品分类和品种目录**

| |
|---|
| 第一类 |
| 1. 1-苯基-2-丙酮 |
| 2. 3，4-亚甲基二氧苯基-2-丙酮 |
| 3. 胡椒醛 |
| 4. 黄樟素 |
| 5. 黄樟油 |
| 6. 异黄樟素 |
| 7. *N*-乙酰邻氨基苯酸 |
| 8. 邻氨基苯甲酸 |
| 第二类 |
| 1. 苯乙酸 |
| 2. 醋酸酐☆ |
| 3. 三氯甲烷☆ |
| 4. 乙醚☆ |
| 5. 哌啶☆ |
| 第三类 |
| 1. 甲苯☆ |
| 2. 丙酮☆ |
| 3. 甲基乙基酮☆ |
| 4. 高锰酸钾☆ |
| 5. 硫酸☆ |
| 6. 盐酸☆ |

注：①第一类、第二类所列物质可能存在的盐类，也纳入管制。
②带有☆标记的品种为危险化学品。

对第一类化学品的生产、经营实行许可证管理。凡生产、经营这类化学品的单位必须取得非药品类易制毒化学品生产、经营许可证方可从事生产经营活动。

对第二类、第三类化学品的生产、经营实行备案证明管理。凡生产、经营这两类化学品的单位必须进行非药品类易制毒化学品生产、经营备案。

## 4.2 各级安监部门的分工

国家安监总局监督、指导全国非药品类易制毒化学品生产、经营许可和备案管理工作。县级以上安监部门负责本行政区域内执行非药品类易制毒化学品生产、经营许可制度的监督管理工作。

具体分工如下：

省级安监部门负责本行政区域内第一类非药品类易制毒化学品生产、经营的审批和许可证的颁发工作。

设区的市级安监部门负责本行政区域内第二类非药品类易制毒化学品生产、经营和第三类非药品类易制毒化学品生产的备案证明颁发工作。

县级安监部门负责本行政区域内第三类非药品类易制毒化学品经营的备案证明颁发工作。

## 4.3 申请第一类化学品生产许可证应提交的文件和资料

生产单位申请第一类化学品生产许可证，应当向省级安监部门提交下列文件和资料，并对其真实性负责：

① 非药品类易制毒化学品生产许可证申请书(一式两份)；

② 生产设备、仓储设施和污染物处理设施情况说明材料；

③ 易制毒化学品管理制度和环境突发事件应急预案；

④ 安全生产管理制度；

⑤ 单位法定代表人或者主要负责人和技术、管理人员具有相应安全生产知识的证明材料；

⑥ 单位法定代表人或者主要负责人和技术、管理人员具有相应易制毒化学品知识的证明材料及无毒品犯罪记录证明材料；

⑦ 工商营业执照副本(复印件)；

⑧ 产品包装说明和使用说明书。

属于危险化学品生产单位的，还应当提交危险化学品生产企业安全生产许可证和危险化学品登记证(复印件)，但可免于提交上述第④、⑤、⑦项所要求的文件、资料。

## 4.4 申请第一类化学品经营许可证应提交的文件和资料

经营单位申请第一类化学品经营许可证，应当向省级安监部门提交下列文件和资料，并对其真实性负责：

① 非药品类易制毒化学品经营许可证申请书(一式两份)；

② 经营场所、仓储设施情况说明材料；

③ 易制毒化学品经营管理制度和包括销售机构、销售代理商、用户等内容的销售网络文件；

④ 单位法定代表人或者主要负责人和销售、管理人员具有相应易制毒化学品知识的证明材料及无毒品犯罪记录证明材料；

⑤ 工商营业执照副本(复印件)；

⑥ 产品包装说明和使用说明书。

属于危险化学品经营单位的，还应当提交危险化学品经营许可证(复印件)，但可免于提交上述第⑤项所要求的文件、资料。

## 4.5 申请第一类化学品生产、经营许可证的程序

① 省级安监部门对申请人提交的申请书及文件、资料，应当按照下列规定分别处理：

a）申请事项不属于本部门职权范围的，应当即时出具不予受理的书面凭证；

b）申请材料存在可以当场更正的错误的，应当允许或者要求申请人当场更正；

c）申请材料不齐全或者不符合要求的，应当当场或者在5个工作日内书面一次告知申请人需要补正的全部内容，逾期不告知的，自收到申请材料之日起即为受理；

d）申请材料齐全、符合要求或者按照要求全部补正了的，自收到申请材料或者全部补正材料之日起为受理。

② 对已经受理的申请材料，省级安监部门应当进行审查，根据需要可以进行实地核查。

③ 自受理之日起，对生产许可证申请在60个工作日内、对经营许可证申请在30个工作日内，省级安监部门应当作出颁发或者不予颁发许可证的决定。

④ 对决定颁发的，应当自决定之日起10个工作日内送达或者通知申请人领取许可证；对不予颁发的，应当在10个工作日内书面通知申请人并说明理由。

## 4.6 生产第二类、第三类化学品的单位进行备案时应提交的文件和资料

凡从事第二类、第三类化学品生产的单位，进行备案时应当提交下列文件和资料：

① 非药品类易制毒化学品品种、产量、销售量等情况的备案申请书；

② 易制毒化学品管理制度；

③ 产品包装说明和使用说明书；

④ 工商营业执照副本(复印件)。

属于危险化学品生产单位的，还应当提交危险化学品生产企业安全生产许可证和危险化学品登记证(复印件)，但可免于提交上述第④项所要求的文件、资料。

## 4.7 经营第二类、第三类化学品的单位进行备案时应提交的文件和资料

凡从事第二类、第三类化学品经营的单位，进行备案时应当提交下列文件和资料：

① 非药品类易制毒化学品销售品种、销售量、主要流向等情况的备案申请书；

② 易制毒化学品管理制度；

③ 产品包装说明和使用说明书；

④ 工商营业执照副本(复印件)。

属于危险化学品经营单位的，还应当提交危险化学品经营许可证，但可免于提交上述第④项所要求的文件、资料。

## 4.8 办理第二类、第三类化学品生产、经营备案的程序

负责第二类、第三类化学品生产、经营备案工作的安监部门收到规定的备案材料后，应当于当日发给备案证明。

## 4.9 申请非药品类易制毒化学品生产、经营许可和备案有关工作要求

在审查非药品类易制毒化学品生产、经营许可和备案申请时，监管人员应注意以下事项：

① 在本行政区域内依法登记的从事非药品类易制毒化学品生产、经营的单位，必须向本市相应的安全生产监督管理部门申请生产、经营许可或备案。

② 职责分工：

地方省级安全生产监督管理局负责本市非药品类易制毒化学品生产、经营的监督管理工作，并负责本市行政区域内第一类非药品类易制毒化学品生产、经营的审批和许可证的颁发工作。

区、县级安全生产监督管理局负责辖区内非药品类易制毒化学品生产、经营的监督管理工作，并负责辖区内第二、三类非药品类易制毒化学品生产、经营的备案证明颁发工作。

③ 申请：

a)申请书。《非药品类易制毒化学品生产、经营申请书》可从国家安全生产监督管理总局网站(www.chinasafety.gov.cn)或市安全生产监督管理局网站(例如北京市网站：www.bjsafety.gov.cn)上下载，按国家安全生产监督管理总局统一印制式样(纸张尺寸A4)和填写说明的要求填报有关内容，并与所提供文件、资料装订成册。

b)需提交的文件、资料。申请非药品类易制毒化学品生产、经营许可和备案的单位，应当按照《非药品类易制毒化学品生产、经营许可办法》要求，提供相关文件、资料，并对其真实性负责。同时，对所提供材料要注意以下几项内容：

一是《非药品类易制毒化学品生产、经营申请书》应提交电子版1份；

二是环境突发事件应急预案应按环保部门有关规定和要求编写；

三是单位法定代表人或者主要负责人和技术、管理人员的“相应安全生产知识的证明材料”，指由安监部门颁发的安全资质证书；

四是单位法定代表人或者主要负责人和技术、管理人员的“无毒品犯罪记录”证明，可以由当地派出所等公安机关、单位的上级主管部门或本单位提供；一般技术、管理人员的，可以由本人所在单位保卫部门提供；

五是单位法定代表人或者主要负责人和技术、管理人员具有相应易制毒化学品知识的证明，由市安全生产监督管理局根据国家安监总局制定的《2006 年非药品类易制毒化学品知识考核大纲》组织考核，考核结果视为证明材料。一般技术、管理人员可由企业自行组织培训，并提供考核结果；

六是工商营业执照指在本市工商注册的营业执照；

七是申请单位提供的易制毒化学品的产品包装和使用说明书中，应当标明产品的名称(含学名和通用名)、化学分子式和成分。

④ 受理。各级安全生产监督管理部门对非药品类易制毒化学品生产、经营单位提交的申请要按照《非药品类易制毒化学品生产、经营许可办法》规定，分别进行处理。

⑤ 审查、发证。各级安全生产监督管理部门要在《非药品类易制毒化学品生产、经营许可办法》规定的许可时限内对非药品类易制毒化学品生产、经营单位提交的申请进行审查、发证。

申请和审查材料由许可部门存档。

非药品类易制毒化学品生产、经营许可证和备案证明由国家安全生产监督管理总局统一印制。

⑥ 换证、变更和注销。

第一类非药品类易制毒化学品生产、经营许可证和第二、三类非药品类易制毒化学品生产、经营备案证明的有效期均为 3 年，有效期满后需继续生产、经营的，或变更单位名称、经济类型、注册地址、法定代表人或主要负责人、许可品种主要流向、增加许可品种及数量的生产、经营单位应当按照《非药品类易制毒化学品生产、经营许可办法》要求，在规定的时限内，携带相关文件、资料到原发证机关办理换证或变更手续。

非药品类易制毒化学品生产、经营单位不再生产、经营非药品类易制毒化学品时，应当在停止生产、经营后 3 个月内办理许可或备案注销手续。

## 4.10 易制毒化学品安全监管要求

目前被纳入管制范围的易制毒化学品有 24 个品种，安全监管部门负责监管其中的 20 个非药品类品种，其余 4 个药品类品种由食品药品监管部门监管。

根据新《条例》对非药品类易制毒化学品(下称易制毒化学品)五个环节的划分，安全监管部门负责易制毒化学品生产、经营环节的管理，公安机关负责易制毒化学品购买、运输管理，商务部门、海关负责易制毒化学品进出口管理。另外，在安全监管部门易制毒化学品生产、经营许可工作中，还涉及工商管理部门对被许可企业经营范围的登记管理。因此，在易制毒化学品管理方面，安全监管部门与这些部门关系较为密切，工作相互配合，通过五个环节的管理，形成了对易制毒化学品生产流通的全过程监管。

易制毒化学品安全监管与危险化学品安全监管有区别但也有联系。安全监管部门对易制毒化学品监管的目的，是防止非法生产经营非药品类易制毒化学品，从而防止其流入非法渠道用于制造毒品。对危险化学品安全监管的目的，是防止和减少在生产活动中发生人员伤亡和财产损失的危险化学品事故。另外，在现有安全监管部门负责监管的 20 个非药品类易制毒化学品中，有 10 个品种同时也是危险化学品。生产经营这 10 个品种化学品的单位，必须同时符合国家对易制毒化学品管理和危险化学品安全管理的要求。

国家安全监管总局提出非药品类易制毒化学品监管重点工作总的思路是根据《易制毒化学品管理条例》(国务院令第445号)确定的职责，安全监管部门加强对非药品类易制毒化学品监管工作的组织和领导，加大监督检查工作力度，督促企业落实主体责任，加强基础建设和基层网络应用，深入推进安全监管部门易制毒化学品监管工作。

1）督促指导企业提高易制毒化学品管理水平，培育一批示范企业。

① 要认真贯彻安全监管总局将要印发的《关于进一步加强非药品类易制毒化学品生产经营企业监管的指导意见》，加强对企业颁证后的监管。各地要选择条件较好的企业作为示范企业培育工作试点，督促指导企业提高易制毒化学品管理水平，带动本地区其他非药品类易制毒化学品企业提升管理能力。

② 要指导督促非药品类易制毒化学品企业进一步落实主体责任。企业要建立健全主要负责人、分管负责人、销售负责人分工负责的责任体系。企业要设置有生产、销售等相关人员参加的非药品类易制毒化学品管理机构，配备专、兼职日常工作管理人员。

③ 要指导督促企业健全非药品类易制毒化学品管理制度。至少包括：企业负责人管理职责规定，管理人员岗位职责规定；生产、出入库管理、仓储安全管理制度；销售管理制度、购销合同管理制度，销售流向登记、销售记录或台账、购买运输凭证存档制度；统计信息报送制度；从业人员法规制度和管理知识教育培训制度；非法违法违规行为举报奖励制度。企业主要负责人和生产、销售负责人以及有关工作人员应熟悉本企业的管理制度。

2）开展对非药品类易制毒化学品生产、经营企业的监督检查工作。

安全监管部门要制定并实施年度检查计划。要加强日常监管检查和专项督查，对本地区非药品类易制毒化学品企业督查要做到全覆盖。检查内容包括：企业落实相关制度的情况，相关人员熟悉易制毒化学品管理要求的情况；生产、经营企业易制毒化学品产量、销售量、流向等与许可和备案证是否一致、与企业年报是否相符，以及产量、销售量是否平衡、销售台账是否完整等情况。对检查发现的问题，要责令企业限期改正；对非法违法生产经营行为，要坚决予以行政处罚，情节严重的，要移送公安机关处理。

3）做好非药品类易制毒化学品管理信息系统应用工作。

① 要加强对非药品类易制毒化学品管理信息系统中数据的填报和审核工作。要督促企业认真填写相关数据。安全监管部门相关负责人要及时审核信息系统中本级填报数据、本级所辖企业填报数据、下级上报数据的情况，确保数据填报的完整性、准确性。

② 各级安监部门要继续完善非药品类易制毒化学品生产、经营许可和备案颁证季报(以下简称季报)工作，非药品类易制毒化学品生产经营单位要定期上报生产、经营年报(以下简称年报)。

安全监管部门要及时汇总辖区内非药品类易制毒化学品生产、经营许可备案工作进展情况，在每季度第1个月的10号之前在信息系统中填报上季度季报；督促企业完成年报数据的填报；形成书面季报、年报汇总表，经审定盖章后报上级安全监管部门。

非药品类易制毒化学品生产经营企业要在系统中录入本单位每一笔易制毒化学品销售流向信息，包括销售日期，销售品种，所属类别，销售数量，购买单位名称、是否出口、地址(具体到省、市)、购买备案证明编号(进行易制毒化学品销售情况下填写)、运输证件编号、联系方式，购买人姓名、身份证号、联系方式，购买用途，销售人等内容。每年的3月31日前，各企业要在系统中填报本单位上一年度非药品类易制毒化学品销售年报。

③ 要加大信息系统中季报、年报数据填报的监督力度。企业不按时提供年报的，要依

法予以处罚；上级安全监管部门要督促检查季报、年报的及时性和准确性，对于存在严重滞后、数据明显错误或严重缺项的，要予以通报。

4）积极做好部门协作配合，完善工作机制。

① 安全监管部门要与其他部门做好相关协调与配合工作。积极争取同级禁毒委的支持和协助，打击非法违法生产经营非药品类易制毒化学品行为，在换发非药品类易制毒化学品生产、经营许可和备案证等方面，开展同公安、商务和工商等相关部门的合作，相互支持，互通情况，信息共享。

② 要加强基础工作、改进工作方法，进一步规范易制毒化学品安全监管工作。要做好相关资料建档工作，执法检查要有记录、有统计，形成专门档案台账；要重视工作总结，按时总结年度非药品类易制毒化学品监管工作，主动向上级安全监管部门报送年度总结和重要活动情况总结。要根据非药品类易制毒化学品监管特点，借鉴安全生产监管工作中约谈制度、检查表制度等经验，主动探索、大胆创新，不断提高非药品类易制毒化学品监管工作水平。

## 4.11 易制爆化学品

“易制爆”化学品是指其本身不属于爆炸品但是可以做为原料或辅料而制成爆炸品的化学品。易制爆化学品名单：硝酸、硫酸、过氧化氢（又称双氧水）、汞（又称水银）、乙醇（又称酒精）、丙三醇（又称甘油）、苯酚、甲基苯（又称甲苯）、季戊四醇、六亚甲基四胺（又称乌洛托品）、硫化钠（又称硫化碱）、氮化钠、硝酸铅、醋酸铅（又称乙酸铅）。

恐怖分子可以利用“易制爆”化学品制造爆炸品并实施恐怖活动，因此，必须加强监管、监控。

（1）“易制爆”化学品安全监管

做为日常安全监管工作的一项重要内容。要落实基础管理工作，建立管理档案和台账，加强对“易制爆”化学品生产和经营单位的安全检查。要对企业负责人进行培训，使其掌握“易制爆”化学品的知识，增强安全意识，落实安全责任。“易制爆”化学品销售环节安全监管：危险化学品生产和经营单位不得向个人销售“易制爆”化学品。单位购买时，须凭本单位开具的介绍信。销售单位需要存留购买人的身份证复印件，并记录购买日期、数量、用途和联系方式等。

（2）“易制爆”化学品的安全监控

“易制爆”化学品的生产、经营、储存场所，必须按照规定安装图像信息监控设备。

# 第 5 章 生产安全技术

为了使危险化学品执法、检查和监督人员掌握一定的相关基础知识，本章重点介绍有关危险化学品生产安全方面的一些基础知识。主要内容包括：化学品安全技术常识知识；“人-机-物”系统与安全生产的关系；各种化工单元操作的原理、设备、危险性分析及危险控制对策；针对常见的危险性较大的一些典型化学反应特性，常见化工工艺设备如反应器、精馏塔、罐、泵站等的安全运行及管理特点等。

危险化学品生产过程中，从原料、中间产物直至产品几乎都涉及危险化学品，在危险化学品生产活动中经常会发生泄漏、燃烧、爆炸、腐蚀和毒害等危险。所以，了解化工生产过程的原理、工艺和相关设备的特性，掌握避免这些危险现象的安全技术，对于危险化学品的监督、监管和服务都极为重要。

化学品的生产和使用安全是世界性的难题，在化学品的生产和使用过程中要完全避免危害事故的发生是不可能的。但是，通过掌握危险化学品特性、生产过程的原理、生产设备的特性，采取必要的积极的预防措施，提高对易发生事故的敏感性和警惕性，完全可以避免或减少事故的发生，使事故的危害性减少到最小程度。

一个危险化学品的生产工艺过程可以看作是由一系列的模块组合而成的，将这些模块称为“单元操作”，其类似儿童所玩的积木一样，同样的一堆积木可以组合成不同的物体如房子、汽车或其他物体。不同的单元操作组合可以构成不同的化工工艺过程，而同一个单元操作在不同的工艺过程中其基本原理是一致的，但是它们也有各自的特殊性。

图 5-1 是硝酸铵生产工艺的例子，其中包括了反应、吸收、分离、蒸发、结晶和干燥等多个单元操作过程。

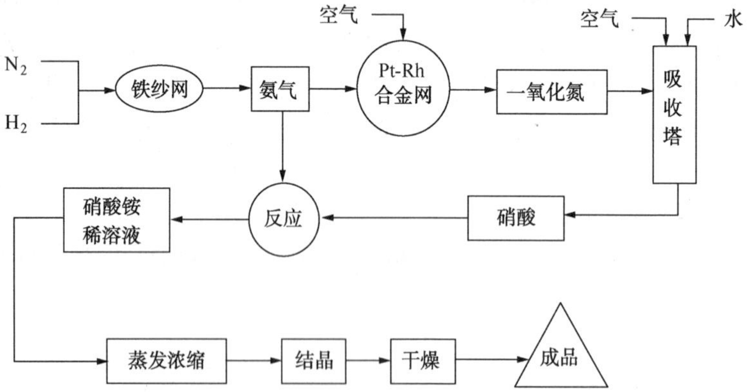


图 5-1　硝酸铵生产工艺

化工单元操作按着最基本原理可分为物料输送、换热(加热、冷却)、蒸发与干燥、冷凝与冷冻、蒸馏、吸收、萃取、结晶、粉碎与筛分、熔融与混合等。按着化学反应的基本原理，一个化学品生产工艺过程可包括氧化、还原、硝化、磺化、氯化、电解、聚合、催化等一种或多种化学反应。

本章介绍的化学反应和单元设备参考了国家安监总局发布的两批重点监管的危险化工工艺，重点介绍常见的典型化工工艺内容。

## 5.1 化学品生产安全技术常识

化学品生产过程即通常所说的化工生产过程，一般可以概括地分为三个步骤：第一步为原料的处理阶段，为了使原料符合进行化学反应所要求的状态和纯度，需要经过加工净化、提浓、混合、乳化或粉碎等多种不同的预处理，这一过程中主要发生的是物理变化。第二步为化学反应阶段，经过预处理的原料，在一定的温度、压力等条件下进行反应，以生成所要求的目标产物。第三步为产品分离精制阶段，将由化学反应得到的混合物进行分离处理，除去未反应的原料、副产物或杂质，以获得符合组成或规格要求的目的产品，这一过程中主要也是发生物理变化。

对于一个复杂的化学品生产工艺，上述三个步骤所涉及的过程可能是交替进行，其中的物理变化和化学反应也可能是掺杂在一起，从而形成一个多阶段的复杂工艺过程。

化学品生产过程中的危险性首先决定于介质和化学反应过程的危险特性，这是化学品生产过程是否安全的内因。化学品生产过程危险性的外因是物系的配置、工艺变化和失控的危险；设备的失稳、失效和损坏的危险以及系统设计缺陷和操作失误的危险。装置运行过程，除化学反应外，还包含多种物理现象，如动量传递、热量传递和质量传递等，这些传递过程同样影响着整个工艺过程的安全性。

因为化学反应往往涉及剧烈的热量、温度或压力变化，这些极端条件都是导致危险事故发生的关键因素，因此必须对化学品生产过程中的化学反应性质有充分的了解。工业过程化学反应常用的分类方法有：①按相态分类，如液-液反应、气-液反应、气-固反应、液-固反应、气-气反应等，如图 5-2 所示。②根据所进行的化学反应分类，如氧化反应、还原反应、加氢反应、脱氢反应、卤化反应、烷基化反应、硝化反应、磺化反应、羧基化反应、醛化反应、重氮化反应、聚合反应、裂化反应、催化反应、重整反应、碱解和酸解反应、电解反应等。

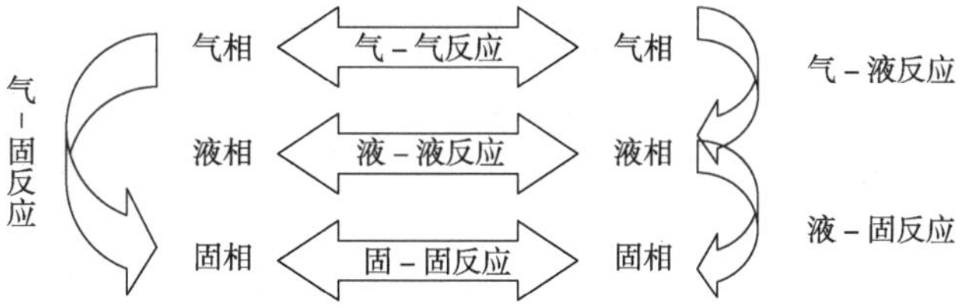


图 5-2　按相态分类的反应类型

在化学品生产过程中，化学反应过程及设备是关系到工艺过程是否安全的核心环节。从安全的角度考虑，应使危险化学品生产的过程和设备的设计安全系数尽可能的高，但是，从生产的经济效益性来考虑，较低的过程和设备设计安全系数会提高生产的经济效益性，针对这样一对矛盾的共同体，只有在科学合理的设计安全性与科学高水平的运行管理相结合的条件下，才能实现在安全的前提下获得最大的经济效益。

化学品化工生产过程中一些重要的化学反应都是非常危险的，如氧化反应、加氢反应、烷基化反应、硝化反应、重氮化反应等。一方面是这些反应中涉及到极度危险的化学品；另一方面，这些反应过程会出现剧烈反应、极端放热或高温高压现象。因而，作为政府监管危险化学品和相关生产工艺的工作人员，对于这样的化学反应原理和所涉及的反应工艺和设备的危险特性应心中有数，对企业生产过程的监管应具有针对性。

### 5.1.1 化学品生产过程危险性分析

危险化学品生产的本质危险性主要表现在两个方面：一是生产的原料、中间体和产品的燃烧、爆炸、毒害、腐蚀等危险特性；二是生产设备、工艺的危险性。

化工生产过程中，作为原料的化学品特别是危险化学品往往表现出反应剧烈性的特点，即在极短时间内完成反应过程的特性。这种剧烈的化学反应如果工艺设计不合理或者操作不当，或者由于非人为的外界因素干扰，往往会造成压力急剧升高而泄漏、起火或爆炸等，这样本质危险性就转化为实际的安全事故。危险化学品所区别于一般化学反应过程的重要特性就是爆炸性快速反应，一个爆炸反应过程往往可以在百分之几到百万分之几秒的时间内完成，这样的反应一旦开始发生，实际上是没有时间从操作控制上作出反应的。

爆炸式反应比可燃物的缓慢燃烧速度快千百万倍，虽然这两种反应都会放出大量热，生成大量气体，但燃烧反应由于反应缓慢，气体产物可以扩散而不致形成高压；而爆炸性反应由于过程的快速性，故在反应过程中大量的气体聚积于有限的空间，所放出的热量集中在有限的容积内而造成很高的能量密度，形成高温高压气体，使爆炸具有巨大能量和更大的破坏性。

为此，应该从化学品生产过程中的物质(包括原料、中间产物和产品)、工艺过程和设备三方面来分析危险化学品生产过程的危险性。关于化学品的危险性参见相关书籍，下面重点分析生产工艺和相关设备的危险性。

化工生产过程中，不同的化学反应有不同的工艺条件，不同的化工工艺过程有不同的操作规程。评价一个化工工艺过程的危险性不能单看它所加工的介质、中间产物、产品的性质和数量，还要看它所包含的化学反应类型及化工过程和设备的操作特点。因此，化工生产安全技术与化工工艺是密不可分的。

国家安监总局于2009年发布了首批重点监管的危险化工工艺目录，其中涉及15种化工工艺，包括光气及光气化工艺、电解工艺(氯碱)、氯化工艺、硝化工艺、合成氨工艺、裂解(裂化)工艺、氟化工艺、加氢工艺、重氮化工艺、氧化工艺、过氧化工艺、胺基化工艺、磺化工艺、聚合工艺、烷基化工艺等。

(1) 氯化反应工艺

氯化反应是在有机化合物分子中引入一个或几个氯原子。氯化反应主要包括取代氯化、加成氯化、氢氯化、氧氯化和氯解反应等五类。一些重要的有氯参与的无机反应也可以划归到氯化反应一类中，如漂白粉的生产。漂白粉样例见图5-3。

例如：漂白粉(次氯酸钙)

$$2Ca(OH)_2 + 2Cl_2 \xrightarrow[\text{混酸}]{} Ca(ClO)_2 + CaCl_2 + 2H_2O$$

氯化反应过程的危险性主要表现在：

① 氯化剂是强氧化剂和高毒性物质。如氯气、浓盐酸、氯化氢、次氯酸、漂白粉、光气和氯化磷等。它们能与可燃气体形成可燃气体或爆炸性气体。

② 物料的危险性。氯化反应的原料为烃类物质，属于易燃易爆物质，中间产物也具有不同程度的危险性。

③ 反应过程的危险性。某些氯化反应在高温下进行，易发生温度失控而爆炸的危险。

④ 设备的危险性。氯气等氯化剂及产物对设备和管道的强腐蚀性及泄漏危险。

图 5-3　漂白粉样品实例

(2) 电解反应工艺

电解是在电流的作用下，电解溶液或熔融电介质发生分解反应以生产目标产品的过程。电解反应常见于氯碱工业、电解铝等。

电解反应的危险性主要表现在：

① 产物的危险性。如氯气是剧毒气体，氢氧化钠是强碱具有腐蚀性，氢气属于极易爆气体。

② 装置危险性。电解池属于高温操作装置，如果传热过程受到阻碍极易发生爆炸。

③ 触电危险性。电解过程在强电流下操作，潮湿环境易发生触电危险。

(3) 磺化反应工艺

苯等芳香烃化合物与浓硫酸等磺化剂反应，发生氢原子被硫酸分子里的磺酸基($—SO_3H$)或磺酰氯基($—SO_3Cl$)所取代的反应。磺化过程中磺酸基取代碳原子上的氢称为直接磺化；磺酸基取代碳原子上的卤素或硝基，称为间接磺化。磺化剂通常用浓硫酸或发烟硫酸作为磺化剂，有时也用三氧化硫、氯磺酸、二氧化硫加氯气、二氧化硫加氧以及亚硫酸钠等作为磺化剂。

磺化反应在现代化工领域中占有重要地位，是合成多种有机产品的重要步骤，在医药、农药、燃料、洗涤剂及石油等行业中应用较广。

磺化反应的危险性主要表现在：

① 原料的危险性。常用的磺化剂，如浓硫酸、氯磺酸等具有强腐蚀性，易灼伤人体。反应物多数为有机物，如苯等芳香类物质，其具有毒性和易燃性。

② 设备危险性。常用磺化剂对金属设备和管道具有强腐蚀作用，易造成设备腐蚀泄漏。

③ 热危险性。火灾：常用的磺化剂，如浓硫酸、氯磺酸等是强氧化剂，原料多为可燃物。如果磺化反应投料顺序颠倒、投料速度过快、搅拌不良、冷却效果不佳而造成反应温度过高，易引发火灾危险。爆炸：磺化是强放热反应，若不能有效控制投料、搅拌、冷却等操作环节，反应温度会急剧升高，导致爆炸事故。沸溢和腐蚀：常用的磺化剂三氧化硫遇水生成硫酸，会放出大量热能造成沸溢事故。

(4) 烷基化反应工艺

烷基化(也称为烃化)，是在有机化合物中的氮、氧、碳等原子上引入烷基的化学反应。引入的烷基有甲基($—CH_3$)、乙基($—C_2H_5$)等。

烷基化常用烯烃、卤化烃、醇等能在有机化合物分子中的碳、氧、氮等原子上引入烷基的物质作烷基化剂。如苯胺和甲醇作用制取二甲基苯胺。

烷基化反应的危险性主要表现在：

① 原料和产物的危险性。被烷基化的物质大都具有着火爆炸危险，如苯等。烷基化剂一般比被烷基化物质的火灾危险性要大，如丙烯、甲醇等。烷基化的产品亦有一定的火灾危险，如异丙苯是乙类液体。

② 催化剂危险性。烷基化过程所用的催化剂反应活性强，如三氯化铝是忌湿物品，有强烈的腐蚀性，遇水或水蒸气分解放热，放出氯化氢气体，有时能引起爆炸，若接触可燃物，则易着火；三氯化磷是腐蚀性忌湿液体，遇水或乙醇剧烈分解，放出大量的热和氯化氢气体，有极强的腐蚀性和刺激性，有毒，遇水及酸(主要是硝酸、醋酸)发热、冒烟，有发生起火爆炸的危险。

③ 设备危险性。烷基化反应都是在加热条件下进行，如果原料、催化剂、烷基化剂等加料次序颠倒、速度过快或者搅拌中断停止，就会发生剧烈反应，引起跑料，造成着火或爆炸事故。

(5) 聚合反应工艺

聚合反应是将低分子单体合成聚合物的反应过程。聚合反应是生产塑料、橡胶、纤维和离子交换树脂等产品的重要工艺过程。如乙烯聚合生产聚乙烯塑料，丙烯聚合生产聚丙烯塑料，丁二烯聚合生产顺丁橡胶，酯酸乙烯聚合生产维纶等。

聚合反应按反应类型可分为加成聚合和缩合聚合两大类，按聚合方式又可分为悬浮聚合、溶液聚合、乳液聚合及缩合聚合五种方式。

聚合反应过程的危险性主要表现在：

① 物料的危险性。参与聚合反应的大多数单体都是易燃易爆物质。聚合反应又多在高压下进行，因此，单体极易泄漏并引起火灾、爆炸。

② 聚合反应的引发剂为有机过氧化物，它对热、振动和摩擦极为敏感。聚合反应使用的催化剂多为有机金属化合物，其对水和空气极为敏感，易着火或爆炸。

③ 反应过程的危险性。聚合反应操作过程的主要危险是产生暴聚，暴聚会使反应器压力骤增而发生爆炸。发生暴聚时会放出大量的热量，反应热量如不能及时导出，会造成局部过热等，均可使反应器温度迅速增加，导致爆炸事故。

④ 操作的危险性。聚合反应中，传热是反应的控制步骤，一旦操作不当或意外事故造成搅拌或冷却中断，极易发生粘釜、堵塞甚至爆炸事故。

(6) 裂解反应工艺

裂解(也称为裂化)是指有机化合物在高温下分子发生分解断裂的反应过程。而石油化工中所谓的裂解是指大分子石油组分(裂解原料)在隔绝空气和高温条件下，分子发生分解反应而生成小分子烃类的过程。

例如：链己烷裂解为乙烯和丁烷

$$CH_3—CH_2—CH_2—\vert CH_2—CH_2—CH_3 \longrightarrow CH_2{=\!=}CH_2+CH_3—CH_2—CH_2—CH_3$$

裂解是总称，如果单纯在高温下而不使用催化剂的裂解称为热裂解。如果裂解反应是在使用催化剂的条件下发生的，这种裂解称为催化裂解。根据裂解反应使用附加反应物料的不同，裂解反应又分成水蒸气裂解、加氢裂解等。石油化工中应用最广泛的是水蒸气热裂解。

裂解反应发生在裂解炉的炉管内，并在很高的温度(以轻柴油裂解制乙烯为例，裂解气的温度近 800℃)、很短的时间内(0.7s)内完成，以防止裂解气体二次反应而使裂解炉管结焦堵塞。

裂解反应过程的危险性主要表现在：

① 氢气的危险性。加氢裂解或裂解后产生氢气的过程危险性主要在于氢气物料。

② 操作的危险性。裂解炉是在高温下操作，不正常的操作错误会造成爆炸的危险，特

别是避免“回火”现象的发生。

③ 泄漏着火危险。裂解过程是在高温下操作的，原料和产物的泄漏易造成火灾。

(7) 氧化反应工艺

氧化反应是化工生产过程中广泛采用的重要反应，绝大多数氧化反应是放热反应。一般来说，较缓慢的氧化反应的危险性相对较小，而剧烈的氧化反应因其强放热的特点潜在的火灾和爆炸危险性较大。

例如：

$$3Fe + 2O_2(\text{氧化剂}) \xlongequal{} Fe_3O_4$$

氧化反应过程的危险性主要表现在：

① 被氧化的物质大部分属于易燃易爆物质。如乙烯氧化，氨的氧化等。

② 氧化剂遇到易燃物品、可燃物品、有机物、还原剂等会发生剧烈化学反应引起燃烧爆炸。如氯酸钾、高锰酸钾、铬酸酐等。

③ 氧化反应过程一般是强放热过程，易发生“飞温”现象。如乙烯氧化生产环氧乙烷。

④ 有些氧化反应，原料和氧化剂的配比接近于爆炸极限，甚至在爆炸极限范围之内。如氨、乙烯和甲醇蒸气的空气氧化，其物料配比接近于爆炸极限。

(8) 加氢反应工艺

加氢反应是氢与其他化合物相互作用的反应过程，通常是在催化剂存在下进行的，加氢反应属还原的范畴。加氢过程可分为两大类：一类是氢与一氧化碳或有机化合物直接加氢，例如一氧化碳加氢合成甲醇：

$$CO+2H_2 \longrightarrow CH_3OH$$

己二腈加氢制己二胺：

$$NC(CH_2)_4CN+4H_2 \longrightarrow H_2N(CH_2)_6NH_2$$

另一类是氢与有机化合物反应的同时，伴随着化学键的断裂，这类加氢反应又称氢解反应，包括加氢脱烷基、加氢裂化、加氢脱硫等。例如烷烃加氢裂化，甲苯加氢脱烷基制苯，硝基苯加氢还原制苯胺等。

加氢反应大多为放热反应，而且大多在较高温度和压力下进行，氢气以及大部分所使用的物料具有燃爆危险性，一部分物料、产品或中间产物存在毒性、腐蚀性。一旦出现泄漏、反应器堵塞等故障，发生火灾、爆炸的危险性很大。

加氢反应的危险性主要表现在：

① 氢气危险性。氢气是高度危险性气体，与空气混合能成为爆炸性混合物，遇火星、高热能引起燃烧。

② 原料及产品危险性。加氢反应的原料及产品多为易燃、可燃物质。例如：苯、环戊二烯、硝基苯、一氧化碳以及石油化工中馏分油、减压馏分油等油品。在氢化反应过程中产生的副产物如硫化氢、氨气多为可燃和有毒物质。

③ 催化剂危险性。部分加氢反应使用的催化剂如雷尼镍属于易燃固体，可以自燃。

④ 设备危险性。加氢工艺多为气-液相或气-气相反应，装置通常处于氢气氛和高温高压条件下，设备长时间运行后，氢腐蚀设备产生氢脆现象，降低设备强度。如操作不当易发生事故，甚至发生爆炸。

⑤ 操作危险性。氢气爆炸极限范围大(4.1%~74.2%)，加氢工艺中，当出现泄漏或装置内混入空气或氧气后易发生爆炸危险。加氢反应均为放热反应，当操作不当、管式

反应器堵塞、反应器受热不均匀等原因容易造成反应器内温度、压力急剧升高导致泄漏甚至爆炸。

(9) 硝化反应工艺

有机化合物分子中引入硝基(—NO)取代氢原子而生成硝基化合物的反应，称为硝化。硝化反应是生产染料、药物及某些炸药的重要反应。常用的硝化剂是浓硝酸或浓硝酸与浓硫酸的混合物(俗称混酸)。

例如：

TNT(2，4，6-三硝基甲苯)制备

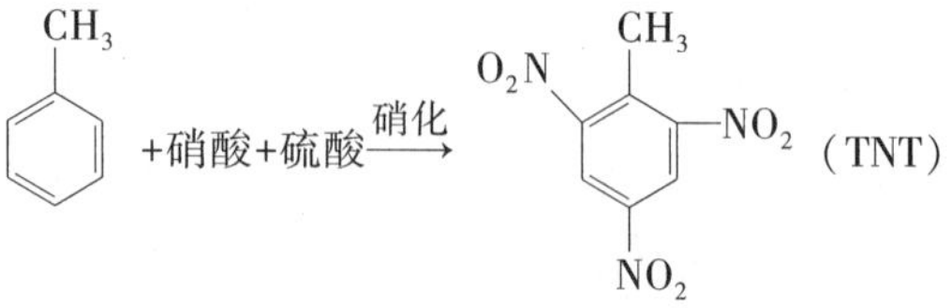


TNT 的分子结构和样品实物如图 5-4 所示。

硝化棉(纤维素硝酸酯、硝化纤维)分子结构见图 5-5。

$$3n\mathrm{HNO_3}+[\mathrm{C_6H_7O_2(OH)_3}]_n \xrightarrow[\text{混酸}]{} [\mathrm{C_6H_7O_2(ONO_2)_3}]_n+3n\mathrm{H_2O}$$

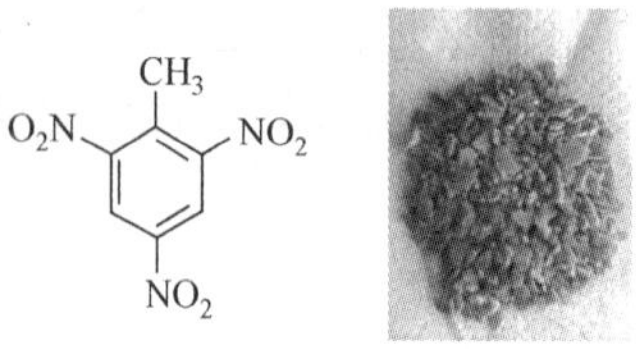


图 5-4　三硝基甲苯的分子结构和实物样品

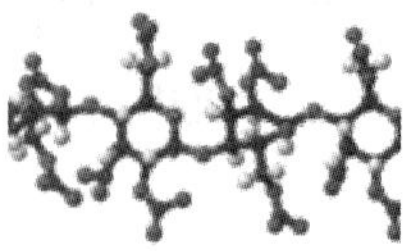

图 5-5　硝化棉分子结构

硝化反应过程的危险性主要表现在：

① 物料的危险性。硝化反应所用的原料甲苯、苯酚等都是易燃易爆物质。硝化产物——硝基化合物一般都具有爆炸危险性，特别是多硝基化合物受热、摩擦或撞击都可能引起爆炸。

② 浓硝酸与浓硫酸都是强酸，有强烈的腐蚀性。浓硝酸和浓硫酸制备的混酸具有强烈的气化性和腐蚀性，接触棉、纸等有机物即会引起燃烧爆炸。

③ 反应过程的危险性。硝化是强放热反应，而且反应速度与温度呈正反馈关系，温度越高，硝化反应速率越快，放出的热量越多，极易造成温度失控而爆炸。

### 5.1.2　化学品生产过程安全控制技术

要保证危险化学品生产过程安全，必须以相关科学知识为基础，通过系统科学地分析过程与装置的危险性，以国家和地方法律、法规或标准为准则，制定严格的企业标准、规范或操作规程，确保工艺装置的正确操作和管理。特别是要借鉴已发生过的类似事故案例，避免重复发生同类生产事故。

对于大型危险化学品生产企业，由于经济实力的原因，其工艺、设备的设计安全性可靠，工艺设备操作人员和管理人员技术素质较好，企业安全管理水平较高，所以这类企业发生安全生产事故的风险性较低。安全生产事故风险性较大的是那些规模较小的企业，其安全生产技术和措施较差，特别是这样的企业一般因经济的原因工艺较简陋，几乎很少采用先进的安全措施和控制技术，生产和管理人员素质较低，因而是安全事故高发单位，也是政府安全生产监管部门应重点监督部位。

要保证危险化学品生产过程安全，选择安全性相对较高的生产工艺路线是根本，这包括安全的工艺路线和高性能的安全保证措施。其次是生产过程管理，包括正确、精心的过程操作，特别是开停车过程管理和意外事故的紧急处理，力争做到大事变小，小事变了。

化工装置一般集成了化工、机械、控制及管理多学科技术，因而生产过程的安全性要从这些方面总体考虑。一般在危险化学品生产过程要采取的安全控制技术主要包括以下几方面：

(1)工艺过程方面

从工艺过程方面采取的安全控制技术主要是通过评价工艺过程、物料、反应、操作条件的危险性，研究应采取的安全对策，涉及到的主要是化工工艺和仪表专业。考虑到的安全措施内容主要包括：

① 工艺过程的安全性；

② 物料危险性评价；

③ 反应危险性；

④ 反应失控的抑制；

⑤ 设定参数检测点；

⑥ 判定发生火灾、爆炸的条件；

⑦ 评价操作条件产生的危险性；

⑧ 判断外部环境条件产生的危险性；

⑨ 单元设备的安全性。

(2) 过程设备方面

从过程设备方面采取的安全控制技术主要是通过合理选择设备的材质、结构，设定承受负荷、载荷的设计值及相应采用的安全措施来保证生产过程的安全性。涉及到的专业主要是过程装备和土建。考虑到的安全措施内容主要包括：

① 材质(耐应力性、耐高低温能力、耐腐蚀性、耐疲劳性、耐电化学腐蚀性、耐氢蚀性、耐火性能、隔音性能等)；

② 结构安全性；

③ 强度安全性；

④ 抗风、抗震标准；

⑤ 标准等级。

(3) 控制仪表方面

主要研究测量和控制偏差产生的危险性及相应对策，主要涉及仪表控制和化工工艺专业。考虑到的安全措施内容主要包括：

① 测量仪表；

② 防止误操作措施(连锁控制等)；

③ 安全仪表；

④ 计算机系统。

(4) 操作运行方面

研究防止操作过程中发生意外事件引起灾害的控制措施，主要涉及化工工艺、过程装备、仪表电器和土木建筑专业。考虑到的安全措施内容主要包括：

① 紧急输送设备；

② 防空系统(如火炬等)；

③ 排水、排油系统；

④ 动力紧急停供措施(保安电力、蒸汽、冷却水等)；

⑤ 防止杂质混入措施；

⑥ 防止以外泄漏等措施。

(5) 安全防护方面

主要研究出现安全事故时的控制和减灾对策。主要涉及到化工工艺、仪表、电器、建筑、安全等诸多方面。考虑到的安全措施内容主要包括：

① 厂区安全布置；

② 选择泄压装置的性能和正确地安装使用(包括安全阀、防爆板、密封材料、过流量防止器、阻火器等)；

③ 惰性气体注入设备；

④ 爆炸抑制装置或措施；

⑤ 气体检测报警装置；

⑥ 通风措施及装置；

⑦ 确定危险区和电器防爆等级；

⑧ 防静电措施；

⑨ 避雷措施与设备；

⑩ 装置内安全管理(动火管理等)；

⑪ 耐火结构；

⑫ 防油、防液堤；

⑬ 紧急断流装置；

⑭ 防火、防爆墙；

⑮ 防火、灭火设备；

⑯ 紧急通讯设备；

⑰ 安全避难措施。

在诸多的安全控制技术中，建厂时的工艺选择和厂区布置及安全措施是保证运行安全的最根本条件，严格的安全管理制度和高水平的操作技术是装置安全运行的根本保证。

### 5.1.3 危险化学品生产安全的发展趋势

随着人类社会进入21世纪，一方面社会和经济的发展对危险化学品的生产和使用越来越广泛，单一产品的规模不断扩大；另一方面，人们对危险化学品的危害性认识不断加深，对环境保护和卫生健康的标准要求不断提高。

世界范围内对危险化学品的使用和生产不可避免，而解决这种需求与安全之间矛盾的唯一办法就是加强危险化学品的安全管理和不断提高危险化学品生产技术的安全性，从而达到安全生产和安全使用的目的。危险化学品生产安全的总的发展趋势是：采用更安全的生产技术，实施更科学严格的法规，建立更广泛的全球一体化合作机制。

我国近三十多年来经济的持续高速发展为全国乃至世界人民的生活水品的提高做出了巨大贡献，这样一个高速发展的经济社会必然导致对危险化学品使用和生产的巨大需求。由于我国还处于发展中国家的技术水平，因而我国的危险化学品的安全生产技术和管理水平还相对比较落后。人们对危险化学品的危害认识还处于较低的水平，往往只从经济利益考虑而忽略对安全、健康和环境要求，而一些发达国家将高污染高危险的化学品的生产转移到类似中国这样的发展中国家，加剧了这些国家的危险化学品的危害程度。

随着我国经济社会的不断发展，人们对经济和社会的健康、协调和可持续发展的认识和需求不断提高，北京作为社会经济综合发展水平相对较高的大型城市，其对危险化学品生产、使用和经营的监督管理水平处于全国前列，但是相对于建设国际化城市的标准，继续提升对危险化学品的生产监督管理水平十分必要也是十分紧迫的。

近年来，在党和政府的领导下，各职能部门的协同努力下，全国危险化学品安全生产工作取得了显著成绩，科学地制定了一系列危险化学品安全生产管理规范，开展了危险化学品从业单位安全质量标准化活动，进一步提高了从业单位的安全生产管理水平，危险化学品安全生产状况总体趋向好转。但是，从保障人民生命财产安全、维护首都社会稳定及保持北京良好的国际形象，建立先进科学完备的危险化学品安全生产技术支撑体系，对危险化学品安全生产监管和事故正确处置十分必要。

从世界范围来看，责任与关怀是危险化学品业界为加强安全、健康与环境保护而自愿采取的管理体系，它包括危险化学品的生产、销售、储运、回收、废弃处置的各个环节，强调要有员工、客户、供应商、社区公众的共同参与。责任与关怀有五大要素，即指导原则、管理原则、自我评价、业内互助、与社区共同参与。责任与关怀的最终目标是实现“零污染排放、零人员伤亡、零财产损失”，从而保持经济可持续发展。

一个事故的发生必然有它产生的原因。根据事故致因理论，事故的直接原因是人的不安全行为与物的不安全状态，因此防止危险化学品生产安全事故，提高危险化学品生产企业的安全性，应从人和物两个方面着手。作为政府监管部门，就是要加强安全法制化建设，加强企业生产活动监管，加强安全培训教育，提高本质安全可靠性等等。

危险化学品生产安全是一个系统工程，根据 MMEM (Man-Machine-Environment-Management) 系统理论，任何事故都是由于“人、机、环境和管理”要素(见图 5-6)的不匹配、相互作用而造成的出乎人们意料的和不希望发生的事件。要避免和减少事故发生，就必须有效控制和协调人、机、环境和管理之间的关系，并事先采取有效措施进行预防。

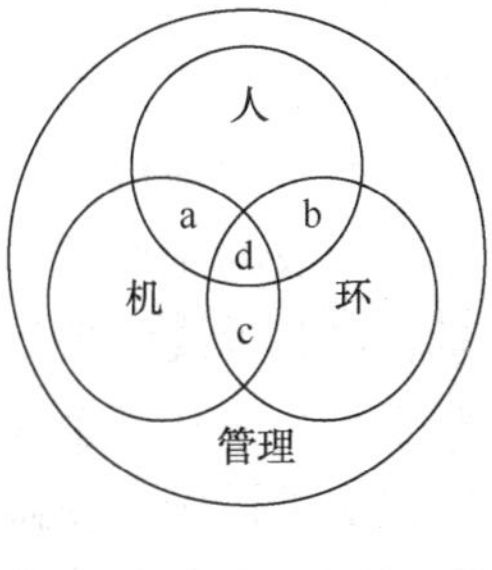

图 5-6　生产安全系统的构成

任何生产安全系统的基本要素是由人、机、环境和管理构成的，如图 5-6。其中，a 区为人-机关系区，表现为机对人的安全影响、人能熟练掌握机的操作技能；b 区为人-环境关系区，表现为环境对人的安全影响、人要适应和改善作业环境；c 区为机-环境关系区，表现为环境对机的安全影响、机要适应并保护环境；d 区为人-机-环境综合关系区，是事故的多发区域和安全控制的重点区域。

管理要素则通过对安全事务的计划、组织、领导和监控，实现对管理体系自身的控制和使用该体系对人、机、环境要素的控制，并用法律、技术、规范、标准、程序和方法充分地覆盖人、机、环境要素及各关系区。

依据 MMEM 理论，可以从“管理”系统的安全性和技术层面“人-机-环境”系统的安全性两方面进行危害因素的识别和控制，从而实现对生产系统的安全控制。

(1) “管理”系统的安全性

从“管理”系统的安全性来说，存在的安全事故风险主要包括：

① 安全生产管理体系不健全；

② 管理方法不完善；

③ 安全技术不完备。

预防这类事故的基本措施包括：

① 建立健全安全生产管理体系，完善管理方法，并根据实际情况不断修订完善，提高可操作性。当前，职业安全健康体系(OSHMS)、安全健康环保体系(HSE)、化学品分类及标记全球协调制度(GHS)等一些先进的管理方法和规则正在世界范围内受到认可，并与企业的形象、市场竞争力具有前所未有的密切关系。安全管理正朝着安全、健康，环境、质量一体化的方向发展。我国政府对此也发布了相关的国家标准，成立了相应的体系认证机构，这对全方位地提高化工企业的安全管理水平，保障从业人员的安全健康发挥了巨大的推动作用。危险化学品生产企业必须进一步加强对员工进行相关知识的教育培训，使他们不断更新观念，及时掌握新知识、新方法，使他们的综合安全素质持续不断地提高，努力杜绝人的不安全行为，从而推动安全生产的稳步前进。

② 大力加强技术和安全教育培训，提高人的技术水平和安全素质，提高人的行为安全性。要不断强化人员培训，培养高素质的员工。要搞好安全，既要熟悉生产，掌握特殊的生产知识，又要具备系统的安全知识，二者缺一不可。既不能让管理人员只懂安全，不懂生产，也不能让操作人员只懂生产，不懂安全。要做到这些，就必须对相关人员进行分专业、有层次的系统培训，这是消除人的不安全因素的重要途径。

实行安全生产责任制，运用管理方法和各项规章制度约束人的行为，防止和减少人为失误、“三违”现象。建立事故责任追究制度，对违反动火作业、高处作业、进设备作业等直接作业环节安全管理制度和规定的人员，从重处罚并追究相关人员的刑事责任。

③ 加强硬件建设，提高设备、工艺本质安全程度。

硬件安全是保证生产安全的根本保证。对于安全生产监管部门，其主要责任不是对危险化学品生产企业建设阶段进行监管，而是监管企业的生产过程。

这一阶段的主要任务是要针对企业生产过程的不安全因素，监督、督促企业不断改进设备质量，以此提高设备的安全可靠性；不断开发应用安全防护设施，提高事故的防范控制能力；对于中小型化工企业，更应加速技术改造，在设备操作上加强密闭化、机械化和集中控制，增强防护设施，使操作人员脱离不良的劳动环境。监督企业将安全设施、职业病防治设施投资纳入工艺设备改造预算。

要大力借鉴、开发、应用安全新技术。如对于大型化工企业的安全问题，首先要考虑设备和控制技术的可靠性，而当前设备故障诊断技术发展很快，如断裂力学在评价压力容器寿命方面的应用，机械零部件失效分析，振动监测、声发射技术测定容器裂纹的发展，易燃易爆及有害气体自动报警装置，以及本质安全、自动防故障技术在加强控制系统可靠性方面的应用等，都是保障设备和工艺安全运转的重要手段，应在生产实践中加强引进、吸收和推广。

化工生产过程的计算机控制系统是随着计算机软硬件发展而开发出来的程序控制系

统，目前主要的计算机控制系统类型包括集散控制系统（DCS）、可编程序控制器（PLC）和现场总线控制系统（FCS）。这些先进的控制系统配合以先进的控制元件为危险化学品的生产安全提供了可靠的保障，特别是近年来 FCS 技术发展迅速，化工装置的操作安全性大大提高。

④ 积极开展安全评估。

安全管理中一项重要基础工作是安全评价。危险性具有潜在性质，在一定条件下它可以发展成为事故，但也可以采取措施抑制它的发展，新技术的采用也可能带来新的危险性。所以辨识危险性已构成一个十分重要的问题，在危险性辨识的基础上，对危险性进行定性和定量评价，并根据评价结果采取优化的安全措施，使安全管理上升一个新台阶。当前，我国政府十分重视安全评价工作，一是从法律上提出了明确的要求，发布了一系列的评价规范、标准，初步建立起了安全评价的法规、标准体系；二是各地依法成立了安全评价中介机构，为开展安全评价提供了组织保障；三是对评价人员依法进行资格培训，有效保证了安全评价工作的质量。

目前流行的安全评价方法很多，其中主要有安全检查表法（Safety Checklist Analysis，SCA）、危险指数方法（Risk Rank，RR）、预先危险分析方法（Preliminary Hazard Analysis，PHA）、故障假设分析方法（What … If，WI）、危险和可操作性研究方法（Hazard and Operability Study，HAZOP）以及故障类型和影响分析法（Failure Model Effect Analysis，FMEA）。

（2）“人-机-环境”系统的安全性

“人-机-环境”系统是影响危险化学品企业安全生产的直接原因，它反映着生产系统中存在的固有危险性。其中，人、机、环境三个要素中的任一要素出现问题，都会导致安全事件，因此分别对人、机、环境的不安全因素识别分析并采取有效措施进行防范，便可控制或消除危险，提高“人-机-环境”系统的安全可靠性。

① 人的因素

人的因素是影响安全生产最直接、最主要的因素，主要表现为安全意识淡薄、知识技能低下、身体状况不佳等。预防措施包括：加强教育培训，提高人的文化和技术素质。加强安全文化建设，提高职工安全责任意识。提供职工职业卫生保障条件和标准，注意劳逸结合，定期组织职工体检。

② 机的因素

机的因素，也是影响安全生产的重要因素，主要表现为设备性能不良、设备磨损老化、安全设施缺陷等。

预防此类事故的措施包括：严把工程质量关，从设计、采购、制造、安装几个环节要层层严格把关，保障工程本质安全。加强设备维护保养，定期进行设备故障检测，确保设备完好备用；加强对设备的安全检查和监督，发现问题及时解决；建立统一的设备状态评价和退役标准，对“低、老、坏”设备及时进行改造或淘汰，确保安全设施有效可靠。

③ 环境因素

环境因素是影响安全生产的客观因素，它会影响人的行为，对机械设备产生一定的作用。环境因素，主要表现为作业场所混乱、自然环境恶劣以及偶发的自然灾害。

这类事故的预防措施包括：开展“5S”活动，改善作业环境。5S 管理源于日本，是整理

(Seiri)、整顿(Seiton)、清扫(Seiso)、清洁(Seiketsu)和修身(Shitsuke)这 5 个词的缩写。遇恶劣天气时提前通知，做好预防。完善应急预案的编制和演练。针对不同季节的气候特点制定措施确保安全生产。

对于偶发的自然灾害，要提前制定预案，采取必要的预防措施。

国家安全生产监督管理总局目前正在推行的危险化学品企业安全生产标准化工作是从安全系统的各个环节全面预防危险化学品生产事故发生的重要举措，这项工作的意义重大，通过实施安全标准化，能够使企业各部门、生产岗位、作业环节的安全工作和各种设备、设施、环境等，达到和保持安全生产的条件和标准，使企业生产始终处于良好的安全运行状态。

## 5.2 化工单元操作基本安全技术

化工单元操作是化工生产工艺过程的基本组成单元，了解化工单元操作的概念、目的、性质、操作要点及危险性，对于科学和有针对性地监督管理危险化学品的生产经营及使用企业是非常必要的。

化工单元操作内容丰富，对不同的工艺过程同一单元操作又有所区别，下面仅就常见的主要的化工单元操作设备作逐一介绍。

### 5.2.1 物料输送

在化工生产过程中，经常需要将各种物料(包括原料、中间体、产品以及副产品和废弃物)从一个设备输送到另一个设备。根据所输送物料的相态的不同(气体、液体、粉状、块状)，所采用的输送机械也各不相同。

#### 5.2.1.1 气体输送

用于气体输送的机械设备主要有通风机、鼓风机、压缩机和真空泵等，其中通风机主要用于环境通风，在危险化学品生产中，压缩机和真空泵比较常见。

气体输送设备按气体运动方式主要分为离心式、往复式、旋转式和流体动力作用式。按工业应用中被压缩的气体种类，可分为空气压缩机、氧气压缩机、氨气压缩机、氢气压缩机、氧气压缩机、甲烷压缩机、液化石油气压缩机、乙炔压缩机、裂解气压缩机等。

通风机和鼓风机主要用于空间通风和低压缩比的气体输送(如图 5-7 所示)；压缩机主要用于高压缩比的流体输送(见图 5-8)；真空泵主要用于产生负压的设备(见图 5-9)。

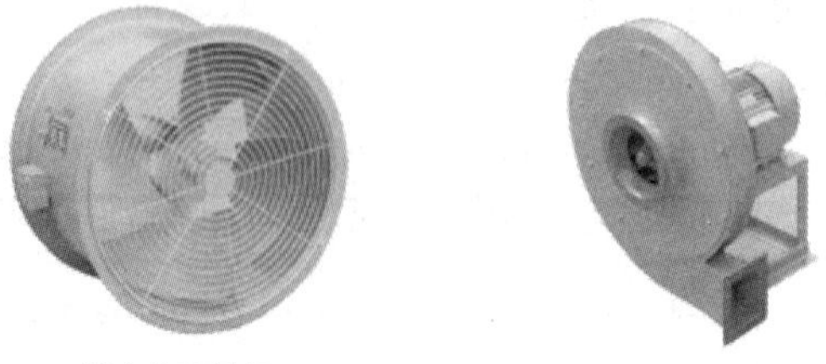

(a)轴流式通风机　　(b)离心式鼓风机

图 5-7　通风机和鼓风机

(a)防爆型无油空气压缩机　　(b)液化石油气压缩机　　(c)化工特殊气体压缩机

图 5-8　气体压缩机

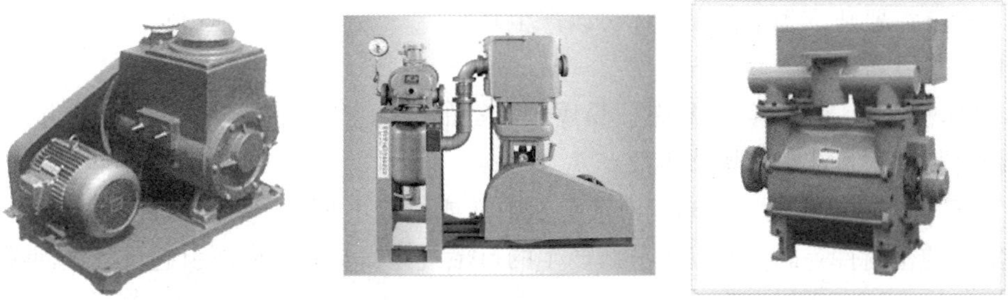

(a)旋片式真空泵　　(b)罗茨无油立式真空机组　　(c)水环式真空泵

图 5-9　真空泵

离心式气体输送设备的核心部件是离心叶轮，其原理是利用离心力将能量传递给气体使其压强增高。图 5-10 是不同形式的叶轮结构。

(a)离心式叶轮　　(b)轴流式叶轮　　(c)气体压缩机离心式叶轮

图 5-10　不同形式的叶轮结构

产生高压缩比的往复压缩机是利用汽缸内活塞的往复运动压缩气体的，其原理如图 5-11 所示；旋转压缩机是利用机壳中一个或两个转子的不断旋转与机壳间间歇地形成一种密闭的空间将气体吸入，在连续旋转时，空间缩小将气体压缩，最后排入或压出导管。

气体输送和压缩机械广泛应用在化工生产中，其主要目的是：

① 输送气体。为了克服输送过程中的流动阻力，需提高气体的压强。

② 产生高压气体。有些单元操作或化学反应需要在高压下进行，如用水吸收二氧化碳、冷冻、氨的合成等。

③ 产生真空。有些化工单元操作，如过滤、蒸发、蒸馏等往往要在低于大气压的条件

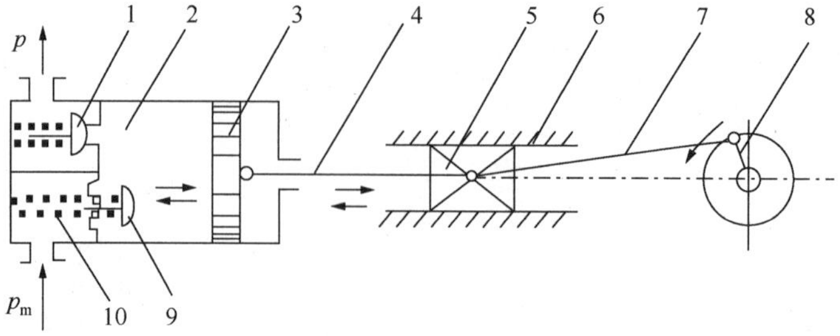


图 5-11　活塞式压缩机的工作原理

1—排气阀；2—汽缸；3—活塞；4—活塞杆；5，6—十字头与滑道；7—连杆；8—曲柄；9—吸气阀；10—弹簧

下进行，这就需要从设备中抽出气体，以产生真空。

气体输送设备的危险性分析：

① 气体输送介质大多数是易燃、易爆、有毒的气体，在高压条件下极易泄漏，易形成爆炸性混合物，很可能引起爆炸事故。

② 对于氧气压缩机而言，当润滑液突然中断或供给不足时，将造成汽缸“干磨”导致高温，汽缸内的密封件等因高温发生分解产生的可燃气体，与氧反应而引起自燃促使爆炸事故的发生。

③ 物料压缩机和空气压缩机的汽缸润滑大都采用矿物润滑油，它是一种可燃物。当气体的温度剧升，就有燃烧爆炸的危险。

④ 润滑油分子在高温高压条件下易形成积炭。积炭是一种易燃物。高温及静电火花等条件下都有可能引起积炭自燃，积炭燃烧后产生大量的一氧化碳，甚至导致爆炸。

⑤ 在压缩机启动过程中，没有用惰性气体置换压缩机系统中的空气或置换不彻底(氧的含量超过4%或残存有可燃物等杂质)就启动，易引起燃烧爆炸事故。

气体输送危险控制技术与对策：

① 输送可燃气体宜采用液环泵。液环泵密封性能好，通常在抽送或压送可燃气体时，进气入口应保持一定余压，以免造成负压吸入空气而形成爆炸性混合物。

② 确保各类密封可靠，防止泄漏。

③ 压缩机汽缸、储气罐以及输送管路要有足够的强度，要安装经过检验、准确可靠的压力表和安全阀(或爆破片)。安全阀泄压时应将其危险气体导至安全的地点。还可安装压力超高报警器、自动调节装置或压力超高自动停车装置。

④ 压缩机在运行中不能中断润滑油和冷却水，以免温升过高。并注意冷却水不能进入汽缸，以防发生水锤，应注意经常检查及时修换。

⑤ 压送特殊气体的压缩机，应根据所压送气体物料的化学性质，采取相应的防火措施。如乙炔压缩机同乙炔接触的部件不允许用铜制的，以防止产生具有爆炸危险的乙炔铜等。

⑥ 可燃气体的输送管道应经常保持正压，并根据实际需要安装单向阀、水封和阻火器等安全装置，管内流速不应过高。管道应有防静电措施。

⑦ 可燃气体和易燃蒸气的抽送、压缩应采用防爆电气设备。

⑧ 当输送可燃气体的管道着火时，应当及时采取恰当的灭火措施。例如：管径在

150mm 以下的管道，一般可直接关闭阀门熄火；管径在150mm 以上的管道着火时，不可直接关闭阀门熄火，应当采取逐渐降低气体压力，并通入大量水蒸气或氮气灭火的措施。当着火管道被烧红时，不得用水骤然冷却。

**5.2.1.2　液体物料的输送**

液体输送是危险化学品生产中最常见的单元操作之一。危险化学品生产中输送的液体种类繁多，性质(如黏度、腐蚀性等)各异，而且温度、压强和流量等输送条件也有较大的差别，因此用泵种类较多，常用的主要有离心泵、往复泵、旋转泵、流体作用泵等 4 类。不同种类的泵，其危险性也有差异。

（1）主要液体输送机械的结构原理

① 离心泵。离心泵的工作原理是将机械能通过泵体内高速旋转的叶片转化成静压能，然后排至泵外。其原理与离心式气体输送设备类似，由于离心力的作用，叶轮通道内的液体被排出，此时叶轮进口处呈负压，液体被吸入，泵出口处为正压，这样可使液体源源不断地被吸入和送出。图 5-12、图 5-13 分别是离心水泵和 IS 型离心泵的结构简图。

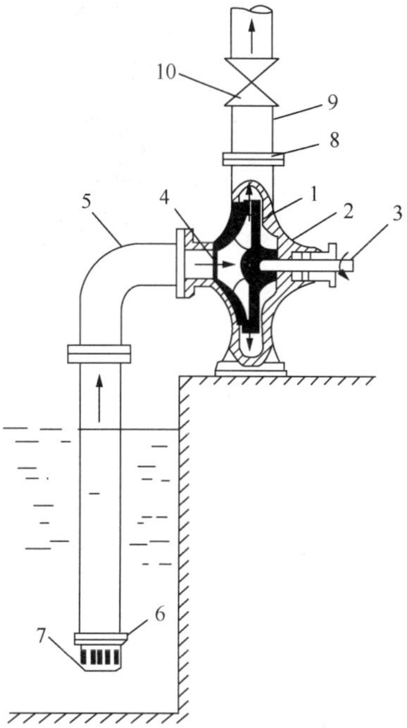


图 5-12　离心式清水泵

1—叶轮；2—泵壳；3—泵轴；4—吸入口；5—吸入管；6—底座；7—滤网；8—排除口；9—排出管；10—调节阀

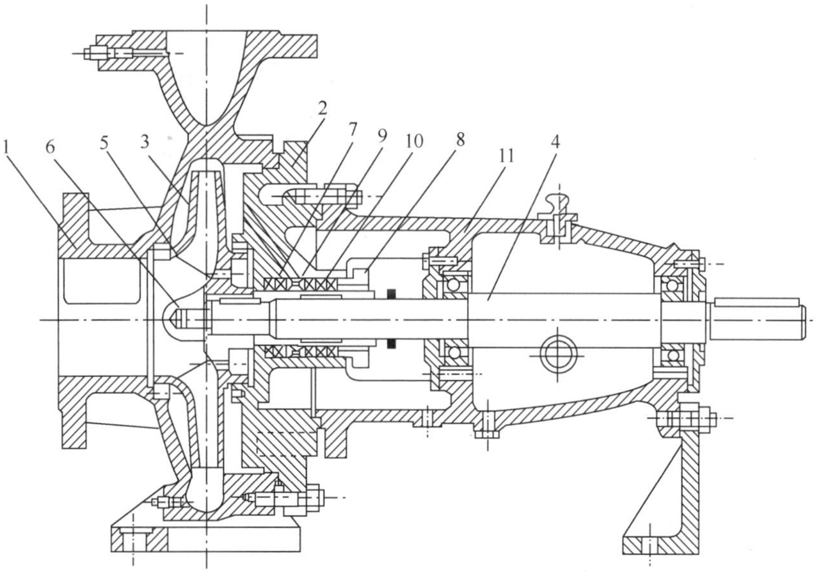


图 5-13　IS 型泵的结构

1—泵体；2—泵盖；3 — 叶轮；4—轴；5—密封环；6—叶轮螺母；7—轴盖；8—填料压盖；9—填料环；10—填料；11—悬架轴承部件

离心泵的叶轮有三种形式：开式、半开式、闭式叶轮，如图 5-14 所示。离心泵的泵壳形状类似蜗牛壳，如图 5-15 所示，这种特殊的形状保证了来自电机的机械能最大程度转化为对流体输送有利的静压能。

(a) 开式叶轮　　(b) 半开式叶轮　　(c) 闭式叶轮

图 5-14　开式、半开式、闭式叶轮示意图

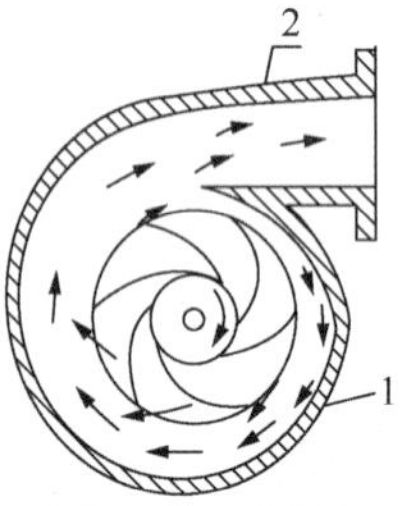


图 5-15　泵壳

1—蜗形泵壳；2—扩散管

② 往复泵。往复泵与往复式气体压缩机机构和原理类似，是一种容积式泵，应用较广。它依靠活塞的往复运动并依次开启吸入阀和排出阀，从而吸入和排出液体，如图 5-16 所示。往复泵还有以隔膜的往复运动作为推动力的隔膜泵，如图 5-17 所示。

③ 旋转泵。旋转泵是靠泵内一个或一个以上的转子旋转来吸入与排出液体的。化工厂中较常用的有齿轮泵(见图 5-18)、螺杆泵(见图 5-19)、偏心旋转泵等。

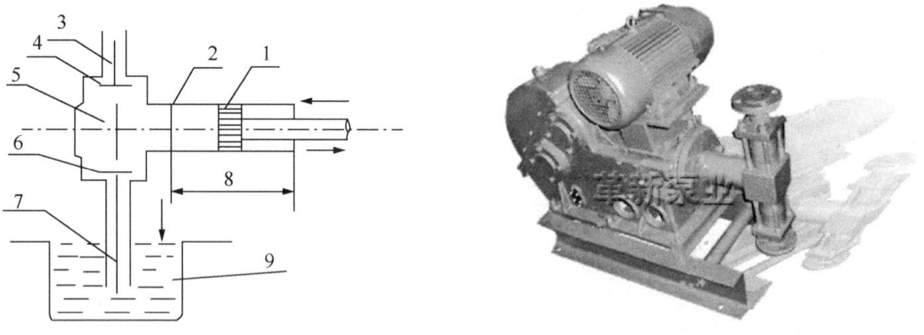


（a）往复泵工作原理　　（b）往复泵实例

图 5-16　往复泵工作原理及电动往复泵实例

1—活塞；2—活塞室；3—排出管；4—排出阀；
5—泵缸；6—吸入阀；7—吸入管；8—活塞行程；9—储液池

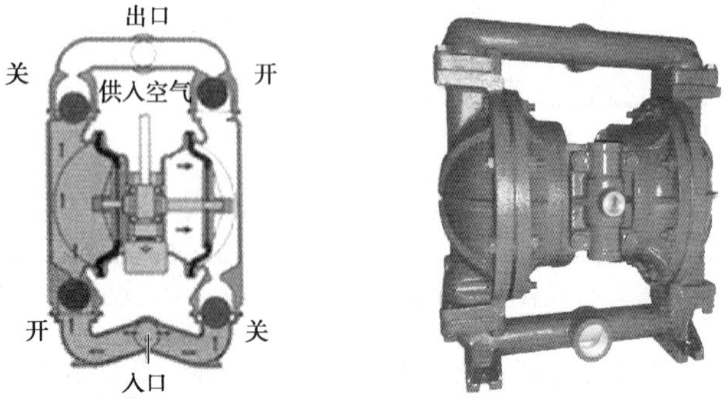


(a)隔膜泵原理　　(b)隔膜泵实例

图 5-17　隔膜泵原理及实例

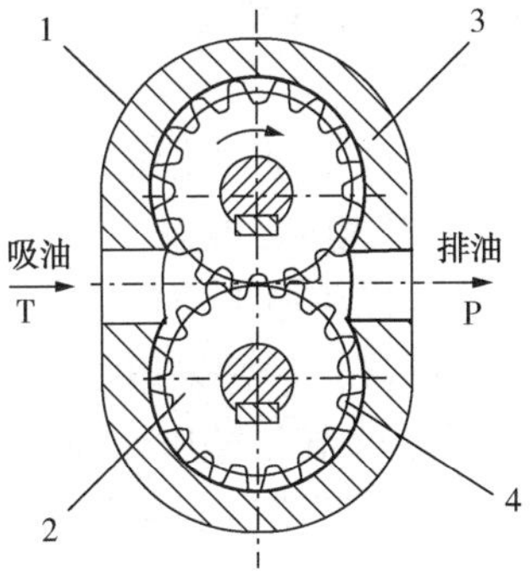


图 5-18　齿轮泵工作原理

1—主动齿轮；2—从动齿轮

3—泵体；4—啮合线

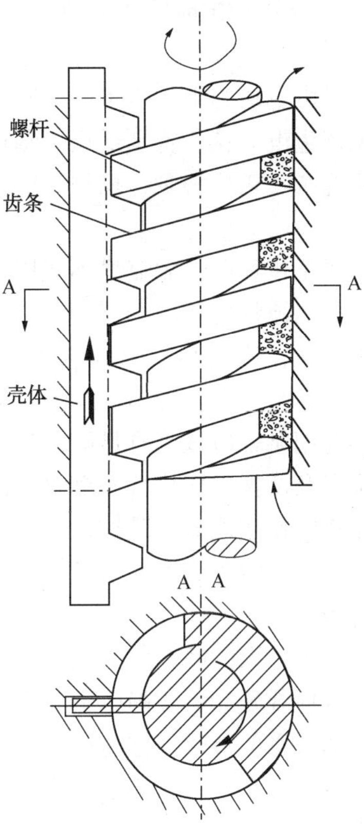


图 5-19　螺杆泵工作原理

④ 流体运动作用泵。这类泵的特点是无活动部分，液体物料的输送主要靠空气的压力或流体本身运动，因此结构简单，可衬以耐酸或耐腐蚀材料，适用于化工生产的特殊部位。例如引酸器(又名酸蛋，见图 5-20)，是用压缩空气(蒸汽或惰性气体)压力，进行输送液体的装置；再如空气升液器是以空气为动力的设备。

图 5-20　引酸器

(2) 液体物料输送设备危险性分析

离心泵安装和操作一般应注意的问题：

① 离心泵的安装高度必须低于允许吸入高度，以免出现气蚀和吸不上液体的现象。因此在管路布置时应尽可能减小吸入管路的流动阻力。

② 离心泵在启动前必须向泵内充满待输送的液体，保证泵内和吸入管路内无空气积存。

③ 离心泵应在出口阀关闭的条件下启动，这样启动功率最小。停泵前也应先关闭出口阀，以免排出管路内液体倒流，使叶轮受冲击而被损坏。

④ 离心泵运转中应定时检查和维修，注意泵轴液体泄漏、发热等情况，保持泵的正常操作。

往复泵可以由电机驱动，也可以以蒸汽为动力。电机驱动的往复泵易产生活花，而蒸汽驱动的可避免产生电火花，特别适用于输送易燃液体。而隔膜往复泵对输送酸性和悬浮液体较为安全。往复泵是正位移泵，操作时应特别注意，严禁用出口阀门调节流量，否则将造成事故。

旋转泵也属正位移泵，故流量不能用出口阀调节，而用改变转子的转速或装回流支路进行调节。旋转泵的流量仅与转子的转速有关，几乎不随压强而变化，较往复泵更均匀。

旋转泵压力大，流量小，因为它无活门，故适用于输送黏度较大的液体，例如油类物料。

流体运动作用泵都应该具有足够的耐压强度，当输送易燃易爆物料时，其动力气体要采用氮、二氧化碳及惰性气体代替压缩空气，以防空气与易燃气体(蒸气)混合后着火或爆炸。

(3) 液体物料输送设备危险控制技术与对策

为了防止液体泄漏等原因而引发的着火、爆炸及中毒事件，通常要做到：

① 根据液体的性质选择合适的泵。输送易燃液体宜采用蒸汽往复泵。

如选用离心泵，泵的叶轮应采用有色金属或塑料制造，以免撞击产生火花；设备和管道均应有良好的接地装置，以防静电引起火灾。若输送条件允许，最好采用虹吸和自流的输送方式。输送易爆有毒的液化气体时应在压出管线上装有压力调节和超压切断泵的连锁装置、温控和超温信号等安全装置。输送液氨、液氯应使用专用泵，泵端密封要好，以防泄漏。

② 对易燃液体不应采用压缩空气压送，由于空气与易燃液体蒸气混合，可形成爆炸性混合物。对闪点低的可燃液体，一般采用氮气、二氧化碳或惰性气体压送。对闪点较高且沸点在 130℃以上的可燃液体，若装有良好的接地装置，可采用空气压送，但要注意监测。

③ 多数易燃液体容易带静电，因此，输送管道和设备以及泵，必须要有良好接地装置，以免产生静电，发生事故。

④ 避免泵内输送的物料过热，使不稳定液体蒸发或分解，在泵和管道内形成气塞，在流动液体的冲击下使压力上升而发生破裂导致爆炸。

⑤ 用于临时输送可燃液体的泵和管道连接处要紧密、牢固，以免脱落造成危险。不得使用塑料管输送易燃液体，以防产生静电引发着火和爆炸。

⑥ 输送可燃液体时，要求管内液体流速小于安全流速，同时要避免吸入口产生负压而使空气进入系统发生爆炸或抽瘪设备。

#### 5.2.1.3 块状料和粉料输送

(1) 常见输送形式及设备

固体块状物料与粉料的输送在危险化学品的生产过程中较少使用。这类物料在生产中多采用带式输送机、螺旋输送机、刮板输送机、链斗输送机、斗式提升机以及气力输送机等多种形式，如图 5-21 所示。

气力输送工作原理是利用安装在输送系统起点的风机将高于大气压的正压空气通入旋转给料器装置中，物料从料斗中加入，在重力作用下进入旋转给料器进行定量供料，料和气一起经输送管道送到终点的分离器或储仓内。料气分离后，空气经布袋过滤器过滤后排入大气。如化工行业 PVC 粉、ABS 树脂、PE 等风送系统，其原理如图 5-22 所示。

(2) 固体物料输送危险性分析

(a) 移动式皮带输送机

(b) 螺旋输送机

(c) 刮板输送机

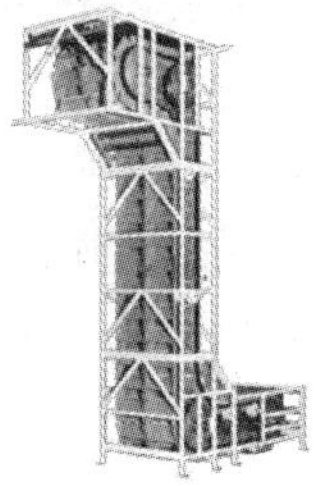

(d) 连续斗式输送机

图 5-21　各种形式块料和粉料输送机

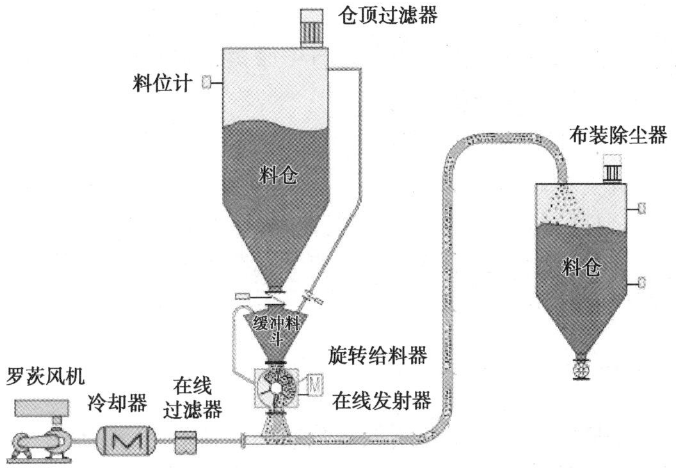


图 5-22　气力输送原理

固体块状物料与粉料输送的危险主要来自设备和所输送物料的特性。由于输送的方式、设备及物料不同，所产生的危险也有差别。这类输送设备除本身会发生故障外，还会造成人身伤害。因此除了要加强对机械设备的常规维护外，还应对齿轮、皮带、链条等部位采取防护措施。

① 气力输送。气力输送又称风力输送，它主要是利用真空泵或风机产生的气流动力来实现物料输送。按气力输送的特点，可分为吸送式系统、压送式系统、封闭循环系统和特殊式系统。

气力输送的最大危险是由粉尘和静电火花所引起的着火和粉尘爆炸。特别是一些易燃的粉尘，其颗粒度越小越易漂浮在空气中被氧化分解，经碰撞摩擦产生静电而导致爆炸。

其次是造成输送系统堵塞。其主要原因是，气流速度小；物料具有黏性、颗粒度不均匀或湿度过高，易黏附于管壁。另外，管道连接不同心，有错偏或焊渣突起障碍；大管径长距离输送的阻力增大；管径突然变化、管路弯曲等也会造成堵塞。

② 带式输送。传送带式输送机转动部位多，极易产生碰撞打火和摩擦生热引燃物料。例如，传送带安装过松，皮带滚筒之间打滑，过紧会增加摩擦阻力，皮带与轮之间会造成摩擦高热；缺乏润滑油也会增高摩擦热。除此以外，电机及线路还容易损坏绝缘而发生漏电、短路，造成触电或火灾事故，运转部位会致人伤害。

③ 提升机输送。斗式提升机用于可燃粉状或颗粒状物料输送时，若密封不严，则极易形成粉尘飞扬，进而有被引燃爆炸的危险。此外，牵引的链条长期使用能拉长，从而引起料斗与机壳碰撞发生火花，成为点火源。电气部分也容易发生漏电、短路等导致的火灾事故。

桥式提升机可能发生断绳、脱钩、吊物坠落以及啃道事故，电气设备故障还会引发电气火灾。

（3）固体物料输送危险控制技术与对策

① 输送固态物料的管道，特别是气力输送粉体、颗粒状物料的管道，应选用导电性能好的管材制作，并要设置良好的静电导除装置。操作中要严格控制流速，防止因风速过小造成的沉积和堵塞。管道应密封严密，防止因泄漏造成的粉尘飞扬。

② 合理选择传送带。传送带应依据输送物料的性质、负荷、运转速度及传动功率大小，选择其材质、类型和规格，要保证足够的强度；胶接部位也要平滑；张紧装置应便于调节，并应根据负荷变化，及时调整松紧度，避免运行中摩擦生热引起自燃或撞击打火引燃可燃物品。皮带与皮带轮等部位应安装防护罩。

③ 具有火灾危险的输送设备应设置安全控制装置。输送设备的开停车均设置手动和自动双重操作装置，并宜安装超负荷（或超行程）及应急事故自动停车的安全连锁控制装置。特别是对于输送距离较长的传输设备，应设置开、停车联系信号，以及给料、输送、中转系统的自动等距离控制装置。轴、联轴节、联轴器等部位应安装防护罩。斗式提升机应设有防止链条拉断而坠落的防护装置。

### 5.2.2 加热过程

温度是化工生产中最常见的需要控制的参数之一，是干燥、熔融、蒸发、蒸馏的必要条件。加热是控制温度的重要手段，其操作的关键是按规定严格控制温度的范围和升温速度。温度高会使化学反应速度加快，若化学反应是放热反应，一旦散热不及时，温度失控，易发生冲料，甚至会引起燃烧和爆炸。

#### 5.2.2.1 加热方法与设备

加热设备普遍用于化工生产中，化工生产中的加热方式有直接火焰加热（包括烟道气加热）、蒸汽或热水加热、载体加热以及电加热。通常加热温度在100℃以下的，常用热水或蒸汽加热；100~140℃用蒸汽加热；超过140℃则用加热炉直接加热或用热载体加热；超过250℃时，一般用电加热。

直接火焰、烟道气加热主要以煤、天然气、液化石油气、燃料油等作燃料，采用的设备有反应器、管式加热炉、转筒式加热炉等。

石油化工生产中，管式加热炉最为常用，管式加热炉在工业生产中的作用是利用燃料在炉膛内燃烧时产生的高温火焰与烟气作为热源，加热炉管中高速流动的介质，使其达到后续工艺过程所要求的温度或在炉管内进行化学反应。管式加热炉的炉型有几十种，通常按外形或用途来分类。

管式加热炉按外形，可分为四类：箱式炉、立式炉、圆筒炉、大型方炉。另一种是从工艺用途上来分，如常压炉、减压炉、焦化炉、制氢炉、沥青炉等。管式加热炉结构原理如图5-23所示。

用水蒸气或热水作热载体进行加热的设备通常是采用带有间壁的换热设备，如列管式换热器、套管式换热器、板式换热器、螺旋板式换热器、板翅式换热器、夹套式换热器等。

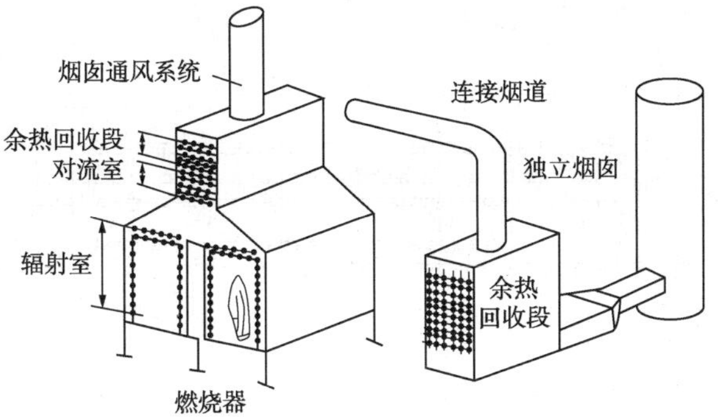


图 5-23　管式加热炉的一般结构

列管式换热器在化工生产中最为参见，它主要有三种形式：固定管板式(图 5-24)、浮头式(图 5-25)和 U 形管式(图 5-26)。另外，有一类称为釜式换热器，这类换热器是在壳体上部设置适当的蒸发空间。主要在石油化工和化学工业中用作再沸器和蒸发器，如凯特尔式再沸器(图 5-27)。

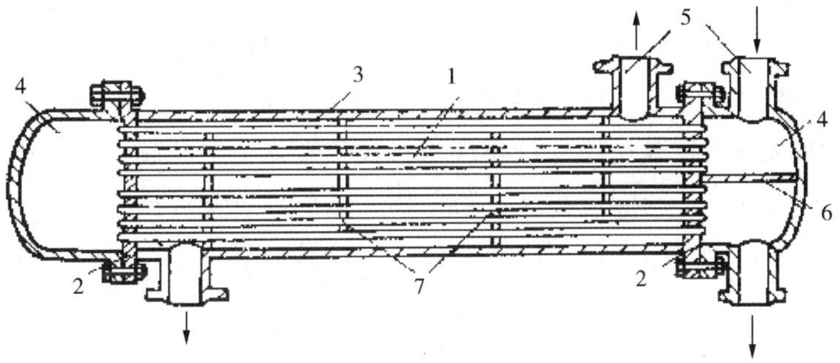

图 5-24　固定管板双管程管壳式换热器

1—传热管；2—管板；3—壳体；4—端盖；5—接管；6—隔板；7—折流板

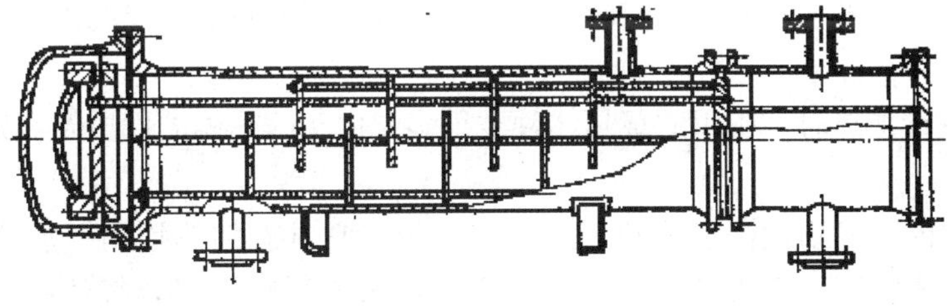

图 5-25　浮头式换热器

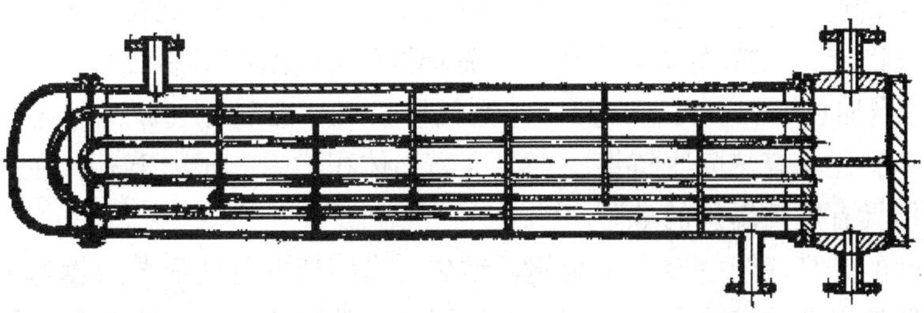

图 5-26　U 形管式换热器

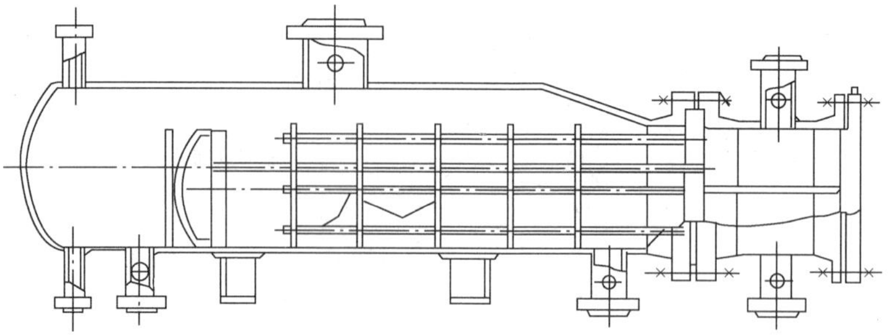

图 5-27　凯德尔式(Kettle)或称釜式再沸器

用各种导热油作载热体加热的设备，绝大多数为浴式或夹套式，其加热有三种方式：一是用直接火焰加热反应器的油夹套，油通过器壁加热物料；二是油在车间外面被加热后，再将它输送到需要加热的设备内进行循环；三是使用封闭式电加热器浸入夹套的油内加热。

电加热分电炉和电感两种方式加热。

**5.2.2.2　加热过程的危险性分析**

(1)直接火焰加热

直接火焰加热是采用火焰或烟道气直接对加热对象进行加热的方法，它具有较大的危险性，如果是处理易燃物料时，其危险性更大。原因是设备易于腐蚀、疲劳等原因发生泄漏，温度不易控制，极易造成超温及局部过热现象。设备密封不严和超温易导致溢料、物料分解和设备超压爆炸着火危险；局部过热使设备结焦，造成设备烧穿使物料泄漏起火。以气体或液体为燃料的加热炉，在点火前，炉内所积存的爆炸性混合气体不排除干净，会发生爆炸。

(2)水蒸气或热水加热

用水蒸气或热水作载体加热易燃易爆物料，温度易控制，既适用又简单，但也存在一定危险。当加热温度较高时，水蒸气压力也需很高，超温超压易造成设备及管道发生爆炸。高压水蒸气加热设备及管道表面温度较高与可燃物接触时间过长会引起积热自燃。换热器容易泄漏形成爆炸性气氛，造成爆燃事故。

在处理与水可能发生反应的物料时，不宜采用水蒸气或热水加热的方法。

(3)载体加热

采用载体进行加热时，所用的载热体种类很多，由于载热体的性质及类别不同，其危险性也不同。

矿物油加热时，矿物油一般为机油、锭子油等。它具有加热均匀、加热温度较高的特点，但是，由于本身属可燃液体，其蒸气与空气易形成爆炸性混合气体。另外，其黏度较大，加之温度高，易在油浴或油管内结焦、堵塞管路或造成局部过热烧坏管道。

有机载体加热时，有机裁热体多用联苯醚(联苯和二苯醚的混合物)，俗称道生油。其温度易控制，较稳定，加热效率高。但是，联苯醚在操作温度下易燃烧，闪点为 102℃、自燃点为 680℃，当加热至闪点时，其热气与空气形成爆炸性混合气体，且爆炸极限较宽，易发生爆炸。联苯醚还具有热膨胀特性，若温度高，体积增大，压力上升，在高温下能发生分解，其分解产物具有燃烧爆炸的危险。

另外随温度的升高联苯醚会产生炭化、结焦，易因堵塞管路而导致爆炸。在加热联苯醚时，不得混入低沸点杂质特别是水，若有水渗漏，加热时水会迅速汽化使夹层内压力骤增而导致爆炸。

无机载体加热时，加热载体常用熔盐和金属两种。熔盐一般为7%硝酸钠、40%亚硝酸钠和53%硝酸钾组成的混合物。加热时，盐类处于熔融状态，温度高，氧化性增强，若硝酸盐漏入燃烧室或与有机物接触，均可发生着火和爆炸。

采用金属作加热载体，由于温度达上千摄氏度，若有低沸点液体或水等进入，可发生急剧汽化导致爆炸。活泼金属遇水能产生氢气，发生爆炸后果更加严重。

(4)电加热

电加热因温度易控制和调节，发生事故时可迅速切断电源，是一种较安全的加热方法。电加热有电炉和电感两种加热方式。电炉和电感加热的危险主要是电炉丝绝缘受到破坏、受潮后线路的短路及接点接触不良而产生电火花、电弧或电线发热等，均可引燃易燃物料。

**5.2.2.3 加热安全技术控制措施**

(1) 针对不同的加热需求选择适宜的加热方式及设备

加热方式应依据工艺条件和安全性进行选择，尽量选择能满足工艺要求且温度较低又安全的热源，如热水、水蒸气或热风等。

① 处理易燃易爆物料时，不宜使用直接火焰加热方式。

② 选用蒸汽(或热水)加热时，设备及管道应能承受一定的压力，防止使用中出现破裂，保证设备不漏。

③ 熔盐加热要确保设备耐压强度、密封性，避免渗漏，并在设备上加装安全附件，如压强表、安全阀、放空管等。

④ 电加热设备要采用防潮、防腐蚀、耐高温的绝缘材料，电热管进线及外露接线应加套管及防护装置。电炉丝与被加热器壁之间应有良好的绝缘。

(2) 采取密闭及隔离措施

高危险性加热设备应设单独房间，油加热循环系统、有机载体的容器及加热循环系统应密闭，应采用封闭电炉加热易燃物料，高压蒸汽加热设备及管道应与可燃物隔离并采取良好保温措施，以防止接触发生受热自燃。

(3) 严格控制工艺操作

在生产过程中应严格控制操作温度，避免超温、超压，重要参数应采用连锁控制，对燃油、燃气的加热炉应设置可燃气体浓度检测报警装置和自动安全点火控制装置。对油加热系统应定期消除沉积物和结焦物，以防堵塞管路造成超压或局部过热分解而发生爆炸。

### 5.2.3 冷却冷凝过程

从原理上来说，冷却、冷凝过程和加热过程都是类似的传热过程，只不过是关注的对象(一般为物料)在此时是被降低温度。如果物料只是温度降低而没有发生相变化，则称其为冷却，而如果其过程中有气相变为液相的过程发生，则称其为冷凝。冷凝冷却过程采用的设备与加热过程也类似。

**5.2.3.1 冷却冷凝分类及设备**

冷却与冷凝在化工生产过程中应用较为广泛，按方法可分为直接冷却和间接冷却两类。

(1) 直接冷却法

这种方法是在不影响物料性质或不致引起化学变化时，直接向所需冷却的物料加入冷却介质，或者将物料置入敞口槽中或喷洒于空气中，使之自然汽化而达到冷却目的的方法，后者也称为自然冷却法。直接冷却法所用冷却剂一般采用自来水或空气，也可能是物料中的某种组分。自来水依季节不同，其温度变化为4~25℃，地下水温度较低，平均为8~15℃。直接冷却法的缺点是物料被稀释。

(2) 间接冷却法

间接冷却通常是在具有间壁式的换热器(冷却器)中进行的，金属间壁的一侧为低温载体，另一侧为需要冷却的物料，通常用的低温载体是冷水、盐水、冷冻混合物或某种冷物料等。把物料冷却到环境大气温度以上时，可以用空气或循环水作为冷却介质；冷却温度在15℃以上，可以用地下水。一般冷却水所达到的冷却效果不能低于0℃，浓度约20%的盐水，冷却效果可达-15~0℃；冷冻混合物(以压碎的冰或雪与盐类混合制成)，依具成分不同，冷却效果可达-45~0℃。

为达到冷凝、冷却目的，还可以借某种沸点较低的介质的蒸发从需冷却的物料中取得热量来实现冷却，常用的介质有氟里昂、氨等。此时，物料被冷却的温度可达-15℃左右。更低温度的冷却，属于冷冻的范围，如石油气、裂解气的分离采用深度冷冻，介质需冷却至-100℃以下。

冷凝、冷却所使用的设备统称为冷凝、冷却器。冷疑、冷却器就其实质而言均属换热器。按其传热面的形状和结构可分为：管式冷凝、冷却器，如蛇管式、套管式和列管式等；板式冷凝、冷却器，如夹套式、螺旋式、平板式、翼片式等；直接冷凝冷却方式可采用混合式冷凝、冷却设备，如填料塔、喷淋式冷却塔、泡沫冷却塔、瀑布式混合冷凝器等。

#### 5.2.3.2 冷凝冷却过程的危险性分析

① 换热设备的泄漏仍是发生事故的最大隐患，特别是能与水或其他换热介质发生反应的换热过程。

② 冷却冷凝操作时冷却介质不能中断，否则会造成积热，系统温度、压力骤增，引起爆炸。

③ 开车时应先通冷却介质；停车时应先撤出物料，后停冷却系统。

④ 有些凝固点较高的物料，遇冷易变得黏稠或凝固，在冷却时要注意控制温度，防止物料堵塞换热设备及管道。

⑤ 以水为冷却剂的换热设备易于结垢堵塞管路。

#### 5.2.3.3 冷却、冷凝过程安全控制对策

冷凝、冷却的操作在化工生产中产生的危险易被人们忽视，实际上是很严重的，如反应设备和加温后的物料由于未能及时得到应有的冷却或冷凝，常常是导致着火、爆炸的原因，故必须予以重视，并注意以下要点：

① 要根据被冷却物料的温度、压力、理化性质以及所要求冷却的工艺条件，正确选用冷却设备和冷却剂。忌水物料的冷却不允许用水做冷却剂，必要时应采取特别措施。

② 严格注意冷却设备的密闭性，不允许物料窜入冷却剂中，也不允许冷却剂窜入被冷却的物料中。

③ 冷却设备所用的冷却水不能中断，否则反应热不能及时导出会使反应失控，系统压力增高，甚至发生爆炸。许多高分子聚合反应都是放热反应，如果反应所放出的热量不及时导出，热量聚积，压力增高，危险性很大，这类事故屡有发生。另外，冷疑、冷却器断水，会使后部系统温度升高，未冷凝的危险气体外逸排空，可导致着火或爆炸。反应器中采用夹套或蛇管的冷却方式，若以冷却水流量控制温度时，最好采用自动调节装置。

④ 开车前，首先应清除冷凝器中的积液，再打开冷却水，然后通入高温物料，为保证不凝可燃气体安全排空，可充氮进行保护。停车时，应先撤出物料，后停冷却系统。

### 5.2.4 冷冻过程

冷冻是一种使物料的温度降低到比周围环境的温度还要低的操作过程，在某些化工生产过程中，如低温反应、气体的液化、低温分离，以及某些物品的槽送、储藏等，常需将物料降到比环境温度更低的温度，这就需要进行冷冻操作。

#### 5.2.4.1 冷冻原理与设备

冷冻操作的实质是利用制冷剂不断地将热量由被冷冻物料中取出，并传给环境或其他物质(水或空气)，从而使被冷冻物料温度降低。

冷冻操作分为直接制冷和间接制冷两种方式。直接制冷是用一种盐类的水溶液做为载冷体，使其在被冷冻物料和制冷剂之间循环，从被冷冻物料中吸取热量，然后再将热量传给制冷剂，其过程类似冷却冷凝过程。在直接制冷中，常用的载冷体是氯化钠、氯化钙和氯化镁等盐类的水溶液，通常称为冷冻盐水。

工业上深度制冷通常采用间接制冷过程，使用的冷冻方法有压缩式制冷和吸收式制冷两种。它们共同的基本原理是利用液体蒸发和气体膨胀时吸取四周热量的原理来产生低温。间接制冷时，冷冻设备主要由压缩机(冷冻机)、冷凝器、膨胀阀和蒸发器等组成，如图 5-28 所示。此外，还包括油分离器、气液分离器等辅助设备，以及用来调节控制与显示的仪表、仪器等。

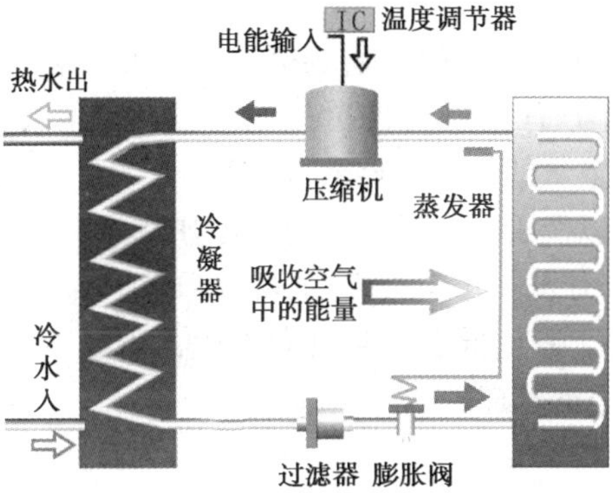

(a) 压缩制冷原理

(b) 制冷压缩机

图 5-28 压缩制冷原理及工业用制冷压缩机

间接制冷采用的制冷剂有氨、氟里昂，但目前氟利昂因对环境破坏的原因已被广泛禁用，代之以更加环保的无氟制冷剂。在石油化工生产中常用乙烯、丙烯作为深冷分离裂解气的冷冻剂。

#### 5.2.4.2 冷冻过程的危险性分析与安全控制对策

(1) 制冷剂和物料

在冷冻过程中所采用的制冷剂种类较多，但多数具有易燃易爆危险，常见的制冷剂有氨、氟利昂，石化工业常用乙烯、丙烯等石油裂解产品。其中氨、乙烯、丙烯属可燃气体，它们不仅易燃易爆，而且具有一定毒害性。对氨、乙烯、丙烯发生的火灾事故，灭火时一定要采取防毒措施。

某些被冷冻的物料也是易燃易爆、有毒有害的物质，冷冻过程中应对物料的危险特性有所了解和掌握，特别是处于高压低温下的操作，更应注意潜在的危险。

制冷剂和被冷冻的物料有的导电性很差，在输送、流动过程中能产生静电，如果除静电措施不当，就会造成静电荷积聚而产生静电放电火花。当乙烯、丙烯和氨气等气体从泄漏口高速喷出时，也可发生静电放电。此外，各种电力电器设备如接触不良、绝缘破坏或发生其他故障，也有产生电火花的危险。同时，也存在人为所致的撞击火花和明火等点火源的可能。

(2) 制冷系统泄漏

由于冷冻操作是在高压和低温的条件下进行，所以设备系统极易遭受破坏而发生泄漏。泄漏的部位主要是法兰、阀门的密封处，管线和设备的接口处，以及罐体破裂、泵损坏破裂处等。制冷剂泄漏、喷出扩散易引起人员中毒和爆炸火灾。

防止出现泄漏的根本方法是合理地按照设备操作条件选择设备材料，设备材料应具有耐高压、抗低温和耐腐蚀的性能。同时要定期进行耐压强度试验和气密性试验，并做好日常检查与维护。发现跑、冒、滴、漏，及时检修，尤其对容易发生泄漏的部位和操作，要作为安全管理的重点。容易发生泄漏的冷冻机间等场所，应设置可燃气体检测报警装置，并要求通风良好。裂解气分离系统的设备应尽量露天或半露天布置，以防止形成爆炸性气体混合物。

(3) 氨气制冷系统

在化工生产、食品低温储藏中冷冻设备所用的压缩机常见为氨压缩机，大型氨气制冷压缩机组使用时应特别注意以下几点：

① 电气设备应选用防爆型，避免产生电火花引发事故。

② 在压缩机出口方向，应在气缸与排气阀间设一个能使氨通到吸入管的安全装置，可有效预防压力升高。为避免管路爆裂，在旁通管不设任何阻气装置。

③ 压缩机要采用合适的润滑油。并将易污染空气的油分离器放置室外。

④ 对于制冷系统的压缩机、冷凝器、蒸发器以及管路，重点注意其耐压程度和气密件，防止设备和管路裂纹、泄漏。加强安全附件(如压力表、安全阀等)的检查和维护。

⑤ 盛装冷料的容器，应注意选择耐低温材质，避免低温脆裂现象发生，当制冷系统发生事故或停电而紧急停车时，应对被冷物料进行排空处理。

(4) 防堵塞超压

制冷和分离大多是在低温下进行的，在这样的低温条件下，如果物料气中含有水分或设备系统内残留有水分，就会发生冻结堵塞管线，造成增压所致的爆炸事故。操作中如操作不当也有造成超压爆炸的危险，尤其是压缩系统的设备和管线更容易发生增压爆炸事故。

裂解气冷冻分离过程中，要预先干燥后再送分离塔，检修后要彻底排净分离系统内的水及其他液体。

在生产过程中，如果发现设备系统有冻结堵塞现象时，可用甲醇解冻疏通，严重时应停车处理冻堵。绝对禁止用喷灯等明火作热源烘烤，可考虑以水蒸气、热水等加热介质在管外加热熔融疏通。在设计上，应考虑在容易发生冻结堵塞部位加设旁通管，以防结冰堵塞超压爆炸。

(5) 操做工艺参数的控制

操作中应将温度、压力及流量作为控制的重点，严格按操作程序进行控制。压缩机的出口管线、深冷分离的分离塔等压力设备上，均要配备安全阀等安全泄压装置、紧急放空管线。低压系统和高压系统之间应设止逆阀，防止高压物料窜入低压系统而发生超压爆炸。

（6）建筑与消防

压缩机房建筑宜为隔离的防爆泄压结构，压缩机房内应设置卤代烷、二氧化碳等固定灭火设施。裂解气深冷的生产装置区应设置固定的氮气保护装置和灭火蒸汽管线，以及高压消防供水管网及消防水炮等灭火设施。

### 5.2.5 熔融过程

熔融过程是利用加热将固态物料熔化为液态的单元操作。在化工生产中常常需将某些固体物料(如苛性钠、苛性钾、萘、硝酸盐等)熔融之后进行化学反应。另外，还有某些固体物质需熔融后以利于使用和加工，如沥青、石蜡和松香的使用。

#### 5.2.5.1 熔融设备

熔融设备分敞开式和密封式。熔融过程一般在150~350℃下进行，加热方式根据物料的熔点可以选择介质加热(如热水、水蒸气或高温导热油)或直接火焰加热。

#### 5.2.5.2 熔融过程的危险性分析

在熔融操作过程中，主要危险来源于被熔融物料的化学特性、熔融时的黏稠程度、熔融过程所生成的副产物、熔融设备、加热方式等方面。

（1）熔融物料的危险性

对闪点低、熔点低、自燃点低的固体物料进行熔融时，如采用明火加热会因温度过高引起火灾，特别是熔融物料中含有杂质时，如沥青、石蜡等可燃物料中含水极易形成喷油而引发火灾；另外，碱熔过程中的碱屑或碱液飞溅到皮肤上或眼睛里会造成灼伤。碱熔物和硝酸盐中若含有无机盐等杂质、应尽量除掉，否则这些无机盐因不熔融会造成局部过热、烧焦，致使熔融物喷出，容易造成烧伤。

（2）加热过程危险性

熔融温度一般为150~350℃，可采用烟道气、油浴或金属浴加热，这些加热介质在操作过程中都有很大的危险性。使用煤气加热时应注意煤气泄漏会引起爆炸或中毒。

（3）熔融物的局部过热危险

进行熔融时是否安全，与物质的黏稠度有关。一般来讲，熔融物的黏稠度越大，物料易粘贴在加热管壁或锅底，当温度升高时易结焦，产生局部过热引发着火或爆炸。

（4）熔融挥发物

熔融过程因高温会产生很多小分子的挥发物，当空气中挥发物达到一定浓度时易发生爆炸，挥发物对人员身体健康和环境有害。

#### 5.2.5.3 熔融过程危险控制对策

（1）选择安全的加热方式

在熔融过程中加热方式的选择和温度控制是防火防爆的重要方面。根据熔融物料的性质选择合适的加热方式和升温速率，加热温度要控制在熔融物料的自燃点以下，以免温度达到自燃点而起火。一般要尽可能避免采用直接火焰加热，如果必须使用时，尽量将火焰避开熔融物质。

（2）防止物料外溢

进行熔融操作时，设备内物料不能装太少，也不能过多。物料太少温度不易控制，容易结焦而起火；物料过多，特别时是含水分或杂质时，一旦沸腾外溢会造成危险，一般盛装物料不超过设备容量的2/3，并在熔融设备上设置防溢装置，避免溢出物料与明火接触。如需对某种熔融物料进行稀释，必须在安全温度以下进行。如用煤油稀释沥青时，必须在煤油的自燃点以下进行，以免发生着火。

(3) 熔融设备安全

为了确保熔融设备的安全，在熔融设备上应安装必要的安全设施，应定期进行设备维修检查，发现隐患及时检修，如采用高压蒸汽的熔融设备，应安装压力表和安全阀等安全附件，熔融操作场所应安装可燃、有毒气体检测报警系统。

### 5.2.6 干燥过程

在化工生产中利用热能将含湿(水或溶剂)固体中的液体深度分离的操作方法称为干燥。干燥操作按不同操作压强可分为常压干燥和减压干燥，按操作的连续性可分为连续干燥和间歇干燥，按温度的高低可分为加热干燥和冷冻干燥，按传热方式可分为传导干燥、对流于燥、辐射干燥、介电加热干燥，有时干燥方式可以是两个以上形式的组合。用来干燥的加热介质有空气、烟道气等。此外还有高频干燥和红外干燥等。

#### 5.2.6.1 干燥设备

干燥设备根据物料、干燥方式的不同有多种不同形式的设备以达到不同的干燥目的。在化工生产过程中，对流干燥器是应用最广的一类干燥器，对流干燥器主要包括隧道式干燥器、流化床干燥器、气流干燥器、厢式干燥器、喷雾干燥器等。此类干燥器的主要特点是：

① 热气流和固体直接接触，热量以对流传热方式由热气流传给湿固体所产生的水汽由气流带走；

② 热气流温度可提高到普通金属材料所能耐受的最高温度(约730℃)，在高温下辐射传热将成为主要的传热方式，并可达到很高的热量利用率；

③ 气流的湿度对干燥速率和产品的最终含水量有影响；

④ 使用低温气流时，通常需对气流先作减湿处理；

⑤ 汽化单位质量水分的能耗较传导式干燥器高，最终产品含水量较低时尤甚；

⑥ 需要大量热气流以保证水分汽化所需的热量，如果被干燥物料的粒径很小，则除尘装置庞大而耗资较多；

⑦ 宜在接近常压条件下操作。

隧道式干燥器是一种物料移动型的干燥器，如图5-29所示，被干燥的物料在干燥室中沿通道前进运动，并只经过通道一次，热空气通过洞道将湿气带走从而使湿物料干燥。物料在运送它的机构上处于静止状态，被干燥物料的加料和卸料在干燥室两端进行。

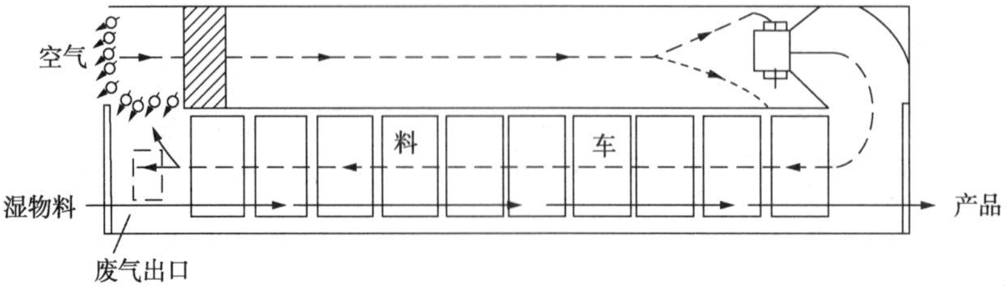


图5-29 隧道式干燥器

流化床干燥器又称沸腾床干燥器，流化干燥是指干燥介质使固体颗粒在流化状态下进行干燥的过程。散粒状固体物料由加料器加入流化床干燥器中，过滤后的洁净空气加热后由鼓风机送入流化床底部经分布板与固体物料接触，形成流化态达到气固的热质交换。物料干燥后由排料口排出，废气由沸腾床顶部排出经旋风除尘器组和布袋除尘器回收固体粉料后排空。流化床干燥器实景如图 5-30 所示。

图 5-30　流化床干燥器

喷雾干燥器工作原理是在干燥塔顶部导入热风，同时将料液送至塔顶部，通过雾化器喷成雾状液滴，这些液滴群的表面积很大，与高温热风接触后水分迅速蒸发，在极短的时间内便成为干燥产品，从干燥塔底排除热风与液滴接触后温度显著降低，湿度增大，它作为废气由排风机抽出，废气中夹带的微粒用分离装置回收。图 5-31 是喷雾干燥器工作原理示意图。

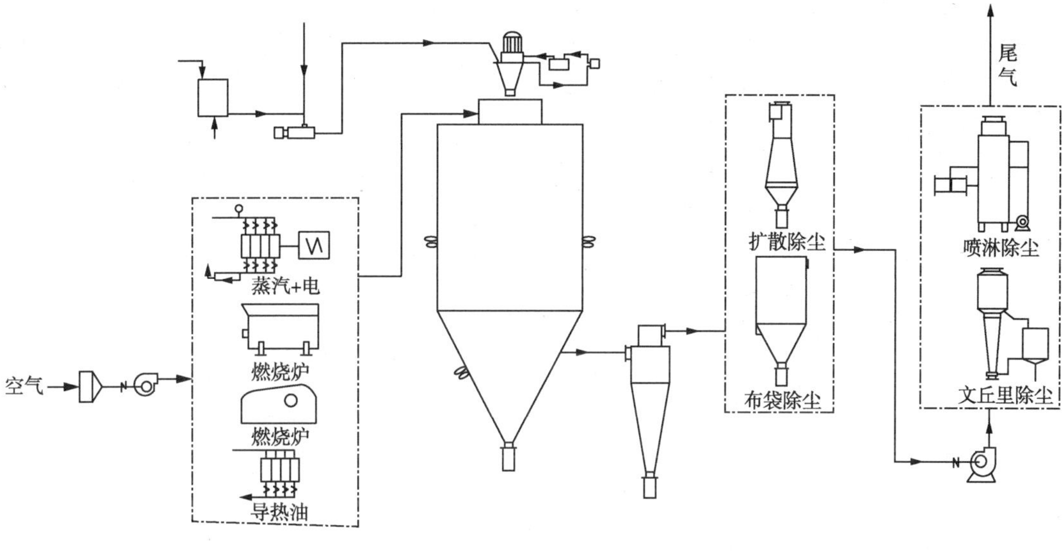


图 5-31　喷雾干燥器原理

### 5.2.6.2　干燥过程的危险性分析

(1) 超温和自燃

在干燥过程中，无论是间歇还是连续干燥，如果加热温度过高，时间过长，物料在干燥器内发生积料、结焦，极易产生局部过热而导致分解、变质以至引起自燃。

(2) 静电和粉尘爆炸

在对流干燥过程中，由于气流携带粉状物料激烈旋转、碰撞及摩擦，易产生静电火花，如气流、喷雾及沸腾干燥器。在滚筒干燥中使用的刮刀和滚筒间产生摩擦也易产生机械和静电火花。如果上述干燥器内所干燥的物料具有可燃性，又采用空气或烟道气作为干燥介质时，极易形成粉尘混合物而发生粉尘性爆炸。

(3) 形成爆炸性混合物

在干燥操作过程中，许多被干燥物料中的湿分是易燃或可燃液体，若采用空气作为加热介质，则在干燥器内会形成爆炸性混合物；若加热汽化后发生泄漏或逸散在空气中，极易形成爆炸性气体混合物。

#### 5.2.6.3 干燥过程安全控制对策

(1) 合理选择干燥方法

热敏性、易氧化的物料应选择减压(真空)干燥。易燃、易爆物料也应选择减压干燥，干燥介质不应选用空气或烟道气，而应采用氮气或其他惰性介质。

(2) 控制物料温度及受热时间

控制超温超时是保证安全的重要措施。危险化学品干燥应杜绝用明火进行加热干燥；蒸汽加热要控制蒸汽压力；电加热要控制加热温度，及时切断电源；对热敏感且易燃易爆物料干燥要严格控制加热温度及时间；在干燥系统应设置超温超时报警和自动调节等控制装置。在进行间歇式干燥时，特别是在厢式或滚筒式干燥器内，要防止积料、结垢、结焦，应经常清扫，以免受热时间过久而发生分解和自燃。

(3) 消除火源

为了避免静电产生，应在设备及管道上设置静电接地装置，防止静电累积，严格控制干燥气流的速度，控制和消除各种点火源。对于滚筒干燥应适当调整刮刀与筒壁间隙，采用有色金属制造刮刀，并将刮刀安装牢固。对于电加热干燥装置要保持绝缘性能良好，防止出现短路打火，以防粉尘遇明火发生爆炸。

(4) 保持密封良好

处于正压操作下的干燥，密封良好可以防止可燃气体及粉尘泄漏至作业环境中；处于负压操作下的干燥，可以避免空气被吸入而发生危险。对于易燃易爆物料的真空干燥，在消除真空时，一定要使温度降低后方可使空气进入，否则，可能引起干燥物料自然乃至爆炸。

### 5.2.7 蒸发结晶过程

蒸发与结晶都是很重要的化工单元操作，广泛应用于石油、化工、轻工、医药等工业过程。蒸发和结晶操作往往是结合在一起的，蒸发是借加热作用使溶液中所含溶剂不断气化，以提高溶液中溶质的浓度，或使溶质析出的物理过程。蒸发按其操作压力不同可分为常压、加压和减压蒸发。按蒸发所需热量的利用次数不同可分为单效蒸发和多效蒸发。

#### 5.2.7.1 蒸发与结晶设备

化工生产中常用的蒸发器分为循环式和膜式两大类。循环式蒸发器主要由加热室和蒸发室两部分组成，如图 5-32 所示。加热室向液体提供蒸发所需要的热量，促使液体沸腾汽化；蒸发室使气液两相完全分离。加热室中产生的蒸汽带有大量液沫，到了较大空间的蒸发室后，这些液体借自身重力、凝聚或除沫器等的作用得以与蒸汽分离。通常除沫器设在蒸发室的顶部。

膜式蒸发器分为降膜式蒸发器和升膜式蒸发器，其区别在于物料的运动方向。降膜蒸发器(图 5-33)料液是从蒸发器的顶部加入，在重力作用下沿管壁成膜状下降，并在此过程中蒸发增浓，在其底部得到浓缩液。由于成膜机理不同于升膜式蒸发器，故降膜式蒸发器可以蒸发浓度较高、黏度较大、热敏性的物料。但因液膜在管内分布不易均匀，传热系数比升膜式蒸发器小，不适用易结晶或易结垢的物料。

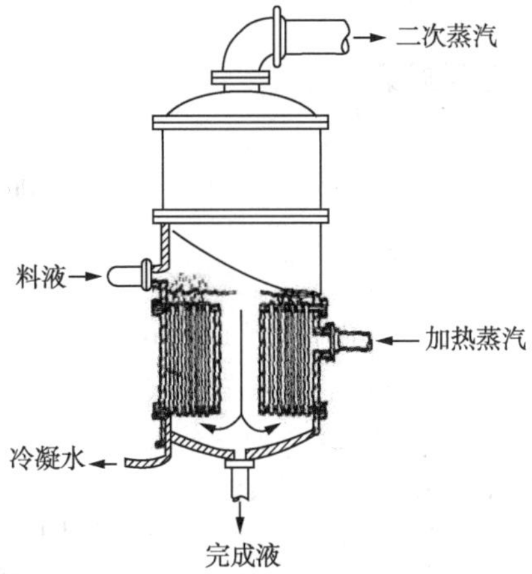


图 5-32　中央循环管式蒸发器

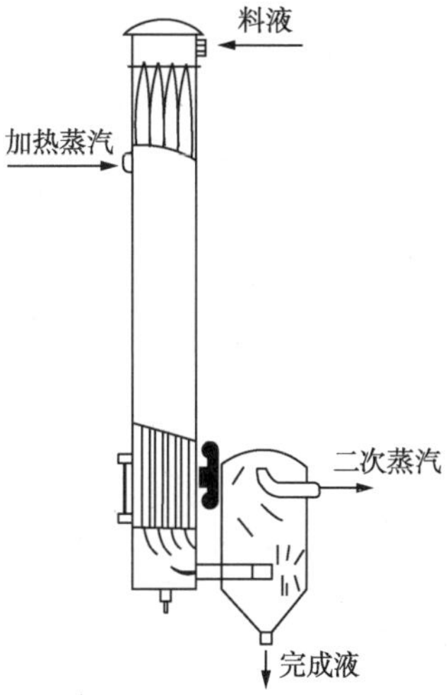


图 5-33　降膜式蒸发器

结晶器是用于结晶操作的设备。结晶器的类型很多，按溶液获得过饱和状态的方法可分蒸发结晶器和冷却结晶器；按流动方式可分母液循环结晶器和晶浆(即母液和晶体的混合物)循环结晶器；按操作方式可分连续结晶器和间歇结晶器。

图 5-34 是一种晶浆循环式连续结晶器。操作时，料液自循环管下部加入，与离开结晶室底部的晶浆混合后，由泵送往加热室。晶浆在加热室内升温(通常为 2~6℃)，但不发生蒸发。热晶浆进入结晶室后沸腾，使溶液达到过饱和状态，于是部分溶质沉积在悬浮晶粒表面上，使晶体长大。作为产品的晶浆从循环管上部排出。强制循环蒸发结晶器生产能力大，但产品的粒度分布较宽。

#### 5.2.7.2　蒸发与结晶操作的危险性分析

蒸发的溶液如果溶质在浓缩过程中可能有结晶、沉淀和污垢生成，这些都能导致传热效率的降低，并产生局部过热，促使物料分解、燃烧和爆炸。

对具有腐蚀性的溶液的蒸发或结晶过程，蒸发器的材质易发生腐蚀。

蒸发和结晶是利用加热使液态混合物发生相变而分离的物理操作过程。蒸发过程的实质是传热壁面一侧的蒸汽冷凝与另一侧的溶液沸腾间的传热过程，具有如下特点：

① 传热性质。传热壁面一侧为加热蒸汽进行冷凝，另一侧为溶液进行沸腾，属于间壁式传热过程，壁面易受结垢影响降低传热效果。

② 溶液性质。有些溶液在蒸发过程有晶体析出，易结垢和产生泡沫。有些在高温下易分解或聚合。溶液的黏度在蒸发过程中逐渐增大，腐蚀性逐渐增强。

③ 溶液沸点的改变。含有不挥发溶质的溶液，其蒸汽压较同温度下溶剂(即纯水)的为低，也就是说，在相同压强下，溶液的沸点高于纯水沸点。当加热蒸汽温度一定时，蒸发溶液的传热温度逐渐减小，溶液浓度越高这种现象越显著。

④ 泡沫夹带。二次蒸汽中常夹带大量泡沫，冷凝前必须设法除去，否则不但损失物料且污染冷凝设备。

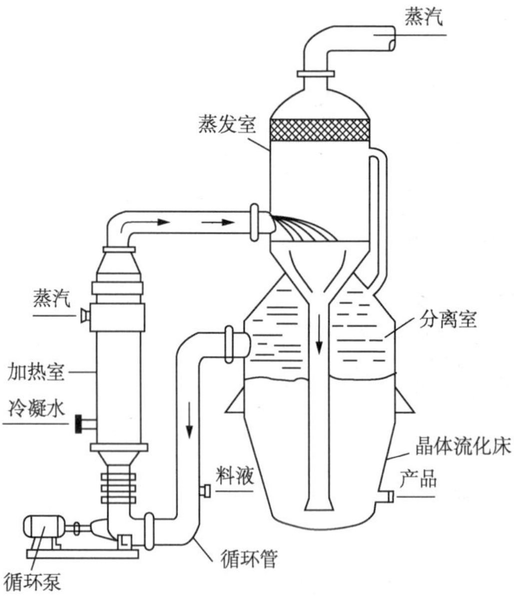


图 5-34　晶浆循环连续结晶器

⑤ 产生大量潜热。由于蒸发时产生大量二次蒸汽，因此存在大量潜热。蒸发过程的特点和溶液的性质不同决定了所用的蒸发设备有差别。

#### 5.2.7.3　蒸发与结晶过程的危险控制对策

(1) 加热方式。根据被蒸发溶液的特点选择加热方式。对易燃性溶剂，要选择间接加热方式。

(2) 温度控制。对于热敏性溶液，在蒸发浓缩过程中，溶质往往产生结晶、沉淀及污垢，这些将导致传热效率低，并且产生局部过热，温度过高极易使结晶或沉淀物分解变质而发生着火爆炸。因此，要控制蒸发温度，为防止热敏性物质的分解，可采用真空蒸发的方法，以降低蒸发温度，或采用高效蒸发器，尽量缩短溶液在蒸发器内停留时间。

(3) 避免设备腐蚀。对于腐蚀性溶液的蒸发，蒸发器及相关设备的腐蚀是危险控制的重要部位，可考虑选择耐腐蚀的设备，定期检测设备受腐蚀的状况，及时维修，以免危险增大发生事故。

(4) 防管路堵塞。定期检查清理易结垢部位，防止结晶物堵塞管路造成压强超压事故。

### 5.2.8　蒸馏(精馏)过程

蒸馏是借液体混合物各组分的相对挥发度的不同，使其分离为较纯组分的操作。如果混合物只经过一次相平衡进行分离，则称为蒸馏，蒸馏属于较低程度的分离。如果混合物分离过程经过多次相平衡，这样的分离称为精馏，精馏是高精度的分离过程。但在工业上一般将上述两种过程通称为蒸馏。

蒸馏操作可分为间歇蒸馏和连续蒸馏。按操作压力可分为常压、减压和加压(高压)蒸馏。此外还有特殊蒸馏——水蒸气蒸馏、萃取蒸馏、恒沸蒸馏和分子蒸馏等。

蒸馏是分离液体混合物的典型单元操作，也是最重要的单元操作之一，它广泛应用于石油炼制、石油化工、炼焦化工、基本有机合成等各类化工生产中。蒸馏过程的最大特点是加热、蒸发、分馏、冷却和冷凝共存于同一操作系统之内。

### 5.2.8.1 蒸馏过程设备

将混合物简单分离的设备称为蒸馏釜(图 5-35)主要适用于化工、制药、食品等工业部门对液料的简单浓缩。其结构简单，主要包括浓缩罐(蒸发罐)、冷凝器(第一、二)、汽液分离器、冷却器、受液桶等部件组成，浓缩罐(蒸发器)可采用夹套结构、电加热等加热方式，冷凝、冷却器可采用列管式、蛇管式等。

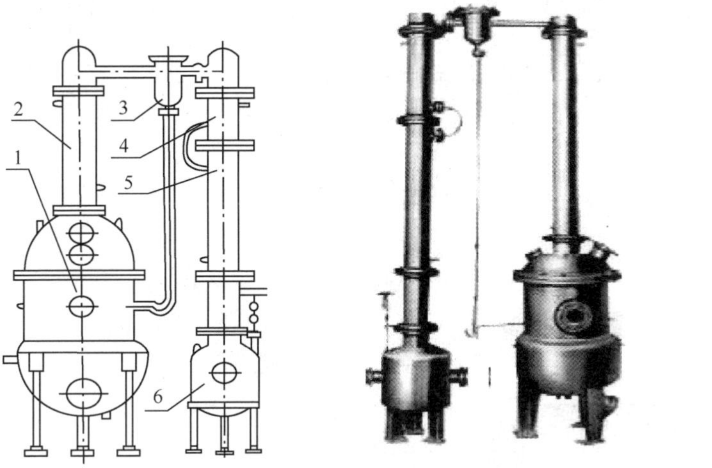

(a)原理图　　(b)实例

图 5-35　蒸馏釜

1—浓缩罐；2—第一冷凝器；3—汽液分离器；4—第二冷凝器；5—冷却器；6—受液槽

工业上，特别是大型石油化工工业多采用大型精馏塔对混合物进行高精度分离。精馏塔分为板式精馏塔(图 5-36)和填料精馏塔(图 5-37)两类。

板式精馏塔是由若干块塔板组成的，一块塔板只进行一次部分气化和部分冷凝，塔板数越多，分离的效果越好。整个精馏过程，最终由塔顶得到高纯度的易挥发组分(塔顶馏出物)，塔釜得到基本上是难挥发组分。精馏塔的最上部分称为塔顶，塔的最下部称为塔釜。精馏塔中进料板以下的部分为提馏段(包括进料板)，它的作用是将进塔中的重组分提浓，在塔釜得到高纯度的难挥发组分。进料板以上为精馏段，它的作用是将进塔中的轻组分浓度提浓，在塔顶得到含轻组分浓度高的产品。

板式塔的核心部件是塔板，塔板在塔内安一定间距分层排布。塔板的类型较多，常用的有筛孔塔板、浮阀塔板、泡罩塔板等，图 5-37 是塔内塔板结构和塔板类型。

填料精馏塔与板式精馏塔的主要区别在于，填料精馏塔(见图 5-38)中安装填料来代替板式精馏塔中的塔板，填料是一些比表面积较大的材料，如陶瓷环、不锈钢环或片等，见图 5-39。

对于沸点差较大，容易进行分离或产品纯度要求不高的宜采用简单蒸馏塔。但用于易燃、可燃液体蒸馏的蒸馏釜不宜采用直接加热方式；而宜选用密闭的夹套或内置蛇管加热或

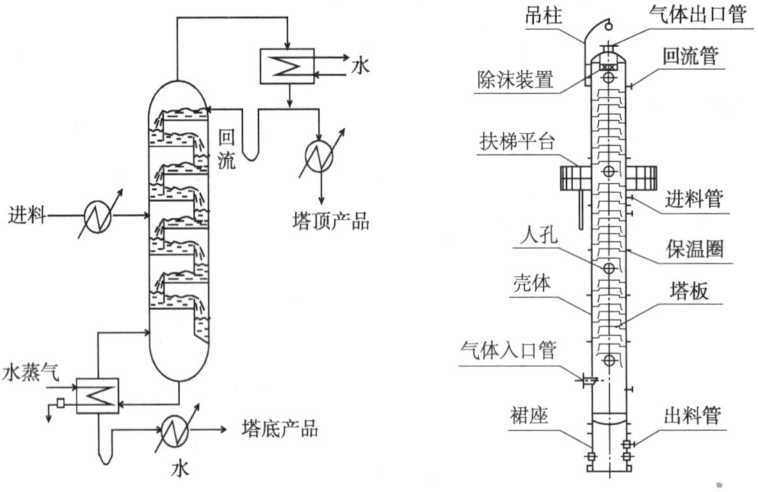


图 5-36　精馏塔示意图及板式塔总体结构简图

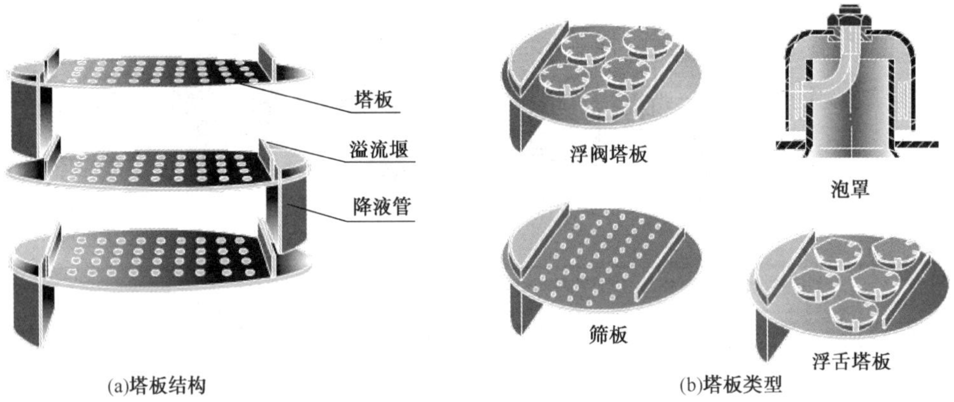


图 5-37　塔板结构和塔板类型图

电感加热方式。在常压下沸点较高或易于分解的液体，以及高沸点物料与不挥发杂质的分离，均宜选用水蒸气直接蒸馏方式操作。

对于沸点接近，产品纯度要求很高的液体分离，宜选用精馏塔。精馏塔的种类较多，如填料塔、筛板塔、浮阀塔、泡罩塔、舌形塔、管式塔等。选用时主要是根据物料性质及纯度要求。比如，对于容易起泡的蒸馏操作，若塔径不大时，应选填料塔。对于含有固体颗粒的精馏，应选液流通道较大的塔型，一般选大孔筛板塔和无溢流装置板式塔。对于具有腐蚀性物料，可选非金属材料填料塔。在处理高温易发生分解、聚合或热敏性很强的物料时，必须采用减压操作，以降低其沸点，因而要求塔有较小的压降，所以首先选用填料塔。当真空度要求不高时，也可采用筛板塔或浮阀塔。

处理难于挥发的物料时(常压下沸点在 150℃以上)应采用真空蒸馏，这样可以降低蒸馏温度，防止物料在高温下分解、变质或聚合。

在处理中等挥发性物料(沸点为 100℃左右)时，一般采用常压蒸馏。对于沸点低于

30℃的物料，则应采用加压蒸馏。

水蒸气蒸馏通常用于在常压下沸点较高，或在常压沸点时容易分解的物质的蒸馏；也常用于高沸点物与不挥发杂质的分离，但只限于所得到的产品完全不溶于水。

萃取蒸馏与恒沸蒸馏主要用于分离出沸点极接近或恒沸组成的各组分所组成的、难以用普通蒸馏方法分离的混合物。

分子蒸馏是一种相当于绝对真空下进行的一种真空蒸馏。在这种条件下，分子间的相互吸引力减少，物质的挥发度提高，使液体混合物中难以分离的组分容易分开。由于分子蒸馏降低了蒸馏温度，所以可以防止或减少有机物的分解，但其设备和操作成本较高。

图 5-38　填料精馏塔

**5.2.8.2　蒸馏过程的危险性分析**

（1）易形成爆炸性气氛。蒸馏装置复杂，除蒸馏塔本身外，还有再沸器、预热器、冷凝器、冷却器以及各种输送泵，泄漏极易发生，从而形成起火或爆炸性气氛。在蒸馏易燃或可燃液体过程中，由于体系内始终呈现气液共存状态，如果设备发生泄漏或吸入空气，均可与空气形成爆炸性气体混合物，达到爆炸极限遇明火即可发生爆炸。

图 5-39　各种精馏塔填料

（2）残留物及自燃。蒸馏釜底的残留物是较危险的，特别是间歇蒸馏过程中，残留物通常都是高沸点、高黏度且高温下易分解或发生聚合、成分较复杂的混合物，极易在高温下发生热分解、自聚或积热自燃。如果残留物中含有热敏性爆炸物，其危险更大。

（3）操作复杂。蒸馏过程操作环节复杂，某一操作指标或某一操作环节出现偏差，都会影响整个蒸馏系统的平衡而导致危险。若蒸馏温度过高，有超压、泛液、冲料、过热分解及自燃危险。相反，温度过低，则有淹塔危险。若加料量超负荷，会使釜式蒸馏造成沸溢性火灾，对塔式蒸馏可使汽化量增大，使未冷凝的蒸气进入受液槽，导致槽体超压而爆炸。回流量增大，不但会降低体系内的操作温度，而且易出现淹塔致使操作失控。蒸馏设备的出口管道被凝结、堵塞、会使设备内压升高，发生爆炸。当在高温下操作时，冷却水或其他低沸点物质进入蒸馏设备内，会瞬间使大量液体汽化造成设备内压力急剧上升而发生爆炸事故。

（4）引火源。在蒸馏的处理过程，都需加热，如塔式蒸馏设备底部有蒸馏釜和再沸器，釜式蒸馏设备的内部或外部有加热盘管或夹套，直接火加热的蒸馏釜下部设有明火装置或电热丝等，危险很大。

蒸馏烃类物料时，管内流速过快，易产生静电火花危险。另外，釜底残液排出时，压缩空气与液态残渣也易产生静电火花导致着火爆炸。

（5）腐蚀泄漏及局部过热。当蒸馏腐蚀性液体时，易于引起蒸馏设备腐蚀，发生泄漏引起火灾。另外，蒸馏设备易结垢使传热不均，造成塔盘及管道堵塞而发生超压爆炸。若蒸馏黏度较高或杂质含量较多的物料时，超温易使釜底结焦或聚合形成局部过热而发生爆炸。

#### 5.2.8.3 蒸馏操作危险控制对策

（1）选择合适蒸馏方法及设备

根据物料的性质、分离要求正确选择蒸馏方法是保证安全运行的前提。

① 对于难挥发的物料，即常压下沸点为150℃以上的物料及高温易发生分解、聚合或热敏性物料应采用减压蒸馏。如硝基甲苯在高温下易分解爆炸，因此在进行提纯分离时采用减压蒸馏方法。

② 对于常压下沸点为100℃左右的中等挥发性物料或低沸点含杂质的溶剂精制，宜采用常压蒸馏方法。

③ 对于常压下沸点低于30℃的物料，应采用加压蒸馏，但应注意设备密闭。低沸点的溶剂也可采用常压蒸馏，但应设一套冷却系统，否则不适宜。

④ 对于不能采用以上几种蒸馏方法进行分离的物料，可采用特殊蒸馏方法。

⑤ 对于易燃、可燃液体蒸馏，不宜采用明火或电热作热源，应利用水蒸气、过热水或油浴等方法加热。

⑥ 蒸馏能与水进行化学反应的物料时，不应采用水及水蒸气作为加热载体或制冷剂，以免发生泄漏引起反应失控导致火灾或爆炸。

⑦ 对于腐蚀性物料应合理选择设备材质。

（2）根据不同蒸馏方式采取相应措施

① 常压蒸馏。在常压蒸馏中注意蒸馏系统的密闭，防止易燃液体或蒸气泄漏遇空气而着火；对于高温蒸馏系统，应防止冷却水突然漏入塔内，以免水迅速汽化导致塔内压力突然增高而将物料冲出或发生爆炸，故开车前应将塔内和蒸汽管道内的冷凝水放尽然后使用。

在常压蒸馏系统中，还应注意防止管道被凝固点较高的物质凝结堵塞，使塔内压增高而引起爆炸。

避免采用直接火焰加热。如采用直接火加热蒸馏高沸点物料时（如苯二甲酸酐），应防止产生自燃点很低的树脂油状物遇空气而自燃。同时，应防止蒸干使残渣脂化后结垢，引起局部过热而着火、爆炸。油焦和残渣应及时清除。

冷凝器中的冷却水或冷冻盐水不能中断，否则，未冷凝的易燃蒸气逸出后会使后部系统温度增高，或窜出遇明火而引起着火。

② 减压蒸馏（真空蒸馏）。减压蒸馏亦应保持设备密闭性，如果吸入空气，对于某些易

燃物料(如硝基化合物)有引起着火或爆炸的危险。真空泵应安装单向阀，以防止突然停泵造成空气倒入设备内。

对减压蒸馏的操作，应严格操作顺序。先打开真空阀门然后开冷却器阀门，最后打开蒸汽阀门，否则物料会被吸入真空泵，并引起冲料，使设备受压甚至爆炸。减压蒸馏易燃物质时，其排气管应通至厂房外管道上，并应安装阻火器。当蒸馏完毕时，应待蒸馏锅冷却，补充入氮气后，再停止真空泵运转，以防空气进入热的蒸馏锅引起着火或爆炸。

③ 加压蒸馏。在加压蒸馏时，因内部压力较大，气体或蒸气极易从装置的不严密处泄漏，因此，对设备应进行严格的气密性和耐压试验检查，并安装安全阀和温度、压力调节控制装置，严格控制蒸馏温度与压力。在石油产品的蒸馏中，应将安全阀的排气管与火炬系统相接，安全阀起跳时即可将物料排入火炬烧掉。

(3) 其他电气设备

在蒸馏易燃液体时，应注意消除系统静电，特别是苯、丙酮、汽油等不易导电液体的蒸馏，更应将蒸馏设备、管道良好接地。室外安设的蒸馏塔应安装可靠的避雷装置。蒸馏设备应注意经常检查、维修，认真做好停车后、开车前的系统清洗、置换，避免发生事故。对易燃易爆物料的蒸馏，其厂房应符合防火防爆要求，有足够的泄压面积，室内电机、照明等电气设备，均应符合场所的防爆要求。

## 5.2.9 筛分与过滤

### 5.2.9.1 筛分

筛分是将固体颗粒按照粒度大小进行分级的操作过程，如在化工生产中将不同颗粒度的合成树脂分开等。筛分操作所用的设备是分级筛。筛子主要分固定筛和运动筛两大类。按筛网形状又可分为转动式和平板式两类。固体物料的粒度是通过筛网尺寸控制的。在筛分过程中，有时是为了得到筛余物，有时是为了得到筛下物。

(1) 筛分过程的危险性分析

① 粉尘对健康的危害。筛分过程会产生粉尘，粉尘对人体有巨大危害，长期处于粉尘环境而不注意防护，极易患矽肺病等。

② 粉尘爆炸危险。由于筛分是把不同级别的固体颗粒进行分离的过程，因此筛分过程必定存在粉尘飘浮现象，如果固体具有可燃性，粉尘漂浮于空气中，极易形成爆炸性混合物引起粉尘爆炸。

③ 产生静电及电气火花。在筛分过程中，由于筛子不断运动，固体物料间及筛子与物料间都会产生摩擦或碰撞，因此易产生静电电荷，若聚集得不到消除，就存在产生静电火花的危险。另外，机械筛分中所用的电气设备，如电动机、电磁阀及开关等，也可能产生电火花，如果遇到空气与粉尘混合物都有引起火灾和爆炸的危险。

(2) 筛分危险控制对策

① 注意操作人员人身防护和工作时间，定期采取保健措施。

② 采用密闭和通风设施。为了防止大量的粉尘飞扬至空中，应采用密闭的方式即对设备及产生粉尘大的部位进行封闭式操作。其次，应在工作场所设置通风除尘系统，及时消除粉尘。

③ 防止设备故障。筛分设备主要是机械性运动，为了防止筛孔被黏物堵塞或破损，应经常进行检查；对运动部件定期润滑，防止磨损发热。

④ 防静电。选用防爆型电器，经常对电气设备进行检查维护，筛分设备要接静电保护装置，避免静电和电气设备产生火花。

**5.2.9.2　过滤**

过滤是借助于重力、真空、加压或离心力的作用，使悬浮液通过多孔物质而将固体微粒截留，从而达到液、固分离的过程。

过滤过程一般包括悬浮液的过滤、滤饼洗涤、滤饼干燥和卸料等四道工序。按操作方式分为间歇过滤和连续过滤两种，若按推动力又可分为重力过滤、加压过滤、真空过滤、离心过滤。

(1) 过滤过程设备

生产中应用较广泛的过滤机有间歇式的板框压滤机、加压叶滤机，连续式的转筒真空过滤机；还有用于对采用一般方法难分离的悬浮液进行分离的过滤式离心机等。

板框过滤机是由板和框交替组合安装形成的间歇式过滤装置，见图 5-40。其操作强度大，易泄漏。

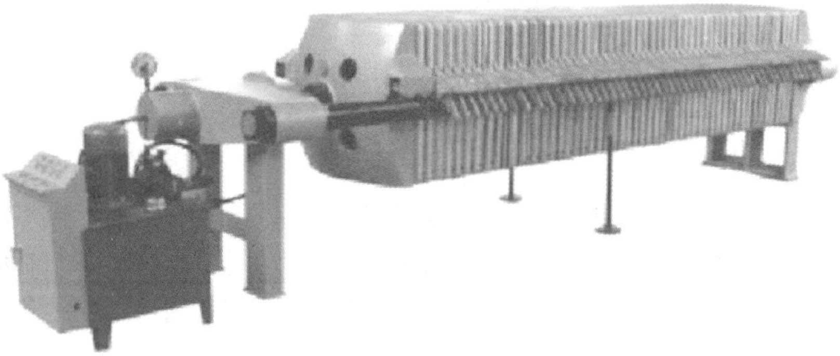

图 5-40　板框过滤机

图 5-41　转鼓真空过滤机

化工生产中最常采用的是连续式的转筒真空过滤机(图 5-41)，其特点是把过滤、洗涤、吹干、卸渣和清洗滤布等几个阶段的操作在转筒的一次旋转过程中完成，转筒每旋转一周，过滤机完成一个循环周期。该过滤机连续操作，不易泄漏，操作稳定性好，是石油化工首选的过滤设备。

(2) 过滤过程的危险性分析

① 泄漏危险。一些过滤设备本身易于泄漏，如板框过滤机。过滤机运动部件多，长时间磨损或腐蚀易于发生泄漏。

② 火灾及爆炸危险。许多需要过滤的悬浮液都含有有机溶剂，如汽油、煤油、酒精等，这些有机溶剂大多数具有易燃易爆和易挥发特性，其蒸气与空气易形成爆炸性混合物。另外，有些滤饼也具有易燃易爆的特性。如有机过氧化物的过滤过程就很危险，因为有机过氧化物(滤饼)极不稳定，受撞击、挤压、摩擦易发生

燃烧或爆炸。

③ 静电及火花。过滤设备特别是离心式过滤设备具有摩擦生热和产生静电的危险，如滤料中混入坚硬物品，高速运转经撞击会产生火花；离心机装料不均匀，转鼓负荷过重，偏心运转，致使转鼓与机壳摩擦起火；离心机下料管紧固螺丝松动，与推料器相碰撞产生火花等。另外电气设备如维护不当产生漏电、短路也易造成危险。

(3) 过滤操作危险控制对策

① 选择合适的过滤设备。选择过滤设备的基本原则是根据滤浆的过滤特性及理化性质，以及生产规模等因素来选型。一般对黏度大的滤浆，因其过滤阻力大，宜采用加压过滤式设备；滤浆温度高、蒸气压高也宜采用加压过滤式设备。而对具有易燃易爆、挥发性强和有毒的物料，应采用密闭型加压过滤式设备。火灾爆炸危险性大的物料过滤时，宜采用转鼓式、带式等真空过滤设备。

② 防静电措施。对具有易燃易爆危险的过滤场所，应选用防爆型电气设备，经常维护检查；过滤设备应有可靠的接地，以免产生静电。

③ 规范操作。操作中要严格防止超温、超压、超负荷运转，并不许高速启动；离心机应设限速装置，避免超速，以防因摩擦、撞击发热而产生火花。

④ 仪表及通风。设置可燃气体检测和报警装置，设置有效的通风设施。

### 5.2.10 粉碎操作

在化工生产中，为满足某些工艺上的要求，常需要将固体物料粉碎。粉碎有时是产品的性能指标要求，有时是化学反应的需要。在化学反应中，粉碎的作用一是增加其接触面积，进而缩短化学反应时间，使反应更完全；二是使某些物料混合更均匀，使其分散度更好。在某些悬浮液、乳液及固液混合物的制备中，经常需要这样的操作，如涂料生产中树脂和颜料的研磨分散、各种颜料的成品粉碎等。

#### 5.2.10.1 粉碎操作设备

由于被粉碎物料的性质和对粉料粒度要求的不同，粉碎的方法主要有挤压、撞击、研磨和劈裂等。但是，在实际运用中，往往是几种方法联合使用效果更佳。常用的典型设备有粗碎设备中的颚式破碎机(图 5-42)、圆锥式破碎机(图 5-43)，中碎或细碎设备中的滚碎机(图 5-44)、锤式粉碎机(图 5-45)等，磨碎或研磨设备中的球磨机(图 5-46)、环滚研磨机及气流粉碎机等。

图 5-42 颚式破碎机

图 5-43 圆锥破碎机

图 5-44　滚碎机

图 5-45　锤式粉碎机

(a)实例　　(b)原理

图 5-46　球磨机原理及实例

**5.2.10.2　粉碎过程的危险性分析**

(1) 健康危害。

易产生粉尘，粉碎设备的噪声一般都较大，这都会危及工人健康。

(2) 易形成粉尘爆炸性环境。

在物料粉碎过程中，如果物料易燃，最大的危险是在系统内易形成粉尘爆炸性环境；粉体物料泄漏至作业场所，亦会形成粉尘爆炸性环境。因此，容易引起粉尘爆炸。

(3)易产生以下几种点火源：

① 撞击火花。在进行物料粉碎时，最易产生的点火源是物料中掺杂有坚硬的铁石杂物，如铁钉、石块及设备本身脱落的零件等，如果这些杂物混入粉碎的物料中，在撞击或研磨过程中能产生火花。

② 摩擦生热。粉碎时物料之间或物料与研磨体之间都存在激烈的摩擦，摩擦热量积聚可引起危险。另外，粉碎设备的转动部位如润滑不良，也会温升过高。

③ 静电和电气火花。一般粉末状的物料在粉碎和输送过程中，会由于摩擦易产生静电。各类电气、设备如果选择或维护不当，也易产生电气火花。

**5.2.10.3　粉碎操作危险控制对策**

(1) 合理选择工艺与设备

在粉碎过程中，对一些遇空气发生氧化反应的物料，必须与空气隔绝，否则易发生危险，因此，应采用惰性气体保护装置及相关的泄压安全装置。对热敏性物料，可采用在粉碎区停留时间短的气流粉碎机；对遇水有反应的物料，禁止采用以水为介质的湿法粉碎；而在其他场合，可优先考虑湿法粉碎以避免扬尘。在爆炸性环境中的电气设备应选取相应的防爆电气设备。

（2）隔离与密闭

应对设备采取隔离和密闭措施。一般将粉碎设备放置在防爆的单独隔间内，减少噪声危害并能防止爆炸灾害扩大；对重要部位进行密闭，以防粉尘飞扬；必要时可装喷淋或吸尘装置。另外，在生产场所应设置良好的通风和除尘装置，以减少空气中粉尘含量，防止粉尘爆炸。

（3）消除点火源

为避免产生撞击火花，在粉碎设备前最好设置磁性等检测仪器将铁制或坚硬杂物除掉；对易燃性物料研磨时，应选用内衬橡胶或其他柔软衬料的球磨机和不产生火花材料的球体。设置静电消除装置，作好设备维护。

### 5.2.11　混合操作

混合是指两种或两种以上物料相互分散，而达到温度、浓度、组成均匀一致的操作。混合过程按物料的状态分为：液态与液态物料的混合、固态与液态物料的混合、固态与固态物料的混合，其中固体混合又分为粉末、散粒的混合。

#### 5.2.11.1　混合设备

混合机械是利用机械力和重力等，将两种或两种以上物料均匀混合起来的机械。混合机械广泛用于各类工业和日常生活中。混合机可以将多种物料配合成均匀的混合物，如将水泥、砂、碎石和水混合成混凝土湿料等；还可以增加物料接触表面积，以促进化学反应；还能够加速物理变化，例如粒状溶质加入溶剂，通过混合机械的作用可加速溶解混匀。

常用的混合机分为气体和低黏度液体混合器、中高黏度液体和膏状物混合机械、热塑性物料混合机、粉状与粒状固体物料混合机械四大类。

#### 5.2.11.2　混合过程的危险性分析

① 喷溅危害。剧烈混合易发生物料喷溅，有物理或化学反应的混合过程如果大量放热也会产生喷溅，如浓硫酸与水的混合（稀释）中，如果将水加入浓硫酸中就容易发生硫酸溅出。

② 在易燃液态物料的混合过程中，易产生挥发性可燃蒸气，若泄漏能与空气形成爆炸性气体混合物；粉体物料的混合易造成粉尘飘浮而导致粉尘爆炸。

③ 某些物料在混合过程中，物料反应放出大量热量时，若搅拌停止或搅拌不均匀会造成局部过热或温度过高引起混合器（常常是反应器）中的反应失控，最终发生超压爆炸或使物料发生自燃。

④ 对易燃液体的混合，若搅拌速度过快，易产生静电；对固态物料混合如有坚硬杂质，混合时撞击会产生火花引燃物料。

⑤ 在混合操作中，如果加料过多、过快且不均匀，易造成因负荷过大而烧坏电机，损坏搅拌器及传动装置。

#### 5.2.11.3　混合操作危险控制对策

① 首先要根据物料的性质和工艺要求正确选择混合设备。

② 对易燃易爆物料的混合，应采取密闭防漏措施，操作时采用充氮或惰性气体保护，并设置安全泄压及防爆灭火等系统。对具有易燃蒸气和粉尘扩散的场所应设置完善的通风和除尘装置，及时排出可燃蒸气和粉尘。

③ 在混合操作中，应控制加料速度，特别是在混合时放热的场合，除要保障搅拌运转正常、混合均匀外，必要时应附设冷却装置或采用气流搅拌，以免局部过热或温度过高而发生危险。

④ 对存在静电火花引燃危险的混合设备，应安装消除静电装置；对混合时产生静电的物料，应加入抗静电剂等。

⑤ 按着正确的操作原则进行混合操作。如浓硫酸的稀释过程应该是，将浓硫酸缓慢地加入水中并不断搅拌和冷却降温。

### 5.2.12 非常压操作

在危险化学品生产过程中，非常压操作过程非常普遍，特别是石油化工、基础化工原料等企业。非常压操作是指工艺设备中操作压力高于或低于大气压的操作过程，即加压操作和负压(真空)操作。根据操作压力高于大气压的程度不同，加压操作又可分为低压操作、高压操作和超高压操作；根据真空度的不同，负压操作又可分为低真空度操作和高真空度操作。

加压操作所使用的设备要符合压力容器的标准要求，对于有化学反应的工艺装置，压强设计余量要考虑可能发生的极端情况。加压要保证正确安装，系统不得泄漏，否则在压力下物料以高速喷出，产生静电，极易发生火灾爆炸，既使没有发生火灾爆炸事故，也可能发生人身伤害事故。

加压操作系统应具有完善的安全设施(如爆破泄压片、紧急排放管等)预防措施，有高性能的连锁控制系统，所用的各种仪表及控制元件要按规定定期检查维护和标定。

负压系统的设备也和加压设备一样，必须符合强度要求，特别是大容积的负压操作设备，以防在负压下把设备抽瘪。负压系统必须有良好的密封，否则一旦空气进入设备内部，易形成爆炸混合物，易引起爆炸。当需要恢复常压时，应待温度降低后，缓缓放进空气或惰性气体，以防自燃或爆炸。

## 5.3 典型化学反应基本安全技术

化工企业属于危险性较大的行业，根据企业生产的产品不同，生产中会遇见各种化学反应，如氧化、氯化、磺化、聚合等，多数反应具有一定的危险性，其所涉及的生产工艺装置常具有较大的危险性，如何确保生产的安全有效进行，就必须了解各种类型反应的安全特点。2009 年 6 月国家安监局发布首批重点监控的危险化工工艺，包括光气及光气化工艺、电解工艺(氯碱)、氯化工艺、硝化工艺、合成氨工艺、裂解(裂化)工艺、氟化工艺、加氢工艺、氧化工艺、过氧化工艺、胺基化工艺、磺化工艺、聚合工艺、烷基化工艺共 15 种。

为贯彻落实《国务院安委会办公室关于进一步加强危险化学品安全生产工作的指导意见》(安委办〔2008〕26 号，以下简称《指导意见》)有关要求，提高化工生产装置和危险化学品储存设施本质安全水平，指导各地对涉及危险化工工艺的生产装置进行自动化改造，国家安全监管总局组织编制了《首批重点监管的危险化工工艺目录》和《首批重点监管的危险化工工艺安全控制要求、重点监控参数及推荐的控制方案》。

(1) 重点监管的危险化工工艺界定

首批重点监管的危险化工工艺包括光气及光气化工艺、电解工艺(氯碱)、氯化工艺、硝化工艺、合成氨工艺、裂解(裂化)工艺、氟化工艺、加氢工艺、重氮化工艺、氧化工艺、过氧化工艺、胺基化工艺、磺化工艺、聚合工艺、烷基化工艺。首批重点监管的危险化工工艺简介见表5-1。

**表5-1　首批重点监管的危险化工工艺**

| 序号 | 危险工艺 | 工艺简介 | 典型工艺 |
| --- | --- | --- | --- |
| 1 | 光气及光气化工艺 | 光气及光气化工艺包含光气的制备工艺，以及以光气为原料制备光气化产品的工艺路线，光气化工艺主要分为气相和液相两种 | ① 一氧化碳与氯气的反应得到光气；<br>② 光气合成双光气、三光气；<br>③ 采用光气作单体合成聚碳酸酯；<br>④ 甲苯二异氰酸酯(TDI)的制备；<br>⑤ 4，4′-二苯基甲烷二异氰酸酯(MDI)的制备等 |
| 2 | 电解工艺(氯碱) | 电流通过电解质溶液或熔融电解质时，在两个电极上所引起的化学变化称为电解反应。涉及电解反应的工艺过程为电解工艺。许多基本化学工业产品(氢、氧、氯、烧碱、过氧化氢等)的制备，都是通过电解来实现的 | ① 氯化钠(食盐)水溶液电解生产氯气、氢氧化钠、氢气；<br>② 氯化钾水溶液电解生产氯气、氢氧化钾、氢气 |
| 3 | 氯化工艺 | 氯化是化合物的分子中引入氯原子的反应，包含氯化反应的工艺过程为氯化工艺，主要包括取代氯化、加成氯化、氧氯化等 | ① 取代氯化；<br>② 加成氯化；<br>③ 氧氯化；<br>④ 其他工艺：<br>硫与氯反应生成一氯化硫；<br>四氯化钛的制备；黄磷与氯气反应生产三氯化磷、五氯化磷等 |
| 4 | 硝化工艺 | 硝化是有机化合物分子中引入硝基(—$NO_2$)的反应，最常见的是取代反应。硝化方法可分成直接硝化法、间接硝化法和亚硝化法，分别用于生产硝基化合物、硝胺、硝酸酯和亚硝基化合物等。涉及硝化反应的工艺过程为硝化工艺 | ① 直接硝化法；<br>② 间接硝化法；<br>③ 亚硝化法 |
| 5 | 合成氨工艺 | 氮和氢两种组分按一定比例(1∶3)组成的气体(合成气)，在高温、高压下(一般为400~450℃，15~30MPa)经催化反应生成氨的工艺过程 | ① 节能AMV法；<br>② 德士古水煤浆加压气化法；<br>③ 凯洛格法；<br>④ 甲醇与合成氨联合生产的联醇法；<br>⑤ 纯碱与合成氨联合生产的联碱法；<br>⑥ 采用变换催化剂、氧化锌脱硫剂和甲烷催化剂的“三催化”气体净化法等 |

| 序号 | 危险工艺 | 工艺简介 | 典型工艺 |
|---|---|---|---|
| 6 | 裂解（裂化）工艺 | 裂解是指石油系的烃类原料在高温条件下，发生碳链断裂或脱氢反应，生成烯烃及其他产物的过程。产品以乙烯、丙烯为主，同时副产丁烯、丁二烯等烯烃和裂解汽油、柴油、燃料油等产品。<br>烃类原料在裂解炉内进行高温裂解，产出组成为氢气、低/高碳烃类、芳烃类以及馏分为288℃以上的裂解燃料油的裂解气混合物。经过急冷、压缩、激冷、分馏以及干燥和加氢等方法，分离出目标产品和副产品。<br>在裂解过程中，同时伴随缩合、环化和脱氢等反应。由于所发生的反应很复杂，通常把反应分成两个阶段。第一阶段，原料变成的目的产物为乙烯、丙烯，这种反应称为一次反应。第二阶段，一次反应生成的乙烯、丙烯继续反应转化为炔烃、二烯烃、芳烃、环烷烃，甚至最终转化为氢气和焦炭，这种反应称为二次反应。裂解产物往往是多种组分混合物。影响裂解的基本因素主要为温度和反应的持续时间。化工生产中用热裂解的方法生产小分子烯烃、炔烃和芳香烃，如乙烯、丙烯、丁二烯、乙炔、苯和甲苯等 | ① 热裂解制烯烃工艺；<br>② 重油催化裂化制汽油、柴油、丙烯、丁烯；<br>③ 乙苯裂解制苯乙烯；<br>④ 二氟一氯甲烷（HCFC-22）热裂解制得四氟乙烯（TFE）；<br>⑤ 二氟一氯乙烷（HCFC-142b）热裂解制得偏氟乙烯（VDF）；<br>⑥ 四氟乙烯和八氟环丁烷热裂解制得六氟乙烯（HFP）等 |
| 7 | 氟化工艺 | 氟化是化合物的分子中引入氟原子的反应，涉及氟化反应的工艺过程为氟化工艺。氟与有机化合物作用是强放热反应，放出大量的热可使反应物分子结构遭到破坏，甚至着火爆炸。氟化剂通常为氟气、卤族氟化物、惰性元素氟化物、高价金属氟化物、氟化氢、氟化钾等 | ① 直接氟化；<br>② 金属氟化物或氟化氢气体氟化；<br>③ 置换氟化；<br>④ 其他氟化物的制备：<br>浓硫酸与氟化钙（萤石）制备无水氟化氢等 |
| 8 | 加氢工艺 | 加氢是在有机化合物分子中加入氢原子的反应，涉及加氢反应的工艺过程为加氢工艺，主要包括不饱和键加氢、芳环化合物加氢、含氮化合物加氢、含氧化合物加氢、氢解等 | ① 不饱和炔烃、烯烃的三键和双键加氢；<br>② 芳烃加氢；<br>③ 含氧化合物加氢；<br>④ 含氮化合物加氢；<br>⑤ 油品加氢 |
| 9 | 重氮化工艺 | 一级胺与亚硝酸在低温下作用，生成重氮盐的反应。脂肪族、芳香族和杂环的一级胺都可以进行重氮化反应。涉及重氮化反应的工艺过程为重氮化工艺。通常重氮化试剂是由亚硝酸钠和盐酸作用临时制备的。除盐酸外，也可以使用硫酸、高氯酸和氟硼酸等无机酸。脂肪族重氮盐很不稳定，即使在低温下也能迅速自发分解，芳香族重氮盐较为稳定 | ① 顺法；<br>② 反加法；<br>③ 亚硝酰硫酸法；<br>④ 硫酸铜触媒法；<br>⑤ 盐析法 |

续表

| 序号 | 危险工艺 | 工艺简介 | 典型工艺 |
|---|---|---|---|
| 10 | 氧化工艺 | 氧化为有电子转移的化学反应中失电子的过程，即氧化数升高的过程。多数有机化合物的氧化反应表现为反应原料得到氧或失去氢。涉及氧化反应的工艺过程为氧化工艺。常用的氧化剂有：空气、氧气、双氧水、氯酸钾、高锰酸钾、硝酸盐等 | ① 乙烯氧化制环氧乙烷；<br>② 甲醇氧化制备甲醛；<br>③ 对二甲苯氧化制备对苯二甲酸；<br>④ 异丙苯经氧化-酸解联产苯酚和丙酮；<br>⑤ 环己烷氧化制环己酮；<br>⑥ 天然气氧化制乙炔；<br>⑦ 丁烯、丁烷、$C_4$馏分或苯的氧化制顺丁烯二酸酐；<br>⑧ 邻二甲苯或萘的氧化制备邻苯二甲酸酐；<br>⑨ 均四甲苯的氧化制备均苯四甲酸二酐；<br>⑩ 苊的氧化制 1，8-萘二甲酸酐；<br>⑪ 3-甲基吡啶氧化制 3-吡啶甲酸（烟酸）；<br>⑫ 4-甲基吡啶氧化制 4-吡啶甲酸（异烟酸）；<br>⑬ 2-乙基己醇（异辛醇）氧化制备 2-乙基己酸（异辛酸）；<br>⑭ 对氯甲苯氧化制备对氯苯甲醛和对氯苯甲酸；<br>⑮ 甲苯氧化制备苯甲醛、苯甲酸；<br>⑯ 对硝基甲苯氧化制备对硝基苯甲酸；<br>⑰ 环十二醇/酮混合物的开环氧化制备十二碳二酸；<br>⑱ 环己酮/醇混合物的氧化制己二酸；<br>⑲ 乙二醛硝酸氧化法合成乙醛酸；<br>⑳ 丁醛氧化制丁酸；<br>㉑ 氨氧化制硝酸等 |
| 11 | 过氧化工艺 | 向有机化合物分子中引入过氧基（—O—O—）的反应称为过氧化反应，得到的产物为过氧化物的工艺过程为过氧化工艺 | ① 双氧水的生产；<br>② 乙酸在硫酸存在下与双氧水作用，制备过氧乙酸水溶液；<br>③ 酸酐与双氧水作用直接制备过氧二酸；<br>④ 苯甲酰氯与双氧水的碱性溶液作用制备过氧化苯甲酰；<br>⑤ 异丙苯经空气氧化生产过氧化氢异丙苯等 |
| 12 | 胺基化工艺 | 胺化是在分子中引入胺基（$R_2N$—）的反应，包括 R—$CH_3$ 烃类化合物（R：氢、烷基、芳基）在催化剂存在下，与氨和空气的混合物进行高温氧化反应，生成腈类等化合物的反应。涉及上述反应的工艺过程为胺基化工艺 | ① 邻硝基氯苯与氨水反应制备邻硝基苯胺；<br>② 对硝基氯苯与氨水反应制备对硝基苯胺；<br>③ 间甲酚与氯化铵的混合物在催化剂和氨水作用下生成间甲苯胺；<br>④ 甲醇在催化剂和氨气作用下制备甲胺；<br>⑤ 1-硝基蒽醌与过量的氨水在氯苯中制备 1-氨基蒽醌；<br>⑥ 2，6-蒽醌二磺酸氨解制备 2，6-二氨基蒽醌；<br>⑦ 苯乙烯与胺反应制备 *N*-取代苯乙胺；<br>⑧ 环氧乙烷或亚乙基亚胺与胺或氨发生开环加成反应，制备氨基乙醇或二胺；<br>⑨ 甲苯经氨氧化制备苯甲腈；<br>⑩ 丙烯氨氧化制备丙烯腈等 |

续表

| 序号 | 危险工艺 | 工艺简介 | 典型工艺 |
|---|---|---|---|
| 13 | 磺化工艺 | 磺化是向有机化合物分子中引入磺酰基($—SO_3H$)的反应。磺化方法分为三氧化硫磺化法、共沸去水磺化法、氯磺酸磺化法、烘焙磺化法和亚硫酸盐磺化法等。涉及磺化反应的工艺过程为磺化工艺。磺化反应除了增加产物的水溶性和酸性外，还可以使产品具有表面活性。芳烃经磺化后，其中的磺酸基可进一步被其他基团[如羟基(—OH)、氨基($—NH_2$)、氰基(—CN)等]取代，生产多种衍生物 | ① 三氧化硫磺化法；<br>② 共沸去水磺化法；<br>③ 氯磺酸磺化法；<br>④ 烘焙磺化法；<br>⑤ 亚硫酸盐磺化法 |
| 14 | 聚合工艺 | 聚合是一种或几种小分子化合物变成大分子化合物(也称高分子化合物或聚合物，通常相对分子质量为 $1\times10^4\sim1\times10^7$)的反应，涉及聚合反应的工艺过程为聚合工艺。聚合工艺的种类很多，按聚合方法可分为本体聚合、悬浮聚合、乳液聚合、溶液聚合等 | ① 聚烯烃生产；<br>② 聚氯乙烯生产；<br>③ 合成纤维生产；<br>④ 橡胶生产；<br>⑤ 乳液生产；<br>⑥ 涂料粘合剂生产；<br>⑦ 氟化物聚合 |
| 15 | 烷基化工艺 | 把烷基引入有机化合物分子中的碳、氮、氧等原子上的反应称为烷基化反应。涉及烷基化反应的工艺过程为烷基化工艺，可分为C-烷基化反应、N-烷基化反应、O-烷基化反应等 | ① C-烷基化反应；<br>② N-烷基化反应；<br>③ O-烷基化反应 |

(2) 重点监管的危险化工工艺安全监管要求

① 督促化工企业完成重点监管的危险化工工艺自动化改造提升工作。

a) 化工企业要按照《首批重点监管的危险化工工艺目录》《首批重点监管的危险化工工艺安全控制要求、重点监控参数及推荐的控制方案》要求，对照本企业采用的危险化工工艺及其特点，确定重点监控的工艺参数，装备和完善自动控制系统，大型和高度危险化工装置要按照推荐的控制方案装备紧急停车系统。

b) 采用危险化工工艺的新建生产装置原则上要由甲级资质化工设计单位进行设计。

② 安全监管部门要进一步加强重点监管的危险化工工艺安全监管工作。

a) 要全面完成化工企业危险工艺自动化控制系统改造。

b) 新建化工装置要装备自动化控制系统。

c) 启动涉及重点监管危化品的生产、储存设施和危化品重大危险源自动化监控系统改造提升工作。

涉及重点监管危化品的生产装置必须装备自动化控制系统(DCS)，高度危险和大型装置要装备紧急停车系统；重点监管危化品的储存设施和危化品重大危险源要装备自动化监控系统，实现温度、压力、液位、流量、可燃有毒气体泄漏等重要参数自动监测监控报警，高度危险和大型装置要有紧急切断措施。

③ 高度重视危险化学品建设项目安全设计监督管理，尤其是涉及重点监管的危险化工工艺和重点监管的危险化学品的建设项目要开展设计安全审查。建设项目设计单位要按照《化工建设项目安全设计管理导则》(AQ/T 3033—2010)的要求，开展初步设计和施工图设计

安全审查(HAZOP 审查)。

首批重点监管的危险化工工艺安全控制要求见表 5-2。

**表 5-2 首批重点监管的危险化工工艺安全控制**

| 序号 | 危险工艺 | 重点监控工艺参数 | 安全控制的基本要求 | 宜采用的控制方式 |
|---|---|---|---|---|
| 1 | 光气及光气化工艺 | 一氧化碳、氯气含水量；反应釜温度、压力；反应物质的配料比；光气进料速度；冷却系统中冷却介质的温度、压力、流量等 | 事故紧急切断阀；紧急冷却系统；反应釜温度、压力报警联锁；局部排风设施；有毒气体回收及处理系统；自动泄压装置；自动氨或碱液喷淋装置；光气、氯气、一氧化碳监测及超限报警；双电源供电 | 光气及光气化生产系统一旦出现异常现象或发生光气及其剧毒产品泄漏事故时，应通过自控联锁装置启动紧急停车并自动切断所有进出生产装置的物料，将反应装置迅速冷却降温，同时将发生事故设备内的剧毒物料导入事故槽内，开启氨水、稀碱液喷淋，启动通风排毒系统，将事故部位的有毒气体排至处理系统 |
| 2 | 电解工艺(氯碱) | 电解槽内液位；电解槽内电流和电压；电解槽进出物料流量；可燃和有毒气体浓度；电解槽的温度和压力；原料中铵含量；氯气杂质含量(水、氢气、氧气、三氯化氮等)等 | 电解槽温度、压力、液位、流量报警和联锁；电解供电整流装置与电解槽供电的报警和联锁；紧急联锁切断装置；事故状态下氯气吸收中和系统；可燃和有毒气体检测报警装置等 | 将电解槽内压力、槽电压等形成联锁关系，系统设立联锁停车系统。<br>安全设施，包括安全阀、高压阀、紧急排放阀、液位计、单向阀及紧急切断装置等 |
| 3 | 氯化工艺 | 氯化反应釜温度和压力；氯化反应釜搅拌速率；反应物料的配比；氯化剂进料流量；冷却系统中冷却介质的温度、压力、流量等；氯气杂质含量(水、氢气、氧气、三氯化氮等)；氯化反应尾气组成等 | 反应釜温度和压力的报警和联锁；反应物料的比例控制和联锁；搅拌的稳定控制；进料缓冲器；紧急进料切断系统；紧急冷却系统；安全泄放系统；事故状态下氯气吸收中和系统；可燃和有毒气体检测报警装置等 | 将氯化反应釜内温度、压力与釜内搅拌、氯化剂流量、氯化反应釜夹套冷却水进水阀形成联锁关系，设立紧急停车系统。<br>安全设施，包括安全阀、高压阀、紧急放空阀、液位计、单向阀及紧急切断装置等 |
| 4 | 硝化工艺 | 硝化反应釜内温度、搅拌速率；硝化剂流量；冷却水流量；pH 值；硝化产物中杂质含量；精馏分离系统温度；塔釜杂质含量等 | 反应釜温度的报警和联锁；自动进料控制和联锁；紧急冷却系统；搅拌的稳定控制和联锁系统；分离系统温度控制与联锁；塔釜杂质监控系统；安全泄放系统等 | 将硝化反应釜内温度与釜内搅拌、硝化剂流量、硝化反应釜夹套冷却水进水阀形成联锁关系，在硝化反应釜处设立紧急停车系统，当硝化反应釜内温度超标或搅拌系统发生故障，能自动报警并自动停止加料。分离系统温度与加热、冷却形成联锁，温度超标时，能停止加热并紧急冷却。<br>硝化反应系统应设泄爆管和紧急排放系统 |

续表

| 序号 | 危险工艺 | 重点监控工艺参数 | 安全控制的基本要求 | 宜采用的控制方式 |
|---|---|---|---|---|
| 5 | 合成氨工艺 | 合成塔、压缩机、氨储存系统的运行基本控制参数，包括温度、压力、液位、物料流量及比例等 | 合成氨装置温度、压力报警和联锁；物料比例控制和联锁；压缩机的温度、入口分离器液位、压力报警联锁；紧急冷却系统；紧急切断系统；安全泄放系统；可燃、有毒气体检测报警装置 | 将合成氨装置内温度、压力与物料流量、冷却系统形成联锁关系；将压缩机温度、压力、入口分离器液位与供电系统形成联锁关系；紧急停车系统。<br>合成单元自动控制还需要设置以下几个控制回路：①氨分、冷交液位；②废锅液位；③循环量控制；④废锅蒸汽流量；⑤废锅蒸汽压力。<br>安全设施，包括安全阀、爆破片、紧急放空阀、液位计、单向阀及紧急切断装置等 |
| 6 | 裂解(裂化)工艺 | 裂解炉进料流量；裂解炉温度；引风机电流；燃料油进料流量；稀释蒸汽比及压力；燃料油压力；滑阀差压超驰控制、主风流量控制、外取热器控制、机组控制、锅炉控制等 | 裂解炉进料压力、流量控制报警与联锁；紧急裂解炉温度报警和联锁；紧急冷却系统；紧急切断系统；反应压力与压缩机转速及入口放火炬控制；再生压力的分程控制；滑阀差压与料位；温度的超驰控制；再生温度与外取热器负荷控制；外取热器汽包和锅炉汽包液位的三冲量控制；锅炉的熄火保护；机组相关控制；可燃与有毒气体检测报警装置等 | 将引风机电流与裂解炉进料阀、燃料油进料阀、稀释蒸汽阀之间形成联锁关系，一旦引风机故障停车，则裂解炉自动停止进料并切断燃料供应，但应继续供应稀释蒸汽，以带走炉膛内的余热。<br>将燃料油压力与燃料油进料阀、裂解炉进料阀之间形成联锁关系，燃料油压力降低，则切断燃料油进料阀，同时切断裂解炉进料阀。<br>分离塔应安装安全阀和放空管，低压系统与高压系统之间应有逆止阀并配备固定氮气装置、蒸汽灭火装置。<br>将裂解炉电流与锅炉给水流量、稀释蒸汽流量之间形成联锁关系；一旦水、电、蒸汽等公用工程出现故障，裂解炉能自动紧急停车。<br>反应压力正常情况下由压缩机转速控制，开工及非正常工况下由压缩机入口放火炬控制。<br>再生压力由烟机入口蝶阀和旁路滑阀(或蝶阀)分程控制。<br>再生、待生滑阀正常情况下分别由反应温度信号和反应器料位信号控制，一旦滑阀差压出现低限，则转由滑阀差压控制。<br>再生温度由外取热器催化剂循环量或流化介质流量控制。<br>外取热汽包和锅炉汽包液位采用液位、补水量和蒸发量三冲量控制。<br>带明火的锅炉设置熄火保护控制。<br>大型机组设置相关的轴温、轴震动、轴位移、油压、油温、防喘振等系统控制。<br>在装置存在可燃气体、有毒气体泄漏的部位设置可燃气体报警仪和有毒气体报警仪 |
| 7 | 氟化工艺 | 氟化反应釜内温度、压力；氟化反应釜内搅拌速率；氟化物流量；助剂流量；反应物的配料比；氟化物浓度 | 反应釜内温度和压力与反应进料、紧急冷却系统的报警和联锁；搅拌的稳定控制系统；安全泄放系统；可燃和有毒气体检测报警装置等 | 氟化反应操作中，要严格控制氟化物浓度、投料配比、进料速度和反应温度等。必要时应设置自动比例调节装置和自动联锁控制装置。<br>将氟化反应釜内温度、压力与釜内搅拌、氟化物流量、氟化反应釜夹套冷却水进水阀形成联锁控制，在氟化反应釜处设立紧急停车系统，当氟化反应釜内温度或压力超标或搅拌系统发生故障时自动停止加料并紧急停车。安全泄放系统 |

续表

| 序号 | 危险工艺 | 重点监控工艺参数 | 安全控制的基本要求 | 宜采用的控制方式 |
| --- | --- | --- | --- | --- |
| 8 | 加氢工艺 | 加氢反应釜或催化剂床层温度、压力；加氢反应釜内搅拌速率；氢气流量；反应物质的配料比；系统氧含量；冷却水流量；氢气压缩机运行参数、加氢反应尾气组成等 | 温度和压力的报警和联锁；反应物料的比例控制和联锁系统；紧急冷却系统；搅拌的稳定控制系统；氢气紧急切断系统；加装安全阀、爆破片等安全设施；循环氢压缩机停机报警和联锁；氢气检测报警装置等 | 将加氢反应釜内温度、压力与釜内搅拌电流、氢气流量、加氢反应釜夹套冷却水进水阀形成联锁关系，设立紧急停车系统。加入急冷氮气或氢气的系统。当加氢反应釜内温度或压力超标或搅拌系统发生故障时自动停止加氢，泄压，并进入紧急状态。安全泄放系统 |
| 9 | 重氮化工艺 | 重氮化反应釜内温度、压力、液位、pH 值；重氮化反应釜内搅拌速率；亚硝酸钠流量；反应物质的配料比；后处理单元温度等 | 反应釜温度和压力的报警和联锁；反应物料的比例控制和联锁系统；紧急冷却系统；紧急停车系统；安全泄放系统；后处理单元配置温度监测、惰性气体保护的联锁装置等 | 将重氮化反应釜内温度、压力与釜内搅拌、亚硝酸钠流量、重氮化反应釜夹套冷却水进水阀形成联锁关系，在重氮化反应釜处设立紧急停车系统，当重氮化反应釜内温度超标或搅拌系统发生故障时自动停止加料并紧急停车。安全泄放系统。<br>重氮盐后处理设备应配置温度检测、搅拌、冷却联锁自动控制调节装置，干燥设备应配置温度测量、加热热源开关、惰性气体保护的联锁装置。<br>安全设施，包括安全阀、爆破片、紧急放空阀等 |
| 10 | 氧化工艺 | 氧化反应釜内温度和压力；氧化反应釜内搅拌速率；氧化剂流量；反应物料的配比；气相氧含量；过氧化物含量等 | 反应釜温度和压力的报警和联锁；反应物料的比例控制和联锁及紧急切断动力系统；紧急断料系统；紧急冷却系统；紧急送入惰性气体的系统；气相氧含量监测、报警和联锁；安全泄放系统；可燃和有毒气体检测报警装置等 | 将氧化反应釜内温度和压力与反应物的配比和流量、氧化反应釜夹套冷却水进水阀、紧急冷却系统形成联锁关系，在氧化反应釜处设紧急停车系统，当氧化反应釜内温度超标或搅拌系统发生故障时自动停止加料并紧急停车。配备安全阀、爆破片等安全设施 |
| 11 | 过氧化工艺 | 过氧化反应釜内温度；pH 值；过氧化反应釜内搅拌速率；（过）氧化剂流量；参加反应物质的配料比；过氧化物浓度；气相氧含量等 | 反应釜温度和压力的报警和联锁；反应物料的比例控制和联锁及紧急切断动力系统；紧急断料系统；紧急冷却系统；紧急送入惰性气体的系统；气相氧含量监测、报警和联锁；紧急停车系统；安全泄放系统；可燃和有毒气体检测报警装置等 | 将过氧化反应釜内温度与釜内搅拌电流、过氧化物流量、过氧化反应釜夹套冷却水进水阀形成联锁关系，设置紧急停车系统。<br>过氧化反应系统应设置泄爆管和安全泄放系统 |

续表

| 序号 | 危险工艺 | 重点监控工艺参数 | 安全控制的基本要求 | 宜采用的控制方式 |
| --- | --- | --- | --- | --- |
| 12 | 胺基化工艺 | 胺基化反应釜内温度、压力；胺基化反应釜内搅拌速率；物料流量；反应物质的配料比；气相氧含量等 | 反应釜温度和压力的报警和联锁；反应物料的比例控制和联锁系统；紧急冷却系统；气相氧含量监控联锁系统；紧急送入惰性气体的系统；紧急停车系统；安全泄放系统；可燃和有毒气体检测报警装置等。 | 将胺基化反应釜内温度、压力与釜内搅拌、胺基化物料流量、胺基化反应釜夹套冷却水进水阀形成联锁关系，设置紧急停车系统。<br>安全设施，包括安全阀、爆破片、单向阀及紧急切断装置等 |
| 13 | 磺化工艺 | 磺化反应釜内温度；磺化反应釜内搅拌速率；磺化剂流量；冷却水流量 | 反应釜温度的报警和联锁；搅拌的稳定控制和联锁系统；紧急冷却系统；紧急停车系统；安全泄放系统；三氧化硫泄漏监控报警系统等 | 将磺化反应釜内温度与磺化剂流量、磺化反应釜夹套冷却水进水阀、釜内搅拌电流形成联锁关系，紧急断料系统，当磺化反应釜内各参数偏离工艺指标时，能自动报警、停止加料，甚至紧急停车。<br>磺化反应系统应设泄爆管和紧急排放系统 |
| 14 | 聚合工艺 | 聚合反应釜内温度、压力，聚合反应釜内搅拌速率；引发剂流量；冷却水流量；料仓静电、可燃气体监控等 | 反应釜温度和压力的报警和联锁；紧急冷却系统；紧急切断系统；紧急加入反应终止剂系统；搅拌的稳定控制和联锁系统；料仓静电消除、可燃气体置换系统，可燃和有毒气体检测报警装置；高压聚合反应釜设有防爆墙和泄爆面等 | 将聚合反应釜内温度、压力与釜内搅拌电流、聚合单体流量、引发剂加入量、聚合反应釜夹套冷却水进水阀形成联锁关系，在聚合反应釜处设立紧急停车系统。当反应超温、搅拌失效或冷却失效时，能及时加入聚合反应终止剂。安全泄放系统 |
| 15 | 烷基化工艺 | 烷基化反应釜内温度和压力；烷基化反应釜内搅拌速率；反应物料的流量及配比等 | 反应物料的紧急切断系统；紧急冷却系统；安全泄放系统；可燃和有毒气体检测报警装置等 | 将烷基化反应釜内温度和压力与釜内搅拌、烷基化物料流量、烷基化反应釜夹套冷却水进水阀形成联锁关系，当烷基化反应釜内温度超标或搅拌系统发生故障时自动停止加料并紧急停车。<br>安全设施包括安全阀、爆破片、紧急放空阀、单向阀及紧急切断装置等 |

(3)第二批重点监管危险化工工艺

国家安全监管总局以安监总管三〔2013〕3号文件下发了《关于公布第二批重点监管危险化工工艺目录和调整首批重点监管危险化工工艺中部分典型工艺的通知》，确定了第二批重点监管危险化工工艺，组织编制了《第二批重点监管危险化工工艺重点监控参数、安全控制基本要求及推荐的控制方案》，要求化工企业根据第二批重点监管危险化工工艺目录及其重点监控参数、安全控制基本要求和推荐的控制方案要求，对照本企业采用的危险化工工艺及其特点，确定重点监控的工艺参数，装备和完善自动控制系统，大型和高度危险的化工装置要按照推荐的控制方案装备安全仪表系统(紧急停车或安全联锁)。

第二批重点监管危险化工工艺目录：①新型煤化工工艺；②电石生产工艺；③偶氮化工艺。

最常见的危险化工工艺多为氧化工艺、氯化工艺、电解工艺(氯碱)、磺化工艺、烷基化工艺、聚合工艺、裂解(裂化)工艺、加氢工艺共8种。

## 5.3.1 氧化反应安全技术

### 5.3.1.1 工业常见的氧化反应及氧化剂

氧化反应为反应物失去电子或反应物与氧化合的反应，绝大多数氧化反应都是放热反应。工业中常见的邻二甲苯氧化制苯酐、乙烯氧化制环氧乙烷、异丙苯氧化制过氧化氢异丙苯、甲醇氧化制备甲醛、环己烷氧化制环己酮、丁醛氧化制丁酸、氨氧化制硝酸等过程都是氧化反应。工业中常用的氧化剂有氧气(或空气)、高锰酸钾、氯酸钾、铬酸酐、过氧化氢、过氧化苯甲酰、重铬酸钾、重铬酸钠等。工业中常见的氧化反应：

① 邻二甲苯氧化制苯酐。邻苯二甲酸酐是生产增塑剂、聚酯树脂及医药、燃料的重要原料。氧化过程为：

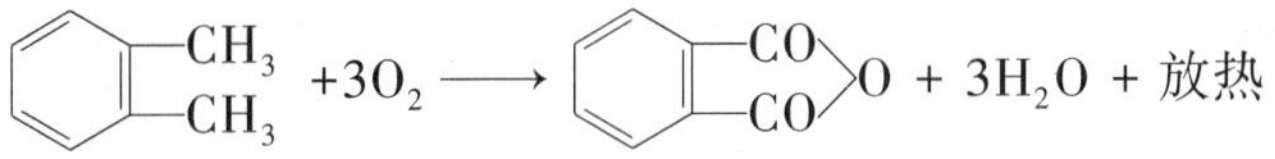

② 乙烯氧化制环氧乙烷。环氧乙烷是生产乙二醇的中间产物，乙二醇主要用作抗冻剂、合成洗涤剂、乳化剂等。乙烯氧化过程为：

$$C_2H_2+1/2O_2 \longrightarrow C_2H_4O+\text{放热}$$

③ 异丙苯氧化生产过氧化氢异丙苯。过氧化氢异丙苯主要用作高分子聚合反应的引发剂，在酸催化剂作用下，能分解生成苯酚和丙酮。

$$\underset{\text{(异丙苯)}}{C_6H_5C_3H_7}+O_2 \xrightarrow[110\sim120℃]{0.32\sim0.34\text{MPa}} \underset{\text{(过氧化氢异丙苯)}}{C_6H_5C_3H_6OOH}$$

④ 丙烯氨氧化生产丙烯腈。丙烯腈是三大合成材料—合成纤维、合成橡胶、塑料的基本且重要的原料，在有机合成工业中用途广泛。常用丙烯氨氧化制得。

$$CH_2=CH—CH_2+NH_3+O_2 \xrightarrow[400\sim500℃]{\text{催化剂}} CH_2=CH—CN+3H_2O$$

### 5.3.1.2 氧化反应的危险特征

氧化反应的危险特征为火灾和爆炸危险。氧化反应为放热过程，且一般都是在250~600℃的高温下进行，若在反应过程中移热不及时，反应器的温度会迅速升高而失控极易爆炸起火。某些氧化反应的物料配比接近于爆炸下限，如氨、甲醇蒸气在空气中氧化，若原料配比失调，温度控制不当，极易爆炸起火。在以空气和纯氧作氧化剂时，反应物料的配比应控制在爆炸范围之外。且进入反应器的空气须经过气体净化装置，清除空气中的灰尘、水汽、油污以减少起火和爆炸的危险。

某些氧化过程中会产生危险性较大的过氧化物，如乙醛氧化生产醋酸的过程中有过醋酸生成，过醋酸性质极不稳定，受高温、摩擦或撞击便会分解或燃烧。而像高锰酸钾、氯酸钾、铬酸酐等强氧化剂，由于具有很强的助燃性，遇高湿或受撞击、摩擦以及与有机物、酸类接触，均能引起燃烧或爆炸。

### 5.3.1.3 氧化反应的安全技术

(1) 氧化温度的控制：严格控制反应器及系统的操作温度和压力，防止超温、超压引起的爆炸。加强日常管理和维护，保证反应器的冷却设施安全运行，避免冷却系统发生故障，必要时应用备用冷却系统。

(2) 氧化物质的控制：使用硝酸，高锰酸钾等氧化剂进行氧化时要严格控制加料速度，防止多加，错加。固体氧化剂应该粉碎后使用，最好呈溶液状态使用，反应时要不间断的搅拌。有些高温下的氧化反应，在设备及管道内可能产生焦化物，应及时清除以防自燃。清焦一般在停车时进行。另外还应防止在氧化反应器内形成爆炸混合物。

(3) 氧化过程控制：防止反应器发生爆炸，应有泄压装置，对于工艺控制参数，应尽可能采用自动控制或自动调节，以及警报联锁装置，通常是将氧化反应釜内温度和压力与反应物的配比和流量、氧化反应釜夹套冷却水进水阀、紧急冷却系统形成联锁关系，在氧化反应釜处设立紧急停车系统，当氧化反应釜内温度超标或搅拌系统发生故障时自动停止加料并紧急停车。且联锁、报警装置应定期校验，确保正常投用。

(4) 氧化反应器的安全防护装备：通常氧化反应器均配备安全阀、爆破片等安全设施。为了防止氧化反应器在发生爆炸或燃烧时危及人身和设备安全，在反应器前后管道上还应安装阻火器，阻止火焰蔓延，防止回火，使燃烧不致影响其他系统。氧化反应系统，一般应设置氮气或水蒸气灭火装置。

(5) 原料及产品储存控制：氧化反应的原料及产品应隔离存放、远离火源、避免高温和日晒、防止摩擦和撞击、安装除静电接地装置。须符合危险品的管理规定。

#### 5.3.1.4 重点监控工艺参数及安全控制手段

氧化反应重点监控的工艺参数有氧化反应釜内温度和压力、氧化反应釜内搅拌速率、氧化剂流量、反应物料的配比、气相氧含量、过氧化物含量等。

对氧化反应釜内温度和压力的安全控制，通常采用温度和压力联锁和报警系统进行控制；对氧化反应釜内搅拌速率、氧化剂流量、反应物料的配比的控制，通常采用反应物料的比例控制和联锁，并配有紧急切断动力系统、紧急断料系统和紧急冷却系统；对系统内气相氧含量和过氧化物的含量可采用监测仪、报警和联锁手段实时对系统进行监控和控制，并备有紧急送入惰性气体的系统。对系统内可燃和有毒气体备有检测报警装置。

### 5.3.2 磺化反应安全技术

#### 5.3.2.1 工业常见的磺化反应及磺化剂

磺化是在有机化合物分子中引入磺(酸)基(—$SO_3H$)的反应。磺化可采用三氧化硫磺化法、氯磺酸磺化法、亚硫酸盐磺化法等。磺化反应除了增加产物的水溶性和酸性外，还可以使产品具有表面活性。芳烃经磺化后，其中的磺酸基可进一步被其他基团取代，生产多种衍生物。常用的磺化剂有发烟硫酸、亚硫酸钠、亚硫酸钾、三氧化硫等。工业中常见的磺化反应工艺有：

① 苯磺化制备苯磺酸。苯磺酸主要用于生产苯酚，间苯二酚等，或用作催化剂。

② 甲苯磺化生产对甲基苯磺酸和对甲酚。对甲酚用于制造防老剂264(2，6-二叔丁基对甲酚)和橡胶防老剂的原料。在塑料工业中可制造酚醛树脂和增塑剂。在医药上用作消毒剂。此外，还可作染料和农药的原料。

③ 气体三氧化硫和十二烷基苯等制备十二烷基苯磺酸钠。广泛用于洗涤用品。如普通(无磷)洗衣粉，浓缩(无磷)洗衣粉，固体洗涤剂，浆状洗涤剂，膏状洗涤剂。纺织工业的清洗剂、染色助剂，电镀工业的脱脂剂，造纸工业的脱墨剂，化肥产品添加剂，以及其他工业清洗剂、乳化剂、分散剂等。

#### 5.3.2.2 磺化反应的危险特征

磺化反应是放热反应，若反应器传热不好易造成爆炸或起火事故。磺化反应的原料，如苯、硝基苯、氯苯等都是可燃物。磺化剂浓硫酸、发烟硫酸(三氧化硫)、氯磺酸都具有强烈的氧化性和腐蚀性或毒性，若泄漏会造成灼烧、腐蚀、中毒等危害，所以使用过程中应严加防护。

#### 5.3.2.3 磺化反应的安全技术

(1) 磺化物料的控制：注意磺化反应的投料顺序，若投料顺序颠倒、投料速度过快、搅拌不良、冷却效果不佳等，都有可能造成事故。

(2) 磺化过程控制：严格控制磺化反应釜内温度、磺化反应釜内搅拌速率、磺化剂流量和冷却水流量等工艺参数，通常是将磺化反应釜内温度与磺化剂流量、磺化反应釜夹套冷却水进水阀、釜内搅拌电流形成联锁关系，以防反应温度升高，使磺化反应变为燃烧反应，引起着火或爆炸事故。

(3) 磺化反应的安全防护装置：磺化反应器应设置反应釜温度的报警和联锁、搅拌的稳定控制和联锁系统、紧急冷却系统、紧急停车系统、安全泄放系统和三氧化硫泄漏监控报警系统等防护措施。

#### 5.3.2.4 重点监控工艺参数及安全控制手段

氧化反应重点监控的工艺参数主要有磺化反应釜内温度、磺化反应釜内搅拌速率、冷却水流用量、磺化剂流量等。

对磺化反应釜内温度的控制手段，通常采用反应釜的温度报警和联锁系统控制，当釜内温度向下波动较大时，磺化反应温度较低，磺化反应速度较慢，此时可能积累较多的未反应物料，使反应物料浓度增加，若再使反应温度快速恢复到较高的正常值时，会造成剧烈的磺化反应，瞬间放出大量的热而导致超温，引起着火或爆炸事故。

对磺化反应釜内搅拌速率和冷却水流用量的控制手段，通常采用搅拌的稳定控制和联锁系统控制，保证磺化反应器内的传热和传质均匀，并及时移走反应放出的热量，避免反应温度失控。

对磺化剂进料流量的控制，应严格按工艺条件控制，当磺化反应的磺化剂为浓硫酸、三氧化硫、氯磺酸时，由于这类磺化剂为强氧化剂，因此磺化反应时放出的大量热，可能会使磺化反应变为燃烧反应，引起着火或爆炸。

所有重点监控的工艺参数都应与紧急冷却系统、紧急停车系统和紧急断料系统进行联锁控制，当磺化反应釜内各参数偏离工艺指标时，能自动报警、停止加料，甚至紧急停车。此外磺化反应系统还应设有安全泄放系统、三氧化硫泄漏监控报警系统等，以保证生产安全。

### 5.3.3 氯化反应安全技术

#### 5.3.3.1 工业常见的氯化反应及氯化剂

以氯原子取代有机化合物中氢原子的过程称为氯化。主要包括取代氯化、加成氯化、氧氯化等过程。常用的氯化剂有液态或气态的氯、气态氯化氢和各种浓度的盐酸、磷酰氯(三氯氧化磷)、三氯化磷(用来制造有机酸的酰氯)、硫酰氯(二氯硫酰)、次氯酸钙(漂白粉 $CaOCl_2$)等。工业中常见的氯化工艺有：

① 甲醇与氯反应生产氯甲烷。氯甲烷主要用作有机硅的生产原料、溶剂、冷冻剂、香料等。

② 醋酸与氯反应生产氯乙酸。氯乙酸用作淀粉胶粘剂、醚化剂。

③ 乙烯与氯加成氯化生产1,2-二氯乙烷。1,2-二氯乙烷常用作溶剂，能溶结有机玻璃、ABS、聚苯乙烯、聚砜、氯丁橡胶等

#### 5.3.3.2 氯化反应的危险特征

氯气为剧毒化学品，一旦泄漏很危险。氯化反应的原料大多为有机物，所以生产过程有火灾和爆炸的危险性。反应中会产生氯化氢气体，因此设备必须防腐蚀，严保不漏。

#### 5.3.3.3 氯化反应的安全技术

(1) 氯化物料的控制：常采用汽水混合法来对液氯进行升温气化，加热温度不超过50℃。若在汽化过程，由于气化吸热而使液氯冷却造成汽化的氯气流量降低无法满足生产时，可将钢瓶的一端置于温水中加温。

(2) 氯化过程控制：氯化反应为放热过程，对高温下的氯化过程，反应更激烈。因此一般氯化反应设备须有良好的冷却系统，严格控制氯气的流量，以避免因氯流量过快，温度剧升而引起事故。鉴于生产过程有火灾爆炸危险，所以生产中应严格控制各种火源，必要部位安装可燃气体监测和报警系统，电气设备应符合防火防爆的要求。

(3) 氯化反应的安全防护装置：氯化反应除了设置相应的温度报警和联锁、搅拌控制和联锁系统、紧急冷却系统、紧急停车系统等常规安全防护外，还应包括安全阀、高压阀、紧急放空阀、液位计、单向阀及紧急切断装置等安全设备。对生产过程中产生氯化氢气体的工艺过程应增设吸收和冷却装置，以除去尾气中绝大部分氯化氢。也可以采用活性炭吸附和化学处理方法。在放空管处应安装自动信号分析器，以检查吸收处理进行得是否完全。

#### 5.3.3.4 重点监控工艺参数及安全控制手段

氯化反应重点监控的工艺参数有氯化反应釜温度和压力、氯化反应釜搅拌速率、反应物料的配比、氯化剂进料流量，氯气杂质含量(水、氢气、氧气、三氯化氮等)、氯化反应尾气组成以及冷却系统中冷却介质的温度、压力、流量等。

鉴于氯化反应也是放热反应，所以氯化反应设备也必须具备良好的冷却系统、严格投料配比、控制进料速度及反应温度，以防反应超温引发事故。对氯化反应的安全控制一般包括反应釜温度和压力的报警和联锁控制系统；反应物料的比例控制和联锁控制系统；搅拌的稳定控制系统；进料缓冲器；紧急进料切断系统；紧急冷却系统；安全泄放系统；事故状态下氯气吸收中和系统；可燃和有毒气体检测报警装置等。通常是将氯化反应釜内温度、压力与釜内搅拌、氯化剂流量、氯化反应釜夹套冷却水进水阀形成联锁关系，并与紧急停车系统联锁。

### 5.3.4 电解过程安全技术

#### 5.3.4.1 工业常见的电解过程

电解是电流通过电解溶液或熔融电解质时，在两个电极上所引起的化学变化。工业中常见的电解工艺有：

① 氯碱工业。氯碱工业利用电解饱和食盐水溶液制取烧碱(氢氧化钠)和氯气并副产氢气的生产过程。

$$2NaCl+2H_2O \xrightarrow{\text{电解}} 2NaOH+H_2\uparrow+Cl_2\uparrow$$

② 电解铝。采用冰晶石-氧化铝融盐电解法，通过电解得到的纯铝。

③ 丙烯腈电解二聚法生产己二腈。己二腈(ADN)主要用于生产己二胺(尼龙66的原料)、己内酰胺等化工原料，在电子、轻工以及其他有机合成领域也有着广泛的应用，同时也可用于制取火箭燃料、电镀工业、洗涤添加剂和杀虫剂方面，丙烯腈(AN)电解二聚法是生产己二腈的重要方法之一。

$$2H_2C=CHCN+2e+2H^+ \longrightarrow NC(CH_2)_4CN$$

④ 硝基苯制苯胺。苯胺是染料工业中最重要的中间体之一，可用于制造酸性墨水蓝G、酸性媒介BS、靛蓝，是橡胶助剂的重要原料，用于制造防老剂甲、防老剂丁、防老剂RD及防老剂4010等；也可作为医药磺胺药的原料，同时也是生产香料、塑料、清漆、胶片等的中间体；并可作为炸药中的稳定剂。

#### 5.3.4.2 电解(氯碱)工艺的危险特征

电解食盐水的过程中产生的氢气是极易燃的气体，氯气是氧化性很强的剧毒气体，两种气体混合极易发生爆炸，当氯气中氢含量达到5%以上，则随时可能在光照或受热情况下发生爆炸。

电解原料或化盐水中有氨或铵存在时，氨或铵在电解过程的酸性条件($pH<4.5$)下与氯气或次氯酸反应生成三氯化氮，它是一种爆炸性物质，原料中铵盐含量过高或液氯排污不及时，易在液氯汽化系统富集，极易造成三氯化氮爆炸事故。

电解溶液腐蚀性强，此外，氢氧化钠、湿氯气、氯水、盐酸、次氯酸钠等均有较强的腐蚀性。

液氯的生产、储运、包装、输送、运输过程可能发生液氯泄漏。

#### 5.3.4.3 电解工艺(氯碱)的安全技术

(1) 严格控制氯气中氢气的含量：鉴于氯气中氢含量达5%以上时，在光照或受热情况下随时可能发生爆炸，所以在生产中，单槽氯含氢浓度一般控制在2.0%以下，总管氯含氢浓度控制在0.4%以下。造成氯气中混有氢气的原因有：电解槽氢气出口堵塞，引起阴极室压力升高，造成氯气含氢量过高；电解槽的隔膜吸附质量差；石棉绒质量不好；在安装电解槽时碰坏隔膜，造成隔膜局部脱落或者在送电前注入的盐水量过大将隔膜冲坏；以及阴极室中的压力等于或超过阳极室的压力时都可能使氢气进入阳极室，引起氯含氢量高。此时应该对电解槽的工艺参数进行全面监控，及时向阳极室补充盐水，维持规定的液面，防止盐水液面过低，氢气通过阴极网渗入阴极室与氯气混合。

(2) 保证盐水质量：盐水中的铁杂质，可产生第二阴极而放出氢气；盐水中带入铵盐，在适宜的条件下($pH<4.5$时)，铵盐和氯作用产生三氯化氮，也是一种爆炸性物质。三氯化氮和许多有机物质接触或加热至90℃以上，以及被撞击时，即可剧烈爆炸。因此在盐水配制系统要严格控制无机铵含量。

(3) 突发事件处理：突然停电或停车时，高压阀门不能立即关闭，应避免电解槽中氯气倒流而发生爆炸。

(4) 电解(氯碱)过程的安全防护装置：电解槽食盐水入口处和碱液出口处应考虑采取电气绝缘措施，以免漏电产生火花。氢气系统与电解槽的阴极箱之间亦应有良好的电气绝缘。整个氢气系统应良好接地，并设置必要的水封或阻火器等安全装置。电解槽应安置在自然通风良好的单层建筑物内，以防电解过程中泄漏的氢气引起火爆炸危险。厂房应有足够的防爆泄压面积，应安装防雷设施，保护氢气排空管的避雷针应高出管顶3m以上。

#### 5.3.4.4 重点监控工艺参数及安全控制手段

电解(氯碱)工艺重点监控的工艺参数有电解槽进出物料流量、电解槽内液位、电解槽内电流和电压、可燃和有毒气体浓度、电解槽的温度和压力、原料中铵含量、氯气杂质含量(水、氢气、氧气、三氯化氮等)等。

电解槽进出物料流量的安全控制包括对树脂塔再生用纯水流量、进槽盐水流量、进槽盐酸流量、进槽纯水流量、循环碱流量进行集中的显示、调节、报警和联锁控制；液位控制则包括对阳极液循环槽液位、阴极液循环槽液位的集中显示、调节、报警及联锁的控制，对过滤盐水储槽液位、纯水储槽液位、盐酸储槽液位等进行集中显示和报警控制；电解槽内压力控制包括对阴极室压力、阳极室压力、阴极室和阳极室压力差、氯气总管压力、氢气总管压力等进行集中显示、调节、报警和联锁控制；电解槽内温度控制包括对电解槽阴极液温度、进槽盐水温度等进行报警和联锁控制。

此外还有电解供电整流装置与电解槽供电的报警和联锁；紧急联锁切断装置，即将电解槽内压力、槽电压等形成联锁关系，系统设立的联锁停车系统；事故状态下氯气吸收中和系统；可燃和有毒气体检测报警装置等。电解工艺中的安全设施，包括安全阀、高压阀、紧急排放阀、液位计、单向阀及紧急切断装置等。

### 5.3.5 聚合反应安全技术

#### 5.3.5.1 工业常见的聚合反应

聚合是一种或几种小分子化合物变成大分子化合物(也称高分子化合物或聚合物，通常相对分子质量为 $1\times10^4\sim1\times10^7$)的反应，涉及聚合反应的工艺过程为聚合工艺。聚合工艺的种类很多，按聚合方法可分为本体聚合、悬浮聚合、乳液聚合、溶液聚合等。工业中常见的聚合反应有：①加聚反应：聚氯乙烯生产、聚丙烯生产、聚苯乙烯生产；②缩聚反应：如己二胺和已二酸反应生成尼隆-66、涤纶生产、锦纶生产。

#### 5.3.5.2 聚合反应的危险特征

聚合反应多在高压下进行，聚合的单体又多是易燃、易爆物质，若聚合单体在压缩过程中或在高压系统中发生泄漏，易引发火灾爆炸。

聚合反应中加入的引发剂都是化学活泼性很强的过氧化物，一旦配料比控制不当，容易引起暴聚，反应器压力骤增易引起爆炸。

聚合反应本身是放热过程，若聚合釜内传热不及时，或反应条件控制不当，极易造成反应釜局部过热或反应釜飞温，发生爆炸事故。

#### 5.3.5.3 聚合反应的安全技术

(1) 聚合反应的温度控制：聚合反应为放热反应，需及时移出反应放出的热量，可采用冷却系统、加强搅拌等措施，如搅拌发生故障、停电、停水，或由于反釜内壁的聚合物粘壁作用，使釜的传热受到影响，易造成温度失控，发生爆炸。

(2) 聚合反应器进料的控制：严格控制单体在压缩过程中或高压系统中的泄漏，防止发生火灾爆炸；对聚合反应的催化剂和引发剂，应严格控制配料比例，防止因暴聚热量引起的反应器压力剧增。

(3) 聚合反应的过程控制：反应釜的搅拌和温度应有检测和联锁，发现异常自动停止进料。

(4) 原料安全控制：对催化剂、引发剂要加强储存、运输、调配、注入等工序的严格管理。

（5）聚合反应器的安全防护装备：高压聚合反应釜设有防爆墙和泄爆面，高压分离系统应设置爆破片、导爆管等安全泄放系统，并有良好的静电接地系统，一旦出现异常，及时泄压。

#### 5.3.5.4 重点监控工艺参数及安全控制手段

聚合反应重点监控的工艺参数有：聚合反应釜内温度、压力，聚合反应釜内搅拌速率；引发剂流量；冷却水流量；料仓静电、可燃气体监控等。

由于聚合反应是放热反应，所以安全控制手段包括反应釜温度和压力的报警和联锁控制；搅拌的稳定控制和联锁系统；紧急冷却系统；紧急切断系统；紧急加入反应终止剂系统；通常是将聚合反应釜内温度、压力与釜内搅拌电流、聚合单体流量、引发剂加入量、聚合反应釜夹套冷却水进水阀形成联锁关系，在聚合反应釜处设立紧急停车系统。当反应超温、搅拌失效或冷却失效时，能及时加入聚合反应终止剂。

为了防止设备、管道中可燃气体泄漏而引发的火灾事故，应设置料仓静电消除、可燃气体置换系统，可燃和有毒气体检测报警装置，并与紧急停车系统联锁，一旦发现危险自动停车。

### 5.3.6 裂解(裂化)反应安全技术

#### 5.3.6.1 工业常见的裂解(裂化)反应

裂解是指石油系的烃类原料在高温条件下，发生碳链断裂或脱氢反应，生成烯烃及其他产物的过程。产品以乙烯、丙烯为主，同时副产丁烯、丁二烯等烯烃和裂解汽油、柴油、燃料油等产品。工业上裂化可分为热裂化、催化裂化、加氢裂化 3 种类型。常见的裂解(裂化)反应为重油催化裂化制汽油、柴油、丙烯、丁烯，乙苯裂解制苯乙烯等。

热裂化在加热和加压下进行，根据所用压力的不同分为高压热裂化和低压热裂化。产品有裂化气体、汽油、煤油、残油和石油焦。热裂化装置的主要设备有管式加热炉、分馏塔、反应塔等。催化裂化在高温和催化剂的作用下进行，用于由重油生产轻油的工艺。

催化裂化装置主要由反应再生系统、分馏系统、吸收稳定系统组成。

加氢裂化是在催化剂及氢存在条件下，使重质油发生催化裂化反应，同时伴有烃类加氢、异构化等反应，从而转化为质量较好的汽油、煤油和柴油等轻质油的过程。加氢裂化是 20 世纪 60 年代发展起来的新工艺。加氢裂化装置类型很多，按反应器中催化剂放置方式的不同，可分为固定床、沸腾床等。

#### 5.3.6.2 裂解(裂化)反应的危险特征

裂解裂化反应的危险因素主要包括爆炸危险、高温高压危险、低温危险、失控反应危险、单体聚合爆炸危险、毒物危险、腐蚀性危险。对三种不同的裂化过程其危险特种也不完全相同，下面分别讨论三种裂化过程的危险特征。

① 热裂化。热裂化在高温、高压下进行，装置内的油品温度一般超过其自燃点，漏出会立即着火。热裂化过程产生大量的裂化气，如泄漏会形成爆炸性气体混合物，遇加热炉等明火，会发生爆炸。

② 催化裂化。催化裂化在 160~520℃ 的高温和 0.1~0.2 MPa 的压力下进行，火灾、爆炸的危险性也较大。操作不当时，再生器内的空气和火焰可进入反应器引起恶性爆炸事故。U 形管上的小设备和阀门较多，易漏油着火。裂化过程中，会产生易燃的裂化气。活化催化剂不正常时，可能出现可燃的一氧化碳气体。

③ 加氢裂化。加氢裂化在高温、高压下进行，且需要大量氢气，一旦油品和氢气泄漏，极易发生火灾或爆炸。加氢是强烈的放热反应。氢气在高压下与钢接触，钢材内的碳分子易被氢气夺走，强度降低，产生氢脆。

④ 裂化过程中裂解炉。炉管内壁结焦会使流体阻力增加，影响传热，当焦层达到一定厚度时，因炉管壁温度过高，而不能继续运行下去，必须进行清焦，否则会烧穿炉管，裂解气外泄，引起裂解炉爆炸；断电或引风机机械故障会使引风机突然停转，则炉膛内很快变成正压，会从窥视孔或烧嘴等处向外喷火，严重时也会引起炉膛爆炸；裂解炉燃料系统大幅度波动，燃料气压力过低，则可能造成裂解炉烧嘴回火，使烧嘴烧坏，甚至会引起爆炸。

⑤ 单体聚合爆炸危险。有些裂解工艺产生的单体会自聚或爆炸，需要向生产的单体中加阻聚剂或稀释剂等。

此外裂解(裂化)反应还存在裂解(裂化)反应原料和产品的爆炸危险性；裂解(裂化)反应失控危险性；副产物的爆炸危险性

#### 5.3.6.3 裂解(裂化)反应的安全技术

(1) 热裂化反应过程的安全技术：严格遵守操作规程，严格控制温度和压力；由于热裂化的管式炉经常在高温下运转，要采用高镍铬合金钢制造；裂解炉炉体应设有防爆门，备有蒸气吹扫管线和其他灭火管线，以防炉体爆炸和用于应急灭火；设置紧急放空管和放空罐，以防止因阀门不严或设备漏气造成事故；设备系统应有完善的消除静电和避雷措施；高压容器、分离塔等设备均应安装安全阀和事故放空装置；低压系统和高压系统之间应有止逆阀。配备固定的氮气装置、蒸气灭火装置；应备有双路电源和水源，保证高温裂解气直接喷水急冷时的用水用电，防止烧坏设备；发现停水或气压大于水压时，要紧急放空；应注意检查、维修、除焦，避免炉管结焦，使加热炉效率下降，出现局部过热，甚至烧穿。

(2) 催化裂化过程的安全技术：催化裂化反应中最重要的安全问题是保持反应器与再生器压差的稳定；分馏系统要保持塔底油浆经常循环，防止催化剂从油气管线进入分馏塔，造成塔盘堵塞。要防止回流过多或太少造成的憋压和冲塔现象；再生器应防止稀相层发生二次燃烧，损坏设备；应备有单独的供水系统。降温循环水应充足，同时应注意防止冷却水量突然增大，因急冷损坏设备；关键设备应备有两路以上的供电。

(3) 加氢裂化过程的安全技术：加强对设备的检查，定期更换管道、设备，防止氢脆造成事故；加热炉要平稳操作，防止局部过热，防止炉管烧穿；反应器必须通冷氢以控制温度。

#### 5.3.6.4 重点监控工艺参数及安全控制手段

裂解工艺重点监控的工艺参数有：裂解炉进料流量；裂解炉温度；引风机电流；燃料油进料流量；稀释蒸汽比及压力；燃料油压力；滑阀差压超驰控制、主风流量控制、外取热器控制、机组控制、锅炉控制等。

由于裂解过程是在高温、高压下进行，所以常用的安全控制手段包括：

① 裂解炉进料压力、流量控制报警与联锁。将燃料油压力与燃料油进料阀、裂解炉进料阀之间形成联锁关系，燃料油压力降低，则切断燃料油进料阀，同时切断裂解炉进料阀。

② 引风机电流与裂解炉进料阀、燃料油进料阀、稀释蒸汽阀之间形成联锁。一旦引风机故障停车，则裂解炉自动停止进料并切断燃料供应，但应继续供应稀释蒸汽，以带走炉膛内的余热。

③ 紧急裂解炉温度报警和紧急冷却系统、紧急切断系统联锁，将裂解炉电流与锅炉给

水流量、稀释蒸汽流量之间形成联锁。一旦水、电、蒸汽等公用工程出现故障，裂解炉能自动紧急停车。

④ 反应压力与压缩机转速及入口放火炬控制。反应压力正常情况下由压缩机转速控制，开工及非正常工况下由压缩机入口放火炬控制。

⑤ 再生压力的分程控制。再生压力由烟机入口蝶阀和旁路滑阀(或蝶阀)分程控制。

⑥ 滑阀差压与料位控制。再生、待生滑阀正常情况下分别由反应温度信号和反应器料位信号控制，一旦滑阀差压出现低限，则转由滑阀差压控制。

⑦ 温度的超驰控制、再生温度与外取热器负荷控制。再生温度由外取热器催化剂循环量或流化介质流量控制。

⑧ 外取热器汽包和锅炉汽包液位的三冲量控制。外取热汽包和锅炉汽包液位采用液位、补水量和蒸发量三冲量控制。

⑨ 锅炉的熄火保护。带明火的锅炉设置熄火保护控制。

⑩ 机组相关控制。大型机组设置相关的轴温、轴震动、轴位移、油压、油温、防喘振等系统控制。

⑪ 分离塔应安装安全阀和放空管，低压系统与高压系统之间应有逆止阀并配备固定的氮气装置、蒸汽灭火装置。

⑫ 可燃与有毒气体检测报警装置。在装置存在可燃气体、有毒气体泄漏的部位设置可燃气体报警仪和有毒气体报警仪。

### 5.3.7 加氢反应安全技术

#### 5.3.7.1 工业常见的加氢反应

加氢是在有机化合物分子中加入氢原子的反应，主要包括不饱和键加氢、芳环化合物加氢、含氮化合物加氢、含氧化合物加氢、氢解等。常见的加氢催化剂有金属催化剂、骨架催化剂。工业上常见的加氢反应有：不饱和炔烃、烯烃的加氢，如环戊二烯加氢生产环戊烯；芳烃加氢，如苯加氢生成环己烷；含氧化合物加氢，如一氧化碳加氢生产甲醇；含氮化合物加氢；油品加氢，如馏分油加氢裂化生产石脑油、柴油和尾油。

#### 5.3.7.2 加氢反应的危险特征

加氢反应的物料具有燃爆危险性，氢气的爆炸极限为4%~75%，具有高燃爆危险特性；加氢为强烈的放热反应，氢气在高温高压下与钢材接触，钢材内的碳分子易与氢气发生反应生成碳氢化合物，使钢制设备强度降低，发生氢脆；加氢反应的催化剂为活性较强的金属催化剂或雷尼镍催化剂，催化剂再生和活化过程中易引发爆炸；加氢反应尾气中有未完全反应的氢气和其他杂质在排放时易引发着火或爆炸。

#### 5.3.7.3 加氢反应的安全技术

催化加氢过程中，应留意压缩工段的安全性，氢气在高压下，爆炸范围加宽，燃点降低从而增加了危险。高压氢气一旦泄漏将立即充满压缩机，易发生静电火花引起的爆炸，压缩机各段都应装有压力表和安全阀。高压设备和管道的选材应考虑氢腐蚀问题，管材选用优质无缝钢管，设备和管线应按相关规定进行检验。冷却水不得含有腐蚀性物质，在开车或检修设备、管线之前，须用氮气吹扫。由于停电或无水而停车的系统，应保持余压，以免空气进入系统。无论在任何情况下处于压力下的设备不得进行拆卸检修。

#### 5.3.7.4　重点监控工艺参数及安全控制手段

加氢反应重点监控的工艺参数有：加氢反应釜或催化剂床层温度、压力；加氢反应釜内搅拌速率；氢气流量；反应物质的配料比；系统氧含量；冷却水流量；氢气压缩机运行参数、加氢反应尾气组成等。

安全控制手段包括：温度和压力的报警和联锁；反应物料的比例控制和联锁系统；紧急冷却系统；搅拌的稳定控制系统；氢气紧急切断系统；加装安全阀、爆破片等安全设施；循环氢压缩机停机报警和联锁；氢气检测报警装置等。

通常将加氢反应釜内温度、压力与釜内搅拌电流、氢气流量、加氢反应釜夹套冷却水进水阀形成联锁关系，设立紧急停车系统。加入急冷氮气或氢气的系统。当加氢反应釜内温度或压力超标或搅拌系统发生故障时自动停止加氢，泄压，并进入紧急状态。安全泄放系统。

### 5.3.8　烷基化反应安全技术

#### 5.3.8.1　工业常见的烷基化反应及催化剂

把烷基引入有机化合物分子中的碳、氮、氧等原子上的反应称为烷基化反应。涉及烷基化反应的工艺过程为烷基化工艺，可分为 C-烷基化反应、N-烷基化反应、O-烷基化反应等。常见的烷基化试剂有烯烃、卤化烃、醇等。工业常见的烷基化反应有乙烯、丙烯以及长链 α-烯烃制备乙苯、异丙苯和高级烷基苯；苯胺和甲醚烷基化生产苯甲胺；苯酚与丙酮在酸催化下制备 2,2-对(对羟基苯基)丙烷(俗称双酚 A)。

#### 5.3.8.2　烷基化反应的危险特征

烷基化反应介质具有燃爆危险性：被烷基化的物质大都有燃爆的危险性，如苯是甲类液体，闪点-11℃，爆炸极限 1.5%～9.5%；苯胺是丙类液体，闪点 71℃，爆炸极限 1.3%～4.2%。而烷基化剂一般比烷基化物的燃爆危险性更大，如丙烯是易燃气体，爆炸极限 2%～11%；甲醇是甲类液体，闪点 7℃，爆炸极限 6%～36.5%；十二烯是乙类液体，闪点 35℃，自燃点 220℃。

烷基化催化剂的反应活性较强，遇水剧烈反应，放出大量热量，如三氯化铝是忌湿物品，有强烈的腐蚀性，遇水或水蒸气分解放热，放出氯化氢气体，有时能引起爆炸；三氯化磷是腐蚀性忌湿液体，遇水或乙醇剧烈分解，放出大量的热核氯化氢气体，有极强的腐蚀性和刺激性，有毒，遇水及酸(硝酸、醋酸)发热、有发生火灾危险。

烷基化反应都是在加热条件下进行，原料、催化剂、烷基化剂等加料次序颠倒、加料速度过快或者搅拌中断停止等异常现象容易引起局部剧烈反应，造成跑料，引发火灾或爆炸事故。

#### 5.3.8.3　烷基化反应的安全技术

(1) 烷基化反应原料及产品的安全控制：鉴于烷基化反应介质的高燃爆性，所以烷基化反应的原料及产品存放应注意防火安全。妥善保存烷基化催化剂，避免与水、蒸汽、乙醇等物质接触。

(2) 烷基化反应过程的安全控制：烷基化反应过程应注意控制反应速度，避免发生剧烈反应引起跑料，造成火灾或爆炸事故。

(3) 烷基化反应的安全防护装备：烷基化反应器应备有安全阀、爆破片、紧急放空阀、紧急切断装置等安全设施；严格控制各种点火源，车间内电气设备要防爆，通风良好。易燃、易爆设备和部位应安装可燃气体和有毒气体检测报警仪，设置完善的消防措施。

#### 5.3.8.4 重点监控工艺参数及安全控制手段

烷基化工艺重点监控的工艺参数有：烷基化反应釜内温度和压力；烷基化反应釜内搅拌速率；反应物料的流量及配比等。

安全控制手段包括：将烷基化反应釜内温度和压力与釜内搅拌、烷基化物料流量、烷基化反应釜夹套冷却水进水阀形成联锁控制，当烷基化反应釜内温度超标或搅拌系统发生故障时，紧急冷却系统或反应物料的紧急切断系统启动，自动停止加料并紧急停车。

安全泄放系统：当系统内压力超限时，启动安全泄放系统，并紧急切断装置进料。

## 5.4 装置开工安全监控要点

为规范装置开工方案的制定，确保装置开工安全，特制定装置开工安全监控要点。

### 5.4.1 安全管理机构和安全管理体系的建立

新装置开工试车生产前要建立健全安全管理机构，安全管理机构包括安全管理人员、职业卫生管理人员等专门或兼职管理人员。装置安全管理人员和职业卫生管理人员设置的标准按照《安全生产法》和《职业病防治法》相关要求进行设置。

新开工装置的安全管理机构要执行企业的 HSE 监管体制和国家的安全生产标准化体系。按照两个体系的相关要求进行安全各专业的管理。

新装置开工前要完成装置的 HAZOP 分析，根据 HAZOP 危险性分析结果制定出装置的应急预案和应急卡片。

新开工装置要针对每个岗位人员的不同职责制定各岗位的安全职责，明确各岗位人员在操作中应该担负的安全责任。岗位安全职责要下发到每名职工，让职工清楚自己的岗位安全职责。

### 5.4.2 安全教育培训

装置开工人员必须要完成三级安全教育，教育内容要结合新装置工艺特点，各种物料的物化特性，此类装置以往发生的事故等方面有针对性地开展安全教育。在三级安全教育中还要有各种灭火器材的使用培训，正压式空气呼吸器的使用等内容。

装置的管理、技术、操作人员都要接受开车方案的培训。装置的管理人员和技术人员首先要接受生产工艺提供方，设备厂家的专业培训，操作人员接受管理和技术人员的开车方案培训。开车方案的培训要确保培训质量，针对关键操作步骤要重点培训，不仅要完成理论培训，还要进行实操培训，确保操作人员完全掌握操作技能。

开车方案培训中还要突出工艺异常情况处理的培训，对开车过程中出现的各种问题要分析清楚，讲解明白，操作人员要切实掌握异常情况的处理。

装置的各级人员要对应急预案熟练掌握，要明确事故发生后各岗位人员的职责。在装置开工前，要将所有预案掌握熟练并演练完毕。应急预案和应急卡片要放在控制室和外操室。

### 5.4.3 工艺安全管理

在装置开工前要组织职工完成《工艺技术规程》和《岗位操作法》的培训，检修改造后的装置尤其要突出工艺变更方面的培训。培训要进行考试，对不合格的职工要重新培训和考试，确保职工完全掌握操作步骤。

工艺指标和工艺卡片在开车前要完成制定和审批全流程，工艺卡片要下发到岗位，所有操作人员要熟知各项关键工艺指标。

装置及其配套公用工程要按设计建成，影响投料试车的设计变更内容要完成。

装置要建立详细的盲板台账并绘制盲板图，要具体标出盲板位置、材质、尺寸、压力等级等相关信息。在装置开工前，要根据盲板台账逐个确认盲板情况，需要拆除的盲板逐个进行检查确认已拆除，确认人要有签字记录，需要安装盲板的地方要做好盲板标识，在台账上要登记相关信息完整。

阀门要逐个进行开关操作检查，确保阀门好用。检查阀门手柄位置便于操作。开车投料前要确认各阀门处于关闭位置，检查要有责任人进行签字确认。

管线要逐条确认完成了清洗、吹扫、气密等操作，检查要有责任人签字确认。

### 5.4.4 设备安全管理

在开车前要完成所有设备的单机试车，确保各设备的运转正常，试车完毕要进行各台运转正常签字确认。管线和设备的试压合格要有相关责任人的确认签字。

开车前要将所有的安全阀定压、调校工作完成，安全阀按规定进行铅封，对所有安全阀都要建立台账。

装置地面要确保平整、清洁，临时设施、工棚要全部移出。装置平台栏杆完好。竖梯2m以上都有防护。各平台都有两个以上操作通道。

设备、容器的位号、管道的流向标识(色标)要清晰齐全。易燃气体和易燃液体输送管线法兰间的静电连线完好。

锅炉、压力容器、起重设备等特种设备要符合使用要求，有检测合格证书，标志要清晰、显著。

装置内的各种临时电源都已经拆除，配电箱都移出装置现场。

装置内的照明应满足日常操作和应急处理要求，在防爆区域内的照明、电气设备、通讯设备要为防爆设备。

仪表及监控系统要调试合格，变配电系统调试合格。安全联锁装置，紧急停车系统完成校验合格并投用。

电缆沟及钢管穿线在进入爆炸危险场所处的变配电间、控制室、机柜间、分析间等处要按规定进行封堵。变配电室、机柜间要有防止小动物进入的措施。

设备和建筑物的防雷防静电接地设施要检测合格。

储罐的呼吸阀、阻火器要完好，并确保畅通好用。

储罐的防火堤、隔堤要符合规范，管道、电缆穿越防火堤时要进行有效封堵。

在易燃易爆的储罐区进出围堰的梯子处要安装人体静电消除器，防止因人体静电产生火花。

罐区应设有环形消防通道，确保消防通道畅通。

### 5.4.5 消防、气防管理

新建装置要配备符合《石油化工企业设计防火规范》中要求的灭火器数量，油品储罐要配备泡沫灭火系统和消防水泵房，金属催化剂储罐要配备D类干粉灭火系统。

新建装置现场要有应急广播系统，应急广播系统符合应急要求。人员要配备对讲机，数量满足生产指挥、消防和安全救护的要求。

水幕、汽幕、水喷淋、烟感、手报、火灾探测等要全部测试投用。稳高压消防水系统投用，装置消防道路形成循环并畅通，消火栓、消防炮、消防器材、消防水量、水压要符合规范要求，进行试水实验，灭火蒸汽系统要全部配齐、配件齐全、位置适当，能满足紧急情况下处理事故的要求。

新建装置 30m 以上平台要建设消防竖管，每个平台要设置支管和阀门，配备 1 条以上的消防水带以满足平台灭火需求。

### 5.4.6　职业卫生管理

新建装置要制定各项劳动安全职业卫生管理制度、安全技术操作规程并下发。

新建装置上岗人员要进行上岗体检，有职业禁忌症的人员不能上岗。

现场操作人员个体防护用品穿戴要符合规定，满足现场防范接触危害物质的要求。有毒、有害岗位的防护用品、急救设施及器材、药品等配置合理和齐全，现场接触剧毒、高毒物品等操作人员的医疗急救措施要周全，医疗专业机构要能满足应急预案的要求。各种个体劳动防护用品的发放要有记录。

高毒场所要设立风向标，要为职工设立淋浴场所。职工必须配备两个更衣柜，将工作服和便装分开存放，要求职工工作服不能穿回家。作业现场要设立洗眼器和紧急喷淋设施。

新建装置要设立有毒物质检测点，定期对有毒物质进行检测，检测结果及时公布。要根据检测点绘制检测点分布图。

装置要在噪声、有毒、放射、腐蚀等场所悬挂警示标识，在装置入口处安装有毒物质信息告知牌。在高毒场所要用红色警示线封闭，一般毒物场所要用黄色警示线封闭。

### 5.4.7　开工(新建)装置投料试车条件检查确认表(表 5-3)

**表 5-3　开工(新建)装置投料试车条件检查确认表**

单位：　　　　　　　　　　　　装置：

| 类别 | 检查内容 | 符合性 | | 检查情况及存在问题 |
|---|---|---|---|---|
| | | 是 | 否 | |
| 一、工艺准备 | 装置及其配套公用工程按设计项目是否已建成？影响投料试车的设计变更内容是否已完成？ | | | |
| | 《工艺操作规程》《岗位操作法》和投料试车方案是否按要求审批、下发 | | | |
| | 岗位人员是否已进行《工艺操作规程》《岗位操作法》和投料试车方案方案的培训考核记录 | | | |
| | 各项工艺指标、工艺卡片是否按审批程序批准发布 | | | |
| | 异常情况和事故状态的应急方案是否制定、审批和培训，有无组织演练 | | | |
| | 投料试车前需加装和拆除的盲板是否完成，有无制定了盲板图和盲板表，有无签字存档 | | | |

续表

| 类别 | 检查内容 | 符合性 | | 检查情况及存在问题 |
|---|---|---|---|---|
| | | 是 | 否 | |
| 一、工艺准备 | 紧急泄压与安全阀等排放设施、设备是否完好，设定的控制指标是否与整个装置生产系统配套 | | | |
| | 工艺管线是否已按规定完成了清洗、吹扫、气密，并有完整的施工纪录及验收记录 | | | |
| | 护栏等是否符完整？逃生通道是否畅通？阀门手柄或开关操作是否易于操作？ | | | |
| | 在“三查四定”、中间交接、联运试车阶段暴露的问题是否已全部整改完成？ | | | |
| | 调度人员是否进行了投料试车方案培训，是否掌握应急处理程序 | | | |
| | 操作人员是否掌握岗位相关投料试车方案内容 | | | |
| | 是否全面检查并确认水、电、汽(气)符合开工要求。各种原料、辅助材料的准备是否充足。计量仪表是否齐全，完好 | | | |
| 二、装置设备 | 投料试车相关设备、管道是否按规定试压合格是否有签字确认表。机泵是否已单机试车，是否有签字确认表 | | | |
| | 设备的安全阀是否已进行了调校和定压并按规定铅封，是否建立了管理台账 | | | |
| | 装置内地面是否平整、清洁，临时设施、工棚是否已全部移出 | | | |
| | 设备、容器的位号、管道的流向标识(色标)是否清晰齐全 | | | |
| | 易燃气体和易燃液体输送管线连接法兰的静电跨线是否完好 | | | |
| | 锅炉、压力容器、起重设备等特种设备是否符合使用要求，有检测合格证书，标志是否清晰、显著 | | | |
| 三、电气、仪表系统 | 装置内临时施工电源是否已全部拆除 | | | |
| | 事故状态下保证照明的措施是否能满足要求 | | | |
| | 爆炸危险场所的电气设备、通讯设备、照明等是否符合防爆要求 | | | |
| | 仪表及监控系统是否调试合格，变配电系统是否调试合格 | | | |
| | 安全联锁装置，紧急停车系统是否已校验合格并投用 | | | |
| | 电缆沟及钢管穿线在进入爆炸危险场所处的变配电间、控制室、机柜间、分析间等处是否已按规定进行封堵 | | | |
| | 设备和建筑物的防雷防静电接地设施是否检测合格 | | | |
| | 变配电室、机柜间防止小动物进入的措施是否落实 | | | |
| 四、储运系统 | 拱顶罐的阻火器和呼吸阀是否完好 | | | |
| | 供热、压缩空气、水等辅助系统试运是否完好 | | | |
| | 储罐、装卸栈台等防雷防静电接地设施是否已检测合格 | | | |
| | 储罐的防火堤、隔堤是否符合规范，管道、电缆穿越防火堤时是否进行了有效封堵 | | | |
| | 储罐围堰内外是否设置静电消除器 | | | |
| | 罐区的环形消防道是否畅通 | | | |

续表

| 类别 | 检查内容 | 符合性 | | 检查情况及存在问题 |
|---|---|---|---|---|
| | | 是 | 否 | |
| 五、安全、职业卫生设施 | 劳动安全、职业卫生、消防机构是否健全，人员是否配齐，是否经过专业资格培训，做到持证上岗 | | | |
| | 各项劳动安全职业卫生管理制度、安全技术操作规程是否制定、完善并下发 | | | |
| | 各岗位是否制定了岗位安全职责，告知职工 | | | |
| | 新上岗职工是否进行了“三级安全教育”，并经安全技术和安全知识考试后持证上岗，是否经过专业技术培训，受教育人数、考试合格率是否符合要求 | | | |
| | 职工是否进行了上岗前的体检并建立了健康检查档案 | | | |
| | 操作人员是否经过消防灭火、气防救护培训并有记录 | | | |
| | 特殊工种是否经过培训考试合格，并持证上岗；有毒有害岗位是否已进行防毒、防害及救护等专业培训 | | | |
| | 各种劳动安全、职业卫生、消防台帐是否健全 | | | |
| | 现场操作人员个体防护用品穿戴是否符合规定，满足现场防范接触危害物质的要求 | | | |
| | 是否确定了有毒、有害物质采样监测点，是否绘制了平面监测部位图 | | | |
| | 装置、罐区、危险化学品装卸台等区域的危险部位是否设置了安全标志。高毒物质是否有告知信息牌 | | | |
| | 工艺、机械设备的安全防护设施是否齐全(如栏杆、网、罩、安全梯等) | | | |
| | 是否已配备了防爆工具、照明灯具和应急护抢险设备 | | | |
| | 主管架、加热炉、承重钢框架等重要部位的耐火保护措施是否已完成，是否达到耐火等级要求 | | | |
| | 各级事故应急预案、消防、气防是否已制定，并进行了演练，有演练记录 | | | |
| | 应急预案、应急卡片是否在控制室存放 | | | |
| | 水幕、汽幕、水喷淋、烟感、手报、火灾探测等是否已全部测试投用 | | | |
| | 稳高压消防水系统是否已投用，消防道路是否形成循环畅通，消火栓、消防炮、消防器材、消防水量、水压是否符合规范要求，已经进行试水实验，灭火蒸汽系统是否全部配齐、配件齐全、位置适当，能否满足紧急情况下处理事故的要求 | | | |
| | 火灾、可燃、有毒有害安全报警仪是否验收合格 | | | |
| | 现场是否有应急广播系统，应急广播系统符合应急要求。人员是否配备对讲机，数量满足生产指挥、消防和安全救护的要求 | | | |
| | 现场事故照明是否良好 | | | |

续表

| 类别 | 检查内容 | 符合性 | | 检查情况及存在问题 |
|---|---|---|---|---|
| | | 是 | 否 | |
| 五、安全、职业卫生设施 | 有毒有害的作业场所是否设置了风向指示标，洗眼器和应急喷淋完好 | | | |
| | 有毒、有害岗位的防护用品、急救设施及器材、药品等是否配置合理和齐全，现场接触剧毒、高毒物品等操作人员的医疗急救措施是否周全，医疗专业机构是否满足应急预案的要求 | | | |
| 六、环保设施 | 排水沟是否畅通并设有盖板，是否满足清污分流的要求 | | | |
| | 装置和罐区的排水隔油设施是否完好，是否设置雨排阀 | | | |
| | 环保设施是否验收，并具备投用条件 | | | |

以上情况经单位确认，属实。　　受检单位签字：
检查人：　　检查时间：

## 5.5 装置停工安全监控要点

为规范装置停方案的制定，确保装置停工安全，特制定此装置停工安全监控要点。

(1) 停工方案制定并培训

停车方案按要求审批、下发到控制室和外操室。操作人员对停车方案学习并签字确认。

(2) 制定应急处置方案并培训

异常情况的应急处置方案完成制定和培训，要组织职工进行演练。

(3) 盲板管理

停车前需加装和拆除的盲板要完成，制定盲板图和盲板表，要有签字存档。氮气系统已经在装置界区总管线安装盲板。如有物料的储罐要用盲板进行了隔离。盲板隔离完成、设备置换合格后，各排放阀门处于打开位置并确认阀门畅通。

(4) 紧急泄压设备完好

停车前要确认紧急泄压与安全阀等排放设施、设备完好。

(5) 工艺管线的处理责任要落实到人

工艺管线要按规定完成清洗、吹扫、置换、确认，确认人要进行签字。

(6) 设备进人前的确认管理

打开的设备人孔要加装人孔封闭器。装置设备进人前，设备必须通风完毕并用仪器检测合格，检测人要确认签字。

(7) 装置停电确认

装置技术人员要到送电部门办理设备停电手续，操作人员要逐台确认转动设备已经停电，谁确认谁签字。

（8）临时用电管理

装置内的临时用电要有管理方案，指定临时用电接入点，对临时的相关要求要告知使用单位。

（9）放射源管理

放射源仪表已经关闭并上锁或安全转移，要完成一台一账一确认。

（10）消防和报警设施确认

要确认手报、烟感、火灾探测仪、水幕、汽幕、水喷淋等完好备用。

（11）职业卫生方面的确认

有毒、有害岗位的防护用品、急救设施及器材、药品等配置合理和齐全，现场接触剧毒、高毒物品等操作人员的医疗急救措施周全，医疗专业机构满足应急预案的要求。

（12）事故照明要确认

要保证事故状态下照明的措施能满足要求。

（13）螺栓要进行保护处理

对人孔螺栓要进行保护处理，合理摆放。

（14）操作人员要接受相关再培训

现场操作人员接受了监火、监护方面的再次培训。

（15）承包商人员要接受培训

对承包商员工完成了安全教育，进行了考试并有考卷。

（16）指定大风险施工方案

对风险性较大的施工要制定施工方案。

（17）停工装置安全交出条件确认表(表5-4)

**表5-4　停工装置安全交出条件确认表**

单位：　　　　　　　　　　　　　装置：

| 类别 | 检查内容 | 符合性 | | 检查情况及存在问题 |
|---|---|---|---|---|
| | | 是 | 否 | |
| 一、工艺准备 | 停车方案是否已经按要求审批、下发到控制室和外操室。操作人员都已经对停车方案学习并签字确认 | | | |
| | 异常情况和事故状态的应急方案是否制定，审批和培训，有无组织演练 | | | |
| | 停车前需加装和拆除的盲板是否完成，有无制定了盲板图和盲板表，有无签字存档 | | | |
| | 紧急泄压与安全阀等排放设施、设备是否完好 | | | |
| | 工艺管线是否已按规定完成了清洗、吹扫、置换、确认，是否落实到人 | | | |
| | 氮气系统是否已经在装置界区总管线安装盲板 | | | |
| | 装置设备进人前，设备已经通风完毕并检测确认合格签字 | | | |
| | 如有物料的储罐是否已经用盲板进行了隔离 | | | |
| | 碱(酸)洗等特殊清洗操作是否有验收 | | | |
| | 护栏等是否符完整？逃生通道是否畅通？阀门手柄或开关是否易于操作？ | | | |
| | 盲板隔离完成、设备置换合格后，各排放阀门是否处于打开位置并确认阀门畅通 | | | |
| | 是否已经逐台确认转动设备已经停电，谁确认谁签字 | | | |

续表

| 类别 | 检查内容 | 符合性 | | 检查情况及存在问题 |
|---|---|---|---|---|
| | | 是 | 否 | |
| 二、装置设备 | 是否对承包商的施工用具进行了合格检查 | | | |
| | 是否对人孔螺栓进行了保护处理，合理摆放 | | | |
| | 机泵倒空出来的润滑油是否已经进行了回收并移出现场 | | | |
| 三、电气、仪表系统 | 装置内临时施工电源是否有管理方案 | | | |
| | 事故状态下保证照明的措施是否能满足要求 | | | |
| | 放射源仪表是否已经关闭并上锁或安全转移，一台一账一确认 | | | |
| | 现场手报、烟感、火灾探测仪等是否完好 | | | |
| 四、储运系统 | 罐区的环形消防道是否畅通 | | | |
| | 储罐的防火堤、隔堤是否符合规范，管道、电缆穿越防火堤时是否进行了有效封堵 | | | |
| 五、安全、职业卫生设施 | 打开的人孔是否已经加装人孔封闭器 | | | |
| | 现场操作人员个体防护用品穿戴是否符合规定，满足现场防范接触危害物质的要求 | | | |
| | 水幕、汽幕、水喷淋、火灾探测等是否完好备用 | | | |
| | 稳高压消防水系统是否正常投用，消防道路是否形成循环畅通，消火栓、消防炮、消防器材、消防水量、水压是否符合规范要求，灭火蒸汽系统是否完好备用，能满足紧急情况下处理事故的要求 | | | |
| | 应急预案、应急卡片是否在控制室和外操室存放 | | | |
| | 是否已配备了照明灯具 | | | |
| | 现场应急广播系统是否完好 | | | |
| | 通讯系统是否能优先保证生产指挥、消防和安全救护等系统畅通完好 | | | |
| | 有毒有害的作业场所是否设置了风向指示标，洗眼器和应急喷淋完好 | | | |
| | 有毒、有害岗位的防护用品、急救设施及器材、药品等是否配置合理和齐全，现场接触剧毒、高毒物品等操作人员的医疗急救措施是否周全，医疗专业机构是否满足应急预案的要求 | | | |
| | 现场操作人员是否接受了监火、监护方面的再次培训 | | | |
| | 是否对承包商的施工方案进行了审查，危险性分析，施工交底 | | | |
| | 是否对承包商员工完成了安全教育，进行了考试并有考卷 | | | |
| | 是否对风险性较大的施工制定了施工方案 | | | |
| 六、环保设施 | 环保设施是否安排最后停车 | | | |
| | 装置和罐区的排水隔油设施是否完好，是否设置雨排阀 | | | |
| | 环保设施是否已经具备接收大量废水的准备 | | | |

以上情况经单位确认，属实。　　　　受检单位签字：

检查人：　　　　检查时间：

# 第 6 章　危险化学品重大危险源安全监控技术

国家安全监管总局颁布的 40 号令《危险化学品重大危险源监督管理暂行规定》，阐述了我国危险化学品重大危险源安全监管的总体思路，是我国有关重大危险源辨识、安全评价、分级、登记建档、备案、安全监控等方面的总要求。2015 年 5 月 27 日国家安全生产监督管理总局公布第 79 号令，《国家安全监管总局关于废止和修改危险化学品等领域七部规章的决定》已经 2015 年 3 月 23 日国家安全生产监督管理总局局长办公会议审议通过，其中包括对《危险化学品重大危险源监督管理暂行规定》(国家安全监管总局 40 号令)的修订完善，自 2015 年 7 月 1 日起施行。

## 6.1　重大危险源安全监管基本要求

现代科学技术和工业生产的迅猛发展一方面丰富了人类的物质生活，另一方面现代化大生产隐藏着众多的潜在危险。如 1976 年意大利塞维索工厂环己烷泄漏事故，造成 30 人伤亡，迫使 22 万人紧急疏散；1984 年墨西哥城液化石油气爆炸事故，使 650 人丧生、数千人受伤；1984 年印度博帕尔市郊农药厂发生甲基异氰酸盐泄漏的恶性中毒事故，有 2500 多人中毒死亡，20 余万人中毒受伤且其中大多数人双目失明致残，67 万人受到残留毒气的影响；1993 年 8 月 5 日深圳化学危险品仓库爆炸火灾事故造成 15 人死亡，100 多人受伤，损失 2 亿多元；1997 年 6 月 27 日北京东方化工厂爆炸事故造成 8 人死亡，直接经济损失 1 亿多元。这些涉及危险化学品的事故，尽管其起因和影响不尽相同，但它们都有一些共同特征：它们是失控的偶然事件，会造成工厂内外大批人员伤亡，或是造成大量的财产损失或环境损害，或是两者兼而有之；发生事故的根源是设施或系统中储存或使用易燃、易爆或有毒物质。事实表明；造成重大工业事故的可能性和严重程度既与化学品的固有性质有关，又与设施中实际存在的危险品数量有关。

20 世纪 70 年代以来，由于重大工业事故不断发生，预防和控制重大工业事故成为各国社会、经济和技术发展的重点研究对象之一，引起国际社会的广泛重视。“重大危害(Major Hazards)”、“重大危害设施(国内通常称为重大危险源，Major Hazard Installations)”等概念也随之应运而生。1993 年第 80 届国际劳工组织大会通过了《预防重大工业事故》公约和建议书，该公约要求各成员国制订并实施重大危险源辨识、评价和控制的国家政策，预防重大工业事故发生。

国外重大事故预防的实践经验表明：为了有效预防重大工业事故的发生，降低事故造成的损失，必须建立重大危险源控制系统。英国、荷兰、德国、法国、意大利、比利时等欧盟成员国，以及美国、澳大利亚都颁布了有关重大危险源控制的法规，要求对重大危险源进行辨识与评价，提出相应的事故预防和应急预案等措施，并向主管当局提交详细描述重大危险源状况的安全报告，建立重大危险源控制系统。

### 6.1.1 国外重大危险源控制系统

重大危险源控制的目的，不仅是预防重大事故发生，而且要做到一旦发生事故，能将事故危害限制到最低程度。一般来说，重大危险源总是涉及易燃、易爆或有毒性的危险物质，并且在一定范围内使用、生产、加工或贮存超过了临界数量的这些物质。由于工业活动的复杂性，有效地控制重大危险源需要采用系统工程的思想和方法。

重大危险源控制系统主要由以下几个部分组成：

(1) 重大危险源的辨识

防止重大工业事故发生的第一步，是辨识或确认高危险性的工业设施(危险源)。由政府主管部门和权威机构在物质毒性、燃烧、爆炸特性基础上，制定出危险物质及其临界量标准。通过危险物质及其临界量标准，可以确定哪些是可能发生事故的潜在危险源。

国际劳工组织认为：各国应根据具体的工业生产情况制定合适的危险物质及其临界量标准。该标准应能代表本国优先控制的危险物质，并便于根据新的知识和经验进行修改和补充。

(2) 重大危险源的评价

根据危险物质及其临界量标准进行重大危险源辨识和确认后，就应对其进行风险分析评价。一般来说，重大危险源的风险分析评价包括以下几个方面：

① 辨识各类危险因素及其原因与机制；

② 依次评价已辨识的危险事件发生的概率；

③ 评价危险事件的后果；

④ 进行风险评价，即评价危险事件发生概率和发生后果的联合作用；

⑤ 风险控制，即将上述评价结果与安全目标值进行比较，检查风险值是否达到可接受水平，否则需进一步采取措施，降低危险水平。

(3) 重大危险源的管理

企业应对工厂的安全生产负主要责任。在对重大危险源进行辨识和评价后，应对每一个重大危险源制定出一套严格的安全管理制度，通过技术措施(包括化学品的选择，设施的设计、建造、运转、维修以及有计划的检查)和组织措施(包括对人员的培训与指导、提供保证其安全的设备、工作人员水平、工作时间、职责的确定，以及对外部合同工和现场临时工的管理)，对重大危险源进行严格控制和管理。

(4) 重大危险源的安全报告

企业应在规定的期限内，对已辨识和评价的重大危险源向政府主管部门提交安全报告。如属新建的有重大危害性的设施，则应在其投入运转之前提交安全报告。安全报告应详细说明重大危险源的情况、可能引发事故的危险因素以及前提条件、安全操作和预防失误的控制措施、可能发生的事故类型、事故发生的可能性及后果、限制事故后果的措施、现场应急预案等。

安全报告应根据重大危险源的变化以及新知识和技术进展的情况进行修改和增补，并由政府主管部门经常进行检查和评审。

(5) 应急预案

应急预案是重大危险源控制系统的重要组成部分。企业应负责制定现场应急预案，并且定期检验和评估现场应急预案和程序的有效程度，以及在必要时进行修订。场外应急预案由政府主管部门根据企业提供的安全报告和有关资料制定。应急预案的目的是抑制突发事件，减少事故对工人、居民和环境的危害。因此，应急预案应提出详尽、实用、明确和有效的技术与组织措施。政府主管部门应保证将发生事故时要采取的安全措施和正确做法的有关资料散发给可能受事故影响的公众，并保证公众充分了解发生重大事故时的安全措施，一旦发生重大事故，应尽快报警。

每隔适当的时间应修订和重新散发应急预案宣传材料。

(6) 工厂选址和土地使用规划

政府有关部门应制定综合性的土地使用政策，确保重大危险源与居民区和其他工作场所、机场、水库、其他危险源和公共设施安全隔离。

(7) 重大危险源的监察

政府主管部门必须派出经过培训的、考核合格的技术人员定期对重大危险源进行监察、调查、评估和咨询。

### 6.1.2 我国重大危险源安全监管总体思路

为加强和规划重大危险源安全生产监督管理，我国既对重大危险源安全监管开展了系列研究，也对重大危险源安全监管进行系列探索与实践。

20世纪80年代初，“重大危险源评价和宏观控制技术研究”列入国家“八五”科技攻关项目，该课题提出了重大危险源的控制思想和评价方法。

1997年，原劳动部选择北京、上海、天津、青岛、深圳和成都等六城市开展了重大危险源普查与监控试点工作，为危险化学品重大危险源安全监督管理相关技术方法奠定了良好基础。

2000年颁布了《重大危险源辨识》(GB 18218—2000)，2009该标准经重新修订，发布为《危险化学品重大危险源辨识》(GB 18218—2009)。

2003年11月，原国家安全生产监督管理局印发了《关于重大危险源申报登记试点工作的指导意见》(安监管办〔2003〕159号)，在在辽宁、江苏、福建、广西、甘肃、浙江、重庆等省市开展了重大危险源申报登记试点工作。

2004年4月，原国家安全生产监督管理局发布了《关于开展重大危险源监督管理工作的指导意见》(安监管协调字〔2004〕56号)，初步提出了重大危险源监督管理的目标、任务、申报登记的范围以及监督管理的要求。

2005年，国家安全生产监督管理总局发布了《关于规范重大危险源监督与管理工作的通知》(安监管协调字〔2005〕125号)，并在2006年4月召开了全国重大危险源监督管理工作现场会议。

所有这些卓有成效的前期工作，为加强和规范重大危险源安全监督管理工作奠定了坚实基础。

重大危险源的监督管理是一项系统工程，需要合理设计，统筹规划，既要有利于国家有关部门宏观管理与决策，又要有利于地方各级政府的日常监督，促使企业严格管理，规范运作，确保安全生产。《安全生产法》第三十三条对建立我国重大危险源安全监督管理系统给出了粗略地轮廓，即要求“生产经营单位对重大危险源应当登记建档，进行定期检测、评估、监控，并制定应急预案，告知从业人员和相关人员在紧急情况下应当采取的应急措施。生产经营单位应当按照国家有关规定，将本单位重大危险源及有关安全措施、应急措施保有关地方人民政府负责安全生产监督管理的部门和有关部门备案”。

依照《安全生产法》的规定，参照各省市重大危险源安全监管实践经验，2011 年 8 月国家安全生产监督管理总局颁布了总局令第 40 号《危险化学品重大危险源监督管理暂行规定》。该规定的颁布实施，标志着重大危险源安全监督管理工作的系统化、科学化、制度化和规范化。2015 年 5 月 27 日国家安全生产监督管理总局公布的第 79 号令对 40 号令进行了修订，加大了处罚的力度。

《危险化学品重大危险源监督管理暂行规定》共 6 章 39 条，既明确了生产经营单位的职责，也明确了政府部门的职责，构成了我国重大危险源安全监管的总体思路，见图 6–1。

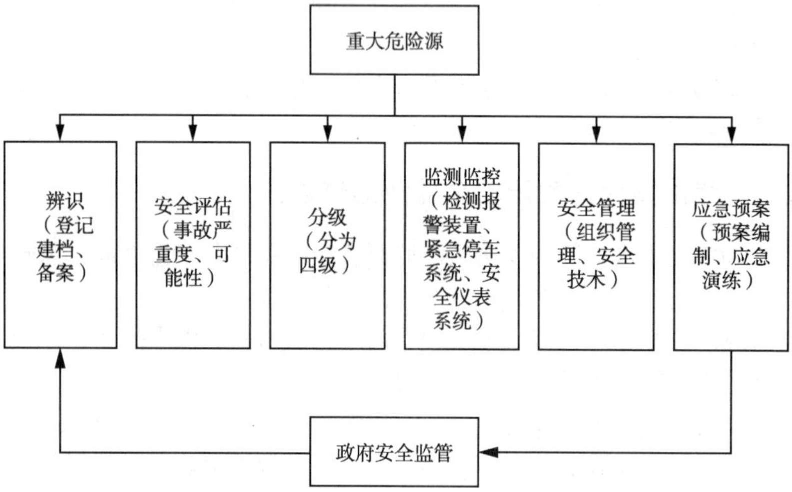


图 6–1　我国重大危险源安全监管总体思路

就生产经营单位而言，从事危险化学品生产、储存、使用和经营的单位(统称危险化学品单位)是本单位重大危险源安全管理的责任主体，其主要负责人对本单位的重大危险源安全管理工作负责，并保证重大危险源安全生产所必需的安全投入。危险化学品单位安全管理职责主要包括：

① 按照《危险化学品重大危险源辨识》标准，进行重大危险源辨识，记录辨识过程与结果。

② 进行重大危险源安全评估，确定重大危险源等级。

③ 建立完善重大危险源安全管理规章制度和安全操作规程，并采取有效措施保证其得到执行。

④ 根据构成重大危险源的危险化学品种类、数量、生产、使用工艺(方式)或者相关设备、设施等实际情况，建立健全安全监测监控体系，完善控制措施。

⑤ 按照国家有关规定，定期对重大危险源的安全设施和安全监测监控系统进行检测、检验，并进行经常性维护、保养。

⑥ 明确重大危险源中关键装置、重点部位的责任人或者责任机构，并对重大危险源的安全生产状况进行定期检查，及时采取措施消除事故隐患。

⑦ 对重大危险源的管理和操作岗位人员进行安全操作技能培训。

⑧ 在重大危险源所在场所设置明显的安全警示标志，写明紧急情况下的应急处置办法。

⑨ 将重大危险源可能发生的事故后果和应急措施等信息，以适当方式告知可能受影响

的单位、区域及人员。

⑩ 依法制定重大危险源事故应急预案，建立应急救援组织或者配备应急救援人员，配备必要的防护装备及应急救援器材、设备、物资。

⑪ 制定重大危险源事故应急预案演练计划，并进行事故应急预案演练。

⑫ 对辨识确认的重大危险源及时、逐项进行登记建档。

就政府部门而言，重大危险源的安全监督管理实行属地监管与分级管理相结合的原则。县级以上地方人民政府安全生产监督管理部门按照有关法律、法规、标准和本规定，对本辖区内的重大危险源实施安全监督管理。具体安全监管职责主要包括：

① 建立健全危险化学品重大危险源管理制度，明确责任人员，加强资料归档。

② 加强对存在重大危险源的危险化学品单位的监督检查，督促危险化学品单位做好重大危险源的辨识、安全评估及分级、登记建档、备案、监测监控、事故应急预案编制、核销和安全管理工作。

③ 加强对工业(化工)园区等重大危险源集中区域的监督检查，确保重大危险源与周边单位、居民区、人员密集场所等重要目标和敏感场所之间保持适当的安全距离。

## 6.2 重大危险源辨识

《危险化学品重大危险源监督管理暂行规定》第七条明确要求，危险化学品单位应当按照《危险化学品重大危险源辨识》标准，对本单位的危险化学品生产、经营、储存和使用装置、设施或者场所进行重大危险源辨识，并记录辨识过程与结果。辨识重大危险源是加强重大危险源安全监督管理的首要工作。为此，首先需要确定重大危险源的辨识标准。

国际劳工组织认为，各国应根据具体的工业生产情况制定适合国情的重大危险源辨识标准。标准的定义应能反映出当地急需解决的问题以及一个国家的工业模式，可能需有一个特指的或是一般类别或是两者兼有的危险物质一览表，并列出每个物质的限额或允许的数量，设施现场的危险物质超过这个数量，就可以定为重大危险源。任何标准一览表都必须是明确的和毫不含糊的，以便使雇主能迅速地鉴别出他控制下的哪些设施是在这个标准定义的范围内。要把所有可能造成伤亡的工业过程都定为重大危险源是不现实的，因为由此得出的一览表会太广泛，现有的资源无法满足要求。标准的定义需要根据经验和对危险物质了解的不断加深进行修改。

参考国外同类标准，结合我国工业生产的特点和火灾、爆炸、毒物泄漏重大事故的发生情况，以及 1997 年原劳动部组织实施的重大危险源普查试点工作情况，原国家经贸委安全科学技术研究中心(现今中国安全生产科学研究院)研究提出了国家标准 GB18218-2000《重大危险源辨识》，该标准的出台将我国重大工业事故预防控制工作推向了一个新的高度，起到非常重要的作用。但是，在具体推行和使用过程中也遇到一些问题，如危险物质的适用范围过小、部分危险物质的临界量过低等问题，各地方辨识出重大危险源的数量太多，与我国薄弱的安全监管力量和落后的安全监管手段形成了矛盾，各种问题表明《重大危险源辨识》(GB 18218—2000)亟待修订。2007 年 2 月中国安全生产科学研究院接启动《重大危险源辨识》的修订工作；2009 年 3 月中国国家标准化管理委员会发布了修订后的《危险化学品重大危险源辨识》(GB 18218—2009)。

2009 年版与 2000 年版相比，主要有以下变化：

① 将采矿业中涉及危险物质的加工工艺和储存活动纳入了适用范围。

② 不适用范围增加了海上石油天然气开采活动。

③ 将单元的定义进行了修订，参考《安全生产法》将单元定义中的“工厂”一词修订为“生产经营单位”。

④ 对危险物质的范围进行了修订，原标准只包括爆炸性物质、易燃物质、活性物质和有毒物质，修订标准中主要参考《危险货物品名表》，增加了原标准没有的氧化性气体、易燃固体、自燃性物品、遇湿易燃物品等危险物质类别。修订标准的危险物质采用了直接给出危险物质名单和给出危险物质种类相结合的方式。

⑤ 对危险物质的临界量进行了修订，如汽油修订标准为200t，而原标准生产场所为2t、贮存场所为20t。这样有助于大大降低重大危险源的数量。

⑥ 取消了生产场所与储存区之间临界量的区别。

根据2009年版《危险化学品重大危险源辨识》，危险化学品重大危险源是指长期地或临时地生产、加工、使用或储存危险化学品，且危险化学品的数量等于或超过临界量的单元。这里，重点对2009年版《危险化学品重大危险源辨识》核心内容作具体说明。

### 6.2.1 适用范围

该标准规定了辨识危险化学品重大危险源的依据和方法，适用于危险化学品的生产、使用、储存和经营等各企业或组织。

该标准不适用于：

① 核设施和加工放射性物质的工厂，但这些设施和工厂中处理非放射性物质的部门除外；

② 军事设施；

③ 采矿业，但涉及危险化学品的加工工艺及储存活动除外；

④ 危险化学品的运输；

⑤ 海上石油天然气开采活动。

### 6.2.2 辨识依据

危险化学品重大危险源的辨识依据是危险化学品的危险特性及其数量，具体见表6-1和表6-2。

**表6-1 危险化学品名称及其临界量**

| 序号 | 类别 | 危险化学品名称和说明 | 临界量/t |
|---|---|---|---|
| 1 | 爆炸品 | 叠氮化钡 | 0.5 |
| 2 | | 叠氮化铅 | 0.5 |
| 3 | | 雷酸汞 | 0.5 |
| 4 | | 三硝基苯甲醚 | 5 |
| 5 | | 三硝基甲苯 | 5 |
| 6 | | 硝化甘油 | 1 |
| 7 | | 硝化纤维素 | 10 |
| 8 | | 硝酸铵(含可燃物>0.2%) | 5 |

续表

| 序号 | 类别 | 危险化学品名称和说明 | 临界量/t |
|---|---|---|---|
| 9 | 易燃气体 | 丁二烯 | 5 |
| 10 | | 二甲醚 | 50 |
| 11 | | 甲烷，天然气 | 50 |
| 12 | | 氯乙烯 | 50 |
| 13 | | 氢 | 5 |
| 14 | | 液化石油气（含丙烷、丁烷及其混合物） | 50 |
| 15 | | 一甲胺 | 5 |
| 16 | | 乙炔 | 1 |
| 17 | | 乙烯 | 50 |
| 18 | 毒性气体 | 氨 | 10 |
| 19 | | 二氟化氧 | 1 |
| 20 | | 二氧化氮 | 1 |
| 21 | | 二氧化硫 | 20 |
| 22 | | 氟 | 1 |
| 23 | | 光气 | 0.3 |
| 24 | | 环氧乙烷 | 10 |
| 25 | | 甲醛（含量>90%） | 5 |
| 26 | | 磷化氢 | 1 |
| 27 | | 硫化氢 | 5 |
| 28 | | 氯化氢 | 20 |
| 29 | | 氯 | 5 |
| 30 | | 煤气（CO，CO 和 $H_2$、$CH_4$的混合物等） | 20 |
| 31 | | 砷化三氢（胂） | 1 |
| 32 | | 锑化氢 | 1 |
| 33 | | 硒化氢 | 1 |
| 34 | | 溴甲烷 | 10 |
| 35 | 易燃液体 | 苯 | 50 |
| 36 | | 苯乙烯 | 500 |
| 37 | | 丙酮 | 500 |
| 38 | | 丙烯腈 | 50 |
| 39 | | 二硫化碳 | 50 |
| 40 | | 环己烷 | 500 |
| 41 | | 环氧丙烷 | 10 |
| 42 | | 甲苯 | 500 |
| 43 | | 甲醇 | 500 |
| 44 | | 汽油 | 200 |
| 45 | | 乙醇 | 500 |
| 46 | | 乙醚 | 10 |

续表

| 序号 | 类别 | 危险化学品名称和说明 | 临界量/t |
|---|---|---|---|
| 47 | 易燃液体 | 乙酸乙酯 | 500 |
| 48 | | 正己烷 | 500 |
| 49 | 易于自燃的物质 | 黄磷 | 50 |
| 50 | | 烷基铝 | 1 |
| 51 | | 戊硼烷 | 1 |
| 52 | 遇水放出易燃气体的物质 | 电石 | 100 |
| 53 | | 钾 | 1 |
| 54 | | 钠 | 10 |
| 55 | 氧化性物质 | 发烟硫酸 | 100 |
| 56 | | 过氧化钾 | 20 |
| 57 | | 过氧化钠 | 20 |
| 58 | | 氯酸钾 | 100 |
| 59 | | 氯酸钠 | 100 |
| 60 | | 硝酸(发红烟的) | 20 |
| 61 | | 硝酸(发红烟的除外，含硝酸>70%) | 100 |
| 62 | | 硝酸铵(含可燃物≤0.2%) | 300 |
| 63 | | 硝酸铵基化肥 | 1000 |
| 64 | 有机过氧化物 | 过氧乙酸(含量≥60%) | 10 |
| 65 | | 过氧化甲乙酮(含量≥60%) | 10 |
| 66 | 毒性物质 | 丙酮合氰化氢 | 20 |
| 67 | | 丙烯醛 | 20 |
| 68 | | 氟化氢 | 1 |
| 69 | | 环氧氯丙烷(3-氯-1，2-环氧丙烷) | 20 |
| 70 | | 环氧溴丙烷(表溴醇) | 20 |
| 71 | | 甲苯二异氰酸酯 | 100 |
| 72 | | 氯化硫 | 1 |
| 73 | | 氰化氢 | 1 |
| 74 | | 三氧化硫 | 75 |
| 75 | | 烯丙胺 | 20 |
| 76 | | 溴 | 20 |
| 77 | | 乙撑亚胺 | 20 |
| 78 | | 异氰酸甲酯 | 0.75 |

**表 6-2　未在表 6-1 中列举的危险化学品类别及其临界量**

| 类别 | 危险性分类及说明 | 临界量/t |
|---|---|---|
| 爆炸品 | 1.1A 项爆炸品 | 1 |
| | 除 1.1A 项外的其他 1.1 项爆炸品 | 10 |
| | 除 1.1 项外的其他爆炸品 | 50 |

续表

| 类别 | 危险性分类及说明 | 临界量/t |
| --- | --- | --- |
| 气体 | 易燃气体：危险性属于 2.1 项的气体 | 10 |
| | 氧化性气体：危险性属于 2.2 项非易燃无毒气体且次要危险性为 5 类的气体 | 200 |
| | 剧毒气体：危险性属于 2.3 项且急性毒性为类别 1 的毒性气体 | 5 |
| | 有毒气体：危险性属于 2.3 项的其他毒性气体 | 50 |
| 易燃液体 | 极易燃液体：沸点≤35℃且闪点<0℃的液体；或保存温度一直在其沸点以上的易燃液体 | 10 |
| | 高度易燃液体：闪点<23℃的液体(不包括极易燃液体)；液态退敏爆炸品 | 1000 |
| | 易燃液体：23℃≤闪点<61℃的液体 | 5000 |
| 易燃固体 | 危险性属于 4.1 项且包装为Ⅰ类的物质 | 200 |
| 易于自燃的物质 | 危险性属于 4.2 项且包装为Ⅰ或Ⅱ类的物质 | 200 |
| 遇水放出易燃气体的物质 | 危险性属于 4.3 项且包装为Ⅰ或Ⅱ类的物质 | 200 |
| 氧化性物质 | 危险性属于 5.1 项且包装为Ⅰ类的物质 | 50 |
| | 危险性属于 5.1 项且包装为Ⅱ或Ⅲ类的物质 | 200 |
| 有机过氧化物 | 危险性属于 5.2 项的物质 | 50 |
| 毒性物质 | 危险性属于 6.1 项且急性毒性为类别 1 的物质 | 50 |
| | 危险性属于 6.1 项且急性毒性为类别 2 的物质 | 500 |

注：以上危险化学品危险性类别及包装类别依据 GB 12268 确定，急性毒性类别依据 GB 20592 确定。

化学品的急性毒性危害情况见表 6-3。

**表 6-3　化学品的急性毒性危害**

| 接触途径 | | 单位 | 类别 1 | 类别 2 |
| --- | --- | --- | --- | --- |
| 经口 | | mg/kg | $LD_{50} \leq 5$ | $5 < LD_{50} \leq 50$ |
| 经皮肤 | | mg/kg | $LD_{50} \leq 50$ | $50 < LD_{50} \leq 200$ |
| 吸入 | 气体 | mL/L | $LC_{50} \leq 0.1$ | $0.1 < LC_{50} \leq 0.5$ |
| | 蒸气 | mg/L | $LC_{50} \leq 0.5$ | $0.5 < LC_{50} \leq 2.0$ |
| | 粉尘和烟雾 | mg/L | $LC_{50} \leq 0.05$ | $0.05 < LC_{50} \leq 0.5$ |

注：表中吸入的最大值是基于 4h 接触试验得出的。如现有 1h 接触的吸入毒性数据，对于气体和蒸气应除以 2，对于粉尘和烟雾应除以 4 加以转换。

### 6.2.3　危险化学品实际存在量确定

危险化学品临界量的确定方法如下：

① 在表 6-1 范围内的危险化学品，其临界量按表 6-1 确定；

② 未在表 6-1 范围内的危险化学品，依据其危险性，按表 6-2 确定临界量；若一种危险化学品具有多种危险性，按其中最低的临界量确定。

确定危险化学品实际存在量时，需注意以下事项：

① 必须收集相关资料，包括危险货物品名表(GB 12268)、危险货物分类和品名编号(GB 6944)、危险货物运输包装类别划分方法(GB/T 15098)等相关标准，以及化学品安全技术说明书(MSDS)等表明危险化学品物化特性和危险特性等数据的相关技术资料。此外，还应掌握危险化学品的具体信息，如名称、数量、浓度、状况、分布等。

② 辨识的完整性。不仅是确认是否属于重大危险源，更主要是了解和掌握企业中高危险性的危化品种类、数量和分布情况。

③ 危险化学品辨识必须准确。同样的物质由于含量不同或性质变化可能存在不同的临界量，如硝酸铵(含可燃物>0.2%)、硝酸铵(含可燃物≤0.2%)和硝酸铵基化肥属于不同的危险类别，因此有不同的临界量。氯化氢属于辨识物质，而盐酸则不属于。

④ 临界量最小原则。一种危险化学品常具有多种危险性，按临界量小的确定 。同一设备或场所重复存储多种危化品时，按临界量最小的危化品来确定。

⑤ 数量最大原则。对于单元内的危化品的实际存在量要按照数量最大原则确定。

⑥ 混合物数量的确定。对于属于混合物(包括溶液)数量按其整体数量确定，不按混合物中纯物质的数量确定。但应特别注意如果由于混合物组分或溶液浓度变化，导致该混合物(包括溶液)的整体危险性(与纯物质相比)发生重大变化时，则应确定该混合物是否还属于表6-1或表6-2中标准辨识范围内的危险化学品，如果属于则按标准规定确定临界量，如果已不属于则该混合物的数量不予考虑。如果混合物(包括溶液)中所有危化品的质量分数低于百分之一，则该混合物数量不予考虑。

### 6.2.4 重大危险源的辨识指标

单元内存在危险化学品的数量等于或超过表6-1、表6-2规定的临界量，即被定为重大危险源。单元内存在的危险化学品的数量根据处理危险化学品种类的多少区分为以下两种情况：

① 单元内存在的危险化学品为单一品种，则该危险化学品的数量即为单元内危险化学品的总量，若等于或超过相应的临界量，则定为重大危险源。

② 单元内存在的危险化学品为多品种时，则按下式计算，若满足下式，则定为重大危险源：

$$q_1/Q_1 + q_2/Q_2 + \cdots + q_n/Q_n \geq 1$$

式中 $q_1$，$q_2$，…，$q_n$——每种危险化学品实际存在量，t；

$Q_1$，$Q_2$，…，$Q_n$——每种危险化学品相应临界量，t。

## 6.3 重大危险源评价分级

《危险化学品重大危险源监督管理暂行规定》第八条明确要求，危险化学品单位应当对重大危险源进行安全评估并确定重大危险源等级。

### 6.3.1 重大危险源分级

重大危险源分级的目的在于按其危险性进行初步排序，便于对重大危险源的安全评估、监测监控、应急演练周期等安全管理工作提出不同的要求，也便于各级安全监管部门根据重大危险源级别进行重点监管。

《危险化学品重大危险源监督管理暂行规定》根据危险程度将重大危险源由高到低划分为一级、二级、三级、四级四个级别。同时，考虑到重大危险源分级方法属于具体的技术性和专业性内容，《危险化学品重大危险源监督管理暂行规定》虽在条文中未直接明确分级方法，但以附件的形式给出了重大危险源分级方法，确定了分级指标及其计算方法，以及分级标准。

（1）重大危险源分级的原则

采用单元内各种危险化学品实际存在(在线)量与其在《危险化学品重大危险源辨识》(GB 18218—2009)中规定的临界量比值，经校正系数校正后的比值之和 $R$ 作为分级指标。

（2）$R$ 的计算方法

$$R = \alpha\left(\beta_1 \frac{q_1}{Q_1} + \beta_2 \frac{q_2}{Q_2} + \cdots + \beta_n \frac{q_n}{Q_n}\right)$$

式中 $q_1$，$q_2$，…，$q_n$——每种危险化学品实际存在(在线)量，t；

$Q_1$，$Q_2$，…，$Q_n$——与各危险化学品相对应的临界量，t；

$\beta_1$，$\beta_2$…，$\beta_n$——与各危险化学品相对应的校正系数；

$\alpha$——该危险化学品重大危险源厂区外暴露人员的校正系数。

（3）校正系数 $\beta$ 值及 $R$ 值分级区间的确定

根据单元内危险化学品的类别不同，设定校正系数 $\beta$ 值，见表 6-4 和表 6-5。

**表 6-4　校正系数 $\beta$ 取值表**

| 危险化学品类别 | 毒性气体 | 爆炸品 | 易燃气体 | 其他类危险化学品 |
|---|---|---|---|---|
| $\beta$ | 表 6-5 | 2 | 1.5 | 1 |

注：危险化学品类别依据《危险货物品名表》中分类标准确定。

**表 6-5　常见毒性气体校正系数 $\beta$ 值取值表**

| 毒性气体名称 | 一氧化碳 | 二氧化硫 | 氨 | 环氧乙烷 | 氯化氢 | 溴甲烷 | 氯 |
|---|---|---|---|---|---|---|---|
| $\beta$ | 2 | 2 | 2 | 2 | 3 | 3 | 4 |
| 毒性气体名称 | 硫化氢 | 氟化氢 | 二氧化氮 | 氰化氢 | 碳酰氯 | 磷化氢 | 异氰酸甲酯 |
| $\beta$ | 5 | 5 | 10 | 10 | 20 | 20 | 20 |

注：未在表 6-5 中列出的有毒气体可按 $\beta$=2 取值，剧毒气体可按 $\beta$=4 取值。

（4）校正系数 $\alpha$ 的取值

根据重大危险源的厂区边界向外扩展 500m 范围内常住人口数量，设定厂外暴露人员校正系数 $\alpha$ 值，见表 6-6。

**表 6-6　校正系数 $\alpha$ 取值表**

| 厂外可能暴露人员数量 | $\alpha$ | 厂外可能暴露人员数量 | $\alpha$ |
|---|---|---|---|
| 100 人以上 | 2.0 | 1~29 人 | 1.0 |
| 50~99 人 | 1.5 | 0 人 | 0.5 |
| 30~49 人 | 1.2 | | |

（5）分级标准

根据计算出来的 $R$ 值，按表 6-7 确定危险化学品重大危险源的级别。

**表 6-7 危险化学品重大危险源级别和 $R$ 值的对应关系**

| 危险化学品重大危险源级别 | $R$ 值 | 危险化学品重大危险源级别 | $R$ 值 |
|---|---|---|---|
| 一级 | $R \geq 100$ | 三级 | $50 > R \geq 10$ |
| 二级 | $100 > R \geq 50$ | 四级 | $R < 10$ |

### 6.3.2 重大危险源安全评估

重大危险源安全评估是依据《安全生产法》第三十三条中要求“定期评估”而设定的，是危险化学品单位的法定义务之一，其实施主体是危险化学品单位。

(1) 安全评估机构

与现有法律、行政法规规定的“安全评价”必须委托具备国家规定的资质条件的机构来进行所不同的是，《危险化学品重大危险源监督管理暂行规定》提出重大危险源安全评估可由危险化学品单位自身组织进行，也可以委托具有相应资质的安全评价机构进行。

同时，考虑到某些重大危险源，例如具有一定数量的毒性气体、爆炸品、液化易燃气体重大危险源，其危险性非常高，一旦发生事故，其可能造成事故后果更为严重、事故影响范围更大，是企业安全管理和政府安全监管的重中之重，需对这些重大危险源的安全状况进行重点评估分析和管理控制，也就需要对这些重大危险源的安全评估提出更高、更严的要求。基于此，《危险化学品重大危险源监督管理暂行规定》在综合分析近年来国内外危险化学品重特大事故的基础上，梳理提出以下两种情形必须由具有相应资质的安全评价机构进行重大危险源安全评估：

一是构成一级或者二级重大危险源，且毒性气体实际存在(在线)量与其在《危险化学品重大危险源辨识》中规定的临界量比值之和大于或等于 1 的；

二是构成一级重大危险源，且爆炸品或液化易燃气体实际存在(在线)量与其在《危险化学品重大危险源辨识》中规定的临界量比值之和大于或等于 1 的。

(2) 安全评估方法

安全评估的方法众多，如安全检查表法(SCL)、预先危险分析法(PHA)、危险与可操作性分析(HAZOP)、事件树分析(ETA)、事故树分析(FTA)、故障类型与影响分析(FMEA)等。

但是，对于须由具有相应资质的安全评价机构进行安全评估的两种重大危险源，《危险化学品重大危险源监督管理暂行规定》对其安全评估的方法做了明确要求，即按照有关标准采用定量风险评价方法进行安全评估。这主要是考虑到定量风险评价是准确掌握重大危险源现实安全状况，有效提高安全管理与监控的有效手段，可为实现重大危险源的风险管理提供科学决策依据。根据定量风险分析评价方法得到的结论，可制定更为科学、更为合理的风险降低措施。目前该方法在国外发达工业国家已得到较为广泛的应用，其科学性与合理性也已得到实践验证。最近几年，定量风险评价方法在我国也逐渐开始应用，也已形成较为成熟的技术基础。因此对毒性气体、爆炸品、易燃气体的一级和二级危险化学品重大危险源进行定量风险评价是现实可行的。进行定量风险评价时依据安全生产行业标准《化工装置定量风险评价导则》的要求来进行。

需要特别指出的是，存在重大危险源的危险化学品单位周边重要目标和敏感场所承受的个人风险应满足表 6-8 中可容许风险标准要求。

**表 6-8 可容许个人风险标准**

| 危险化学品单位周边重要目标和敏感场所类别 | 可容许风险 |
|---|---|
| ① 高敏感场所(如学校、医院、幼儿园、养老院等);<br>② 重要目标(如党政机关、军事管理区、文物保护单位等);<br>③ 特殊高密度场所(如大型体育场、大型交通枢纽等) | $<3\times10^{-7}$/年 |
| ① 居住类高密度场所(如居民区、宾馆、度假村等);<br>② 公众聚集类高密度场所(如办公场所、商场、饭店、娱乐场所等) | $<1\times10^{-6}$/年 |

危险化学品重大危险源产生的社会风险应满足图 6-2 中可容许社会风险标准要求。其中:

① 若社会风险曲线落在不可容许区，除特殊情况外，该风险无论如何不能被接受。

② 若落在可容许区，风险处于很低的水平，该风险是可以被接受的，无需采取安全改进措施。

③ 若落在尽可能降低区，则需要在可能的情况下尽量减少风险，即对各种风险处理措施方案进行成本效益分析等，以决定是否采取这些措施。

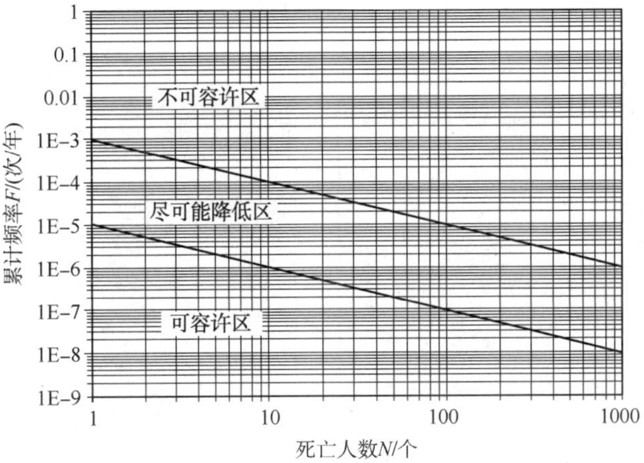


图 6-2 可容许社会风险标准(*F*-*N*)曲线

目前，中国安全生产科学研究院研制开发了重大危险源区域定量风险评价软件 CASST-QRA。该软件采用了先进的有毒物质泄漏扩散、火灾、爆炸和毒物影响模型，经过了多个区域性定量风险评价项目试点应用的实际验证，并结合了专业从事定量风险评价工作专家的宝贵经验，可进行区域性的事故后果计算、个人风险和社会风险的计算。适用于进行安全评价、应急预案编制、土地使用安全规划等工作。

CASST-QRA 软件(图 6-3、图 6-4)主要功能包括:

① 设备设施失效频率分析。在重大危险源辨识的基础上，结合事故树的分析，筛选出定量风险评价所需的压力容器、常压容器、管线、阀门、泵、压缩机等事故风险点清单。在工艺过程危险因素分析的基础上，进行主要危险点泄漏尺寸类型分析，以此确定各危险点设备设施失效频率。

② 事故发生情景频率分析。各个风险点会因危险物质种类、泄漏类型、泄漏大小、点火条件等的不同而产生不同的事故情景，不同事故情景发生的概率不同。通过事件树分析，建立不同事故风险点的事件树，进行量化分析，确定发生凝聚项含能材料整体爆炸、压力容器物理爆炸、BEIEVE、VCE、池火灾、有毒气体扩散等情景的条件概率分布。

③ 点火可能性分析。可燃气体泄漏后，会因明火、摩擦、高温物体表面、静电火花等直接点燃，也可在蒸气云扩散过程中遇到合适的点火源而发生不同时间阶段的延时点火。在设备实施、工艺条件、平面布局等分析的基础上，对工程项目厂内、周边设施、道路等的潜在点火源进行分析，分析其潜在的点火可能性及导致点火的累积概率。

④ 泄漏计算。存储于罐体、管道的介质由于罐体或管道破损，会产生泄漏，形成液池和蒸发。通过软件内嵌的泄漏模型，计算出泄漏量、蒸发量、液池面积等数据，为事故后果和个人风险计算提供支持。

⑤ 事故后果计算。根据事故情景描述以及泄漏计算的结果，可以计算出所有事故情景的事故伤害后果，用死亡可能性 50% 的涵盖区域来描述。其中还包含气体扩散形成蒸气云爆炸和闪火危害的后果。

⑥ 个人风险计算。基于设备设施失效频率、事故发生情景频率、气象条件概率和事故后果，通过计算模块，完成事故发生频率和事故后果的拟合计算，并在评价区域平面图上绘制出所要求的个人风险等值线分布图。

⑦ 社会风险计算。基于个人风险计算结果、区域人口分布及气象条件概率，通过计算模块，完成事故情景发生累积频率和伤亡人数的计算，并在社会风险曲线窗口绘制不同企业和区域的社会风险曲线。

(a)软件启动界面 (b)软件主界面

图 6-3 重大危险源区域定量风险评价软件

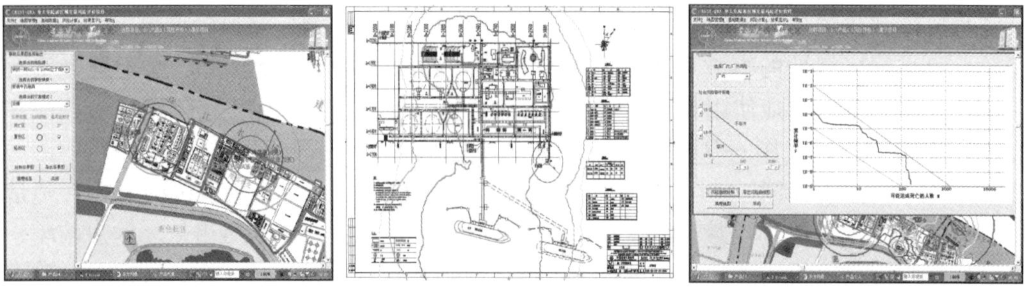

(a)事故后果计算 (b)个人风险计算 (c)社会风险计算

图 6-4 重大危险源区域定量风险评价软件主要功能模块

（3）安全评估报告

重大危险源安全评估报告是企业和政府安全监管部门全面了解和掌握重大危险源安全状况的重要文件，其应当客观公正、数据准确、内容完整、结论明确、措施可行。

根据安全生产行业标准《安全评价通则》(AQ 8001—2007)对评价内容的要求，以及现行法律法规对重大危险源安全监督管理的要求，《危险化学品重大危险源监督管理暂行规定》梳理提出了重大危险源评估报告的内容要求，主要包括：评估的主要依据；重大危险源的基本情况；事故发生的可能性及危害程度；个人风险和社会风险值(仅适用定量风险评价方法)；可能受事故影响的周边场所、人员情况；重大危险源辨识、分级的符合性分析；安全管理措施、安全技术和监控措施；事故应急措施以及评估结论与建议等。

考虑到现有法律、行政法规已建立完善的危险化学品安全生产许可、生产储存建设项目安全许可等制度，确立了严格安全生产条件准入制度，同时为避免要求危险化学品重复进行安全评价或评估，也为减轻企业负担，发挥企业自身的能力与特长，鼓励企业建立自身的风险管理制度，《危险化学品重大危险源监督管理暂行规定》提出将《安全生产法》《安全生产许可条例》《危险化学品安全管理条例》等法律法规规定的安全评价与重大危险源安全评估结合起来一并进行，以安全评价报告代替安全评估报告。

(4) 重大危险源重新评估分级

重大危险源不是静态的，不是一成不变的，是动态，因而经过辨识、分级和安全评估后并不是一劳永逸的。当经过一段的时间后重大危险源自身或其周边环境可能发生变化，或者随着科技进步，对重大危险源及其风险有了新的认识，就需要对重大危险源的安全状况重新进行确认，对此《危险化学品重大危险源监督管理暂行规定》提出 6 种情形需对重大危险源重新进行辨识、安全评估和分级：

① 重大危险源安全评估已满三年的；

② 构成重大危险源的装置、设施或者场所进行新建、改建、扩建的；

③ 危险化学品种类、数量、生产、使用工艺或者储存方式及重要设备、设施等发生变化，影响重大危险源级别或者风险程度的；

④ 外界生产安全环境因素发生变化，影响重大危险源级别和风险程度的；

⑤ 发生危险化学品事故造成人员死亡，或者 10 人以上受伤，或者影响到公共安全的；

⑥ 有关重大危险源辨识和安全评估的国家标准、行业标准发生变化的。

## 6.4 重大危险源登记建档与备案

《危险化学品重大危险源监督管理暂行规定》第二十二、二十三、二十四条对重大危险源的等级建档与备案作了具体要求。

### 6.4.1 重大危险源登记建档

登记建档是《安全生产法》第三十三条的明确要求，也是企业落实重大危险源安全管理的具体体现。为此，危险化学品单位应当对辨识确认的重大危险源及时、逐项进行登记建档。

重大危险源档案应当包括下列文件、资料：

① 辨识、分级记录；

② 重大危险源基本特征表；

③ 涉及的所有化学品安全技术说明书；

④ 区域位置图、平面布置图、工艺流程图和主要设备一览表；

⑤ 重大危险源安全管理规章制度及安全操作规程；

⑥ 安全监测监控系统、措施说明、检测、检验结果；

⑦ 重大危险源事故应急预案、评审意见、演练计划和评估报告；

⑧ 安全评估报告或者安全评价报告；

⑨ 重大危险源关键装置、重点部位的责任人、责任机构名称；

⑩ 重大危险源场所安全警示标志的设置情况；

⑪ 其他文件、资料。

需指出的是，这些文档不一定集中保存在企业的一个部门如安全管理部门，而可能根据其各自职责和文档类型分散保存在不同的部门。

### 6.4.2 重大危险源备案

备案，即存档备查。《危险化学品安全管理条例》(国务院第591号令)第二十五条规定：对剧毒化学品以及储存数量构成重大危险源的其他危险化学品，储存单位应当将其储存数量、储存地点以及管理人员的情况，报所在地县级人民政府安全生产监督管理部门(在港区内储存的，报港口行政管理部门)和公安机关备案。《危险化学品重大危险源监督管理暂行规定》对备案具体要求进行了明确和细化。

危险化学品单位在完成重大危险源安全评估报告或者安全评价报告后15日内，应当填写重大危险源备案申请表，连同《危险化学品重大危险源监督管理暂行规定》第二十二条规定的重大危险源档案材料(其中第二款第五项规定的文件资料只需提供清单)，报送所在地县级人民政府安全生产监督管理部门备案。

县级人民政府安全生产监督管理部门应当每季度将辖区内的一级、二级重大危险源备案材料报送至设区的市级人民政府安全生产监督管理部门。设区的市级人民政府安全生产监督管理部门应当每半年将辖区内的一级重大危险源备案材料报送至省级人民政府安全生产监督管理部门。

重大危险源出现《危险化学品重大危险源监督管理暂行规定》第十一条所列情形之一的，危险化学品单位应当及时更新档案，并向所在地县级人民政府安全生产监督管理部门重新备案。

此外，危险化学品单位新建、改建和扩建危险化学品建设项目，应当在建设项目竣工验收前完成重大危险源的辨识、安全评估和分级、登记建档工作，并向所在地县级人民政府安全生产监督管理部门备案。

## 6.5 重大危险源安全监控

安全监测监控系统是保障重大危险源安全，降低重大事故风险的重要措施。《危险化学品重大危险源监督管理暂行规定》第十三条规定：危险化学品单位应当根据构成重大危险源的危险化学品种类、数量、生产、使用工艺(方式)或者相关设备、设施等实际情况，建立健全安全监测监控体系，完善控制措施。

### 6.5.1 重大危险源安全监控系统建设依据

危险化学品单位应当根据重大危险源的实际情况，依据以下标准规范建立完善重大危险源安全监测监控系统：

①《石油化工可燃气体和有毒气体检测报警设计规范》(GB 50493—2009)；

②《工作场所有毒气体检测报警装置设置规范》(GBZ/T 223—2009)；

③《作业场所环境气体检测报警仪　通用技术要求》(GB 12358—2006)；

④《企业安全生产网络化监测系统规范》(AQ 9003—2008)；

⑤《危险化学品重大危险源安全监控通用技术规范》(AQ 3035—2010)；

⑥《危险化学品重大危险源罐区现场安全监控装备设置规范》(AQ 3036—2010)；

⑦《石油化工安全仪表系统设计规范》(SH/T 3018—2003)；

⑧《自动化仪表选型设计规定》(HG 20507—2000)；

⑨《控制室设计规定》(HG 20508—2000)；

⑩《自动分析器室设计规定》(HG 20516—2000)；

⑪《电气/电子/可编程电子安全相关系统的功能安全》(GB/T 20438.1 ~7)等。

另外，对于属于危险化工工艺的重大危险源，应按《关于公布首批重点监管的危险化工工艺目录的通知》(安监总管三〔2009〕116 号)的要求，完善危险化工工艺生产装置的自动化控制系统。对于视频监控系统，可参照《工业电视系统工程设计规范》(GB 50115—2009)等标准进行设置。

### 6.5.2　重大危险源安全监控系统建设要求

危险化学品重大危险源安全监测监控系统建设应满足以下要求：

① 重大危险源配备温度、压力、液位、流量、组份等信息的不间断采集和监测系统以及可燃气体和有毒有害气体泄漏检测报警装置，并具备信息远传、连续记录、事故预警、信息存储等功能；一级或者二级重大危险源，具备紧急停车功能。记录的电子数据的保存时间不少于 30 天；

② 重大危险源的化工生产装置装备满足安全生产要求的自动化控制系统；一级或者二级重大危险源，装备紧急停车系统；

③ 对重大危险源中的毒性气体、剧毒液体和易燃气体等重点设施，设置紧急切断装置；毒性气体的设施，设置泄漏物紧急处置装置。涉及毒性气体、液化气体、剧毒液体的一级或者二级重大危险源，配备独立的安全仪表系统(SIS)；

④ 重大危险源中储存剧毒物质的场所或者设施，设置视频监控系统；

⑤ 安全监测监控系统符合国家标准或者行业标准的规定。

此外，由于重大危险源本身的危险性及其生产条件的复杂性与苛刻性，为确认重大危险源中的安全设施和安全监测监控系统在运行一段时间后是否仍能满足当时设计条件，需要对其定期进行检测、检验，并进行经常性维护、保养，保证重大危险源的安全设施和安全监测监控系统有效、可靠运行。

### 6.5.3　重大危险源安全监控预警系统构成

重大危险源安全监控系统由数据采集装置、逻辑控制器、执行机构以及工业数据通讯网络等仪表和器材组成，可采集安全相关信息，并通过数据分析进行故障诊断和事故预警确定现场安全状况，同时配备联锁装备在危险出现时采取相应措施的重大危险源计算机数据采集与监控系统。

（1）技术要求

由于危险化学品重大危险源涉及生产、使用和储存大量易燃、易爆及毒性物质，易发生燃烧、爆炸和中毒等重大事故，故进行重大危险源监控预警系统设计时，需特别注意以下要求：

① 重大危险源（储罐区、库区和生产场所）应设有相对独立的安全监控预警系统，相关现场探测仪器的数据宜直接接入到系统控制设备中，系统应符合本标准的规定；

② 系统中的设备应符合有关国家法规或标准的规定，按照经规定程序批准的图样及文件制造和成套，并经国家权威部门检测检验认证合格；

③ 系统所用设备应符合现场和环境的具体要求，具有相应的功能和使用寿命。在火灾和爆炸危险场所设置的设备，应符合国家有关防爆、防雷、防静电等标准和规范的要求；

④ 控制设备应设置在有人值班的房间或安全场所；

⑤ 系统报警等级的设置应同事故应急处置与救援相协调，不同级别的事故分别启动相对应的应急预案；

⑥ 对于容易发生燃烧、爆炸和毒物泄漏等事故的高度危险场所、远距离传输、移动监测、无人值守或其他不宜于采用有线数据传输的应用环境，应选用无线传输技术与装备。

（2）监控项目

对于储罐区（储罐）、库区（库）、生产场所三类重大危险源，因监控对象不同，所需要的安全监控预警参数有所不同。主要可分为：

① 储罐以及生产装置内的温度、压力、液位、流量、阀位等可能直接引发安全事故的关键工艺参数；

② 当易燃易爆及有毒物质为气态、液态或气液两相时，应监测现场的可燃/有毒气体浓度；

③ 气温、湿度、风速、风向等环境参数；

④ 音视频信号和人员出入情况；

⑤ 明火和烟气；

⑥ 避雷针、防静电装置的接地电阻以及供电状况。

对于储罐区（储罐），监测预警项目主要根据储罐的结构和材料、储存介质特性以及罐区环境条件等的不同进行选择。一般包括罐内介质的液位、温度、压力，罐区内可燃/有毒气体浓度、明火、环境参数以及音视频信号和其他危险因素等。

对于库区（库），监测预警项目主要根据储存介质特性、包装物和容器的结构形式和环境条件等的不同进行选择。一般包括库区室内的温度、湿度、烟气以及室内外的可燃/有毒气体浓度、明火、音视频信号以及人员出入情况和其他危险因素等。

对于生产场所，监测预警项目主要根据物料特性、工艺条件、生产设备及其布置条件等的不同进行选择。一般包括温度、压力、液位、阀位、流量以及可燃/有毒气体浓度、明火和音视频信号和其他危险因素等。

（3）系统组成

在架构上，重大危险源安全监控预警系统一般由监测器、隔离变送器、摄像机、二次仪表、现场监控器、执行机构（包括报警器等）、视频处理设备、监控计算机、传输接口、电源、线缆、防雷装置、防静电装置、其他必要设备等和软件组成。其中：监控中心硬件一般包括传输接口、监控计算机、显示设备、服务器、网络设备、大容量储存设备、UPS 电源、打印机、空调等其他配套设备等。现场设备包括传感器、隔离变送设备、摄像机、二次仪表、现场监控器、执行机构等。

# 第7章　生产企业现代安全管理技术

## 7.1　现代安全管理

### 7.1.1　产生及其发展

随着现代企业制度的建立和安全科学技术的发展现代企业更需要发展科学、合理、有效的现代安全管理方法和技术。现代安全管理是现代社会和现代企业实现现代安全生产和安全生活的必由之路。一个具有现代技术的生产企业必然需要与之相适应的现代安全管理科学。目前，现代安全管理是安全管理体系中最活跃、最前沿的研究和发展领域。

现代安全管理工程的理论和方法有安全哲学原理、安全系统论原理、安全控制论原理、安全信息论原理、安全经济学原理、事故预测与预防原理、事故突变原理、事故致因理论、事故模型学、安生法制管理、安全目标管理法、安全行为抽样技术、安全经济技术与方法、安全评价、安全行为科学、安全管理的微机应用、安全决策、本质安全技术、危险分析方法、风险分析方法、系统安全分析方法、系统危险分析、故障树分析、危险控制技术、安全文化建设等。

现代安全管理的意义和特点在于，要变传统的纵向单因素安全管理为现代的横向综合安全管理，变传统的事故管理为现代的事件分析与隐患管理(变事后型为预防型)，变传统的被动的安全管理对象为现代的安全管理动力，变传统的静态安全管理为现代的安全动态管理，变过去企业只顾生产经济效益的安全辅助管理为现代的效益、环境、安全与卫生的综合效果的管理，变传统的被动、辅助、滞后的安全管理程式为现代主动、主导、超前的安全管理程式；变传统的外迫型安全指标管理为内激型的安全目标管理。

### 7.1.2　现代安全管理的基本特征

现代安全管理的第一个重要特征，就是强调以人为中心的安全管理，体现以人为本的科学的安全价值观。把安全管理的重点放在激励职工的士气和发挥其能动作用方向。具体说就是“为了人”和“人的管理”。所谓为了人就是把保障职工的生命安全当作安全工作的首要任务。所谓人的管理就是充分调动每个职工的主观能动性，让职工人人主动参与安全管理。

现代安全管理的第二个基本特征，就是强调系统的安全管理。也就是要从企业的整体出发，实行企业全员、全过程、全方位的安全管理使企业整体的安全生产水平持续提高。具体如下：

① 全员参加安全管理。实现安全生产必须坚持群众路线，切实做到专业管理与群众管理相结合，在充分发挥专业安全管理人员骨干作用的同时，动员全体职工参与安全管理，充分调动和发挥广大职工的安全生产积极性。安全生产责任制为全员参加安全管理提供了制度上的保障。

② 全过程安全管理。系统安全的基本原则要求，从一个新系统的规划、设计阶段起，

就要开始安全工作，并且要贯穿于整个系统寿命期间内，直到报废为止。在企业生产经营活动的全过程中要进行安全管理、识别、评价、控制、排除可能或已出现的安全隐患。

③ 全方位安全管理。任何有生产劳动的地方，都会存在安全隐患，都有发生安全事故的危险源。因此，在任何企业任何时候、从事任何工作都要考虑安全问题，都要进行安全管理。安全管理不仅是专业安全管理部门的事情，党、政、工、青、妇及业务管理部门都要齐抓共管。

第三个特征是电子计算机的应用。电子计算机普及应用加速了安全管理信息的处理和流通，使先进管理经验迅速推广。

### 7.1.3 现代安全管理的基本特点

① 运用科学的手段进行危险性预测，达到预防为主的目的。分析和预测系统中的不安全因素，可能发生的故障，事故的危险性，对施工（生产）、机械设备、生产设置等进行安全可靠性评价，把事故后处理变为预防为主。

② 实行系统安全管理。现代安全管理从系统的整体出发，全面地观察、分析、研究问题，制定对策，克服“头痛医头，脚痛医脚”，跟在生产后面跑，围着事故转的局面。系统进行逻辑性预测，掌握把事故消灭在发生之前的规律。

③ 对安全进行定量分析。所谓“定量”是把安全从抽象的概念，化为一个“量”的指标，以便对事故危险性进行预测，选择最优方案，提供科学依据。

④ 根据信息流的指导，促使安全管理不断向前发展。一个有关安全生产的决策，在执行中可能遇到客观情况的变化，应根据这些动态信息进行调整，再做出新的决策，执行后再反馈，促使安全决策不断完善提高。

现代安全管理已引起广泛重视、研究和应用。

## 7.2 危险源辨识与风险评价

根据《生产过程危险和有害因素分类与代码》（GB/T 13861—2009），对生产过程危险、有害因素进行分类，共分为四大类：人的因素、物的因素、环境因素和管理因素。其中人的因素是指在生产活动中，来自人员自身和人为性质的危险、有害因素，物的因素是指机械、设备、设施、材料等方面存在的危险、有害因素，环境因素是指生产作业环境中的危险、有害因素，管理因素是指管理和管理责任缺失所导致的危险有害因素。

### 7.2.1 危险源辨识与风险评价的准备

（1）成立危险源辨识、风险评价小组

评价小组成员应具备一定的危险源辨识和风险评价的知识和能力，由本单位的负责人、技术、设备和业务主管组成。必要时，可邀请相关单位或有关人员参加。应鼓励全员参与危险源辨识与风险的评价工作。

生产单位要召开危险源辨识和风险评价领导小组工作会议，布置危险源辨识和风险评价相关工作，会议记录要在安委会会议纪要中体现。

（2）确定危险源辨识与风险评价的范围

生产单位所有生产经营管理活动，包括规划、设计和建设、投产、运行等阶段；常规和非常规活动；原材料、产品的运输和使用过程；所有进入作业场所人员的活动；作业场所的设备、设施、车辆、安全防护用品；丢弃、废弃、拆除和处置；企业周围环境(如生产单位与其他单位之间、厂与厂之间等)等。

(3) 确定危险源辨识与风险评价的对象

在确定评价范围后，按生产流程的各工段、地理区域或部门、装置/设备/设施、作业活动确定评价对象。对确定的评价对象，可按作业活动进一步细分，以便对危险源进行全面辨识和风险评价，同时应对工作活动的相关信息有所了解，主要包括：

① 所执行任务的期限、人员及实施任务的频率；

② 可能用到的机械、设备、工具；

③ 用到或遇到物质的物理、化学性质；

④ 工作人员的能力和已接受任务的培训；

⑤ 作业指导书或作业程序；

⑥ 发生过有关的事故经历、作业环境检测结果等。

### 7.2.2 危险源辨识与风险评价的组织

(1) 一般情况下，危险源辨识、风险评价要求各职能部门每年2月上旬组织进行一次，于3月31日前将相关电子表格报公司安全监察部备案，4月30日前将电子表格上传到HSE管理系统中。

(2) 新建、改建、扩建项目

① 项目可研阶段的危险源辨识和风险评价，主要体现在安全预评价报告中；项目实施阶段的危险源辨识和风险评价，主要体现在施工方案中；项目验收阶段的危险源辨识和风险评价，主要体现在验收评价报告中。

② 因施工导致生产单位作业环境发生变化，由工程项目主管部门组织施工所在的单位进行危险源辨识和风险评价工作。

③ 施工单位要组织本单位人员对施工作业活动进行危险源辨识和风险评价。

④ 项目投产后由项目所在单位组织危险源辨识和风险评价工作。

(3) 检维修作业

各二级单位安全主管部门组织本单位和施工单位对检维修作业进行危险源辨识和风险评价。施工项目属地单位应用安全检查表法对项目中所涉及的工艺、设备和作业条件等，根据相关的法律、法规、规范、标准以及规章制度进行危害、危险辨识，制订控制措施并将结果书面告知施工作业单位。

(4) 当发生工艺技术变更、机械设备设施变更、管理变更时，在变更实施前进行危险源辨识和风险评价工作。

### 7.2.3 选择危险源辨识方法

(1) 主要考虑的因素

① 危险源辨识与风险评估的目的；

② 活动性质；

③ 工艺过程或系统的发展阶段；

④ 危害的复杂程度及规模；

⑤ 潜在风险度大小；

⑥ 现有资源的状况；

⑦ 信息资料及数据的有效性；

⑧ 法律法规要求或相关方要求。

(2) 危险源辨识的主要方法

① 安全检查表法，即 SCL 法；

② 工作危害分析法，即 JHA 法；

③ 失效模式与影响分析法，即 FMEA 法；

④ 危险与可操作性研究法，即 HAZOP 法；

⑤ 预先危险分析法，即 PHA 法；

⑥ 故障假设分析法，即 WI 法；

⑦ HSE 观察法。员工在日常工作中有意识地关注人员行为、作业环境及设施，对安全的行为进行鼓励，对发现可能导致事故的不安全状态和不安全行为进行阻止或处理。HSE 观察是员工主动关注团队安全的表现，可通过统计分析观察结果，改进 HSE 管理，强化 HSE 意识，营造 HSE 文化氛围，预防和减少事故事件的发生。

HSE 观察的区域范围包括生产区域、施工区域及办公区域。实施 HSE 观察时，应重点关注生产、施工区域内的各种作业活动，包括：生产装置(设备设施)的日常操作、油品接卸、发油或加油作业、危险化学品装卸、使用及处置操作、现场施工作业或检修作业、与直接作业环节相关的作业，如用火作业、进入受限空间作业、临时用电作业、高处作业、破土作业、放射作业和起重作业等。观察区域重点是生产、施工区域内的各项作业活动，实施观察人员应熟悉、了解所观察区域内的环境和作业活动。现场观察期间，应重点关注作业人员、作业环境、工具和设备等方面的内容。如发现员工的不安全行为，应以诚恳态度立即阻止该员工的作业，并与作业员工进行交谈，找出不安全行为的根本原因，采取相应的控制措施或提出改进措施建议。

实施 HSE 观察时，应采用现场观察与沟通相结合的方法，人的不安全行为、物的不安全状态、未遂事件及值得推荐的安全行为均纳入 HSE 观察内容。

观察结束后，应将观察到的实际内容记录在 HSE 观察卡中。

(3) 危险源辨识方法的选择

危险源辨识和风险评价小组应根据所确定的评价对象的作业性质和危害复杂程度，选择一种或结合多种方法对具体对象进行危险源辨识，同时将辨识结果填至相应的危险源辨识记录表内。

① 对作业环境、设备设施进行危险源辨识可采用安全检查分析(SCL)方法；

② 对组织机构和人员变更、常规和非常规作业活动、工艺操作等危险源辨识可采用工作危害性分析(JHA)方法；

③ 对于关键装置、要害部位，特别是之前经常发生事故的或其他类似装置、部位发生过如火灾、爆炸、人身伤亡等重大事故的危险源辨识，可采用危险与可操作性研究(HAZOP)分析方法。

### 7.2.4 危险源辨识

(1) 应考虑的因素

① 物(设施)的不安全状态。包括可能导致事故发生和危害扩大的设计缺陷、工艺缺陷、

设备缺陷、保护措施和安全装置的缺陷和误动作。

② 人的不安全行为。包括不采取安全措施、不按规定的方法操作，某些不安全行为。

③ 可能造成职业病、中毒的劳动环境和条件。包括物理的(噪声、振动、湿度、辐射)，化学的(易燃易爆、有毒、危险气体、氧化物等)以及生物因素。

④ 管理缺陷。包括安全监督、检查、事故防范、应急管理、作业人员安排、防护用品缺少、工艺过程和操作方法等的管理。

(2) 危害因素的分类

① 物理性危害因素。设备设施缺陷、防护缺陷、电危害、噪声危害、振动危害、电磁辐射危害、运动物危害、明火危害、高温物质危害、低温物质危害、粉尘危害、气体物质危害、液体物质危害、作业环境缺陷、信号缺陷、其他物理性危害因素。

② 化学性危害因素。易燃易爆物质、自燃性物质、有毒物质、腐蚀性物质、其他化学性危害因素。

③ 生物性危害因素。致病微生物、传染性媒介物、致害动植物、其他生物性危害因素。

④ 心理、生理性危害因素。负荷超限、健康状况异常、从事禁忌作业、心理异常、辨识功能缺陷、其他心理生理缺陷。

⑤ 行为性危害因素。指挥错误、操作错误、监护失误、其他行为性危害因素。

⑥ 其他危害。

(3) 危害产生的后果

机械伤害、车辆伤害、触电、物体打击、爆炸、起重伤害、火灾、中毒和窒息、淹溺、坍塌、灼烫、高处坠落、职业病、泄漏等其他伤害和财产损失。

### 7.2.5 确定风险评价准则

(1) 评价准则确定的依据

① 国家有关 HSE 的法律法规和标准；

② 行业的设计规范和技术标准；

③ 安全生产方针和目标；

④ HSE 管理制度及相关要求；

⑤ 工艺流程图；

⑥ 设备设施设计说明和使用说明书；

⑦ 操作规程；

⑧ 以往发生过的事故案例等资料。

(2) 评价准则的管理

① 风险评价准则由公司安全监察部组织有关职能部门拟定，经管理者代表审批后生效。

② 评价准则是动态的量化标准，应根据有关法律法规、规范标准及企业 HSE 管理制度要求的变化而变更。

(3) 评价准则

风险评价采用与系统风险率有关的因素指标值之积来评价系统风险的大小。即风险度($R$)= 危害及后果发生的可能性及频率的量化值($L$) * 危害及后果的严重性量化值($S$)

① 事件发生的可能性及频率($L$)。

评价发生危害事故、事件的可能性，重点考虑危害发生的条件(比如正常、异常或紧急状态发生)，现场有否控制措施(包括个人防护品、应急措施、监测系统、作业指导书、职工培训)，事件或事故一旦发生，是否能发现或察觉，同类事故以前是否发生过以及人体暴露在这种危险环境中的频繁程度。

② 评价危害及影响后果的严重性($S$)。

确定所识别的危害影响的严重性，重点考虑法律法规要求、伤亡程度、财产损失以及对生产的影响和对本企业形象的影响程度。

### 7.2.6 风险评价

危险源辨识和风险评价小组应对所辨识的危险源依据风险评价准则、法规和其他要求进行评价，确定风险等级。

风险度可按量化值分为五级，即：

① 不可容忍的风险($25\geq R\geq 20$)；

② 公司级重大风险($16\geq R\geq 15$)；

③ 厂(中心)级重大风险($12\geq R\geq 10$)；

④ 中等风险($9\geq R\geq 5$)；

⑤ 轻微或可忽略的风险($4\geq R\geq 1$)。

### 7.2.7 风险控制

风险程度的大小是制定控制措施的依据，各单位应根据风险评价的结果制定相应的控制措施(参见表7-1)。

**表7-1 风险控制措施参考表**

| 风险度 | 控制措施 | 实施期限 |
|---|---|---|
| 轻微或可容忍风险($4\geq R\geq 1$) | 维持现状，保持记录，进行检查或测量 | |
| 中等风险($9\geq R\geq 5$) | 维持现状，保持记录，进行检查或测量 | 有条件、有经费时治理 |
| 厂(中心)级重大风险($12\geq R\geq 10$) | 采用程序文件、运行控制文件或作业指导书等进行控制 | 有条件、有经费时治理 |
| 公司重大风险($16\geq R\geq 15$) | 制定职业健康安全管理方案，应急预案等措施限期治理 | 立即或近期治理 |
| 不可容忍风险($25\geq R\geq 20$) | 在采取措施降低危害前，不能继续作业，对改进措施进行评估 | 立即 |

(1) 风险控制措施制定顺序

在确定控制措施或考虑变更现有控制措施时，应按如下顺序考虑降低风险：

① 消除，从根本上和源头上消除危险源所导致的风险，即改进工艺设计以消除危险源，如使用安全物质替代危险物质；

② 替代，用低危害物质替代或降低系统能量，如采用漏电保护器或安全电压等；

③ 工程控制措施，即采用隔离、屏护和距离防护等控制措施，如安装通风系统、联锁装置、隔声罩等；

④ 标志、警告和(或)管理控制措施，即采用安全标志、危险区域标识、报警器、或制

定程序、安全操作规程、作业指导书、教育培训等管理措施规范人的行为；

⑤ 个体防护装备，即其他控制措施均已考虑过后，作为最终手段，采用个体防护设备，如安全防护眼镜、听力保护器具、面罩、安全带和安全索、口罩和手套。

(2) 风险控制措施的评审

评审应针对以下内容进行：

① 控制措施的确定是否会使风险降低到可接受的水平；

② 是否会产生新的危险源；

③ 是否已选定了投资效果最佳的解决方案。

(3) 风险控制措施的实施

组织实施风险控制措施，列入隐患治理项目的风险，应进行隐患治理，安全监察部门负责监督检查风险控制措施的落实情况，及时纠正不符合。遇有异常或紧急情况，应及时实施应急预案，以使事故损失减少到尽可能小的程度。

### 7.2.8 重大风险的管理

重大或不可容忍的风险是制定目标及隐患治理、职业健康安全管理方案的基础及依据，安全管理部门牵头组织风险评价小组讨论风险评价结果，审核本单位的危害因素及控制措施，形成《重大风险控制改进措施清单》，会议情况要在安委会会议纪要中体现。

风险管理是通过危害辨识、风险评价和处理，以最小的成本将风险导致的各种不利后果减少到最低程度的科学管理方法。也就是，风险管理的实质是以最经济合理的方式消除风险导致的各种灾害后果，包括危害辨识、风险评价、风险处理等一整套系统而科学的管理方法，即运用系统论的观点和方法去研究风险与环境之间的关系，运用安全系统工程的理论和分析方法去辨识、评价风险，然后根据成本效益分析，针对用人单位所存在的风险做出客观而科学的决策，以确定处理风险的最佳方案。表 7-2 为重大风险控制改进措施清单。

**表 7-2 重大风险控制改进措施清单**

| 序号 | 单位名称 | 装置名称 | 设备设施/作业活动 | 危险源 | 主要后果 | 风险等级 | 控制和改进措施 | 原始表格编号 |
|---|---|---|---|---|---|---|---|---|
| 1 | | | | | | | | |
| 2 | | | | | | | | |
| 3 | | | | | | | | |

### 7.2.9 风险评价报告

阶段性的风险评价工作完成后应编制风险评价报告。主要内容以燕山石化为例，如下：

一、风险评价的目的

辨识和评价××单位所有作业场所设备设施和作业活动全过程中存在的危险源，并对其存在的风险进行评估，找出其中存在重大或不可容忍风险的作业项目和设备设施，根据风险程度大小，制定相应的风险控制措施，消除或降低风险，使风险始终处于可控范围。

二、风险评价的范围

1. ××单位生产经营活动中正常、异常、紧急的作业活动；

2. ××单位所有设备设施。

三、风险评价的依据

1. 国家有关法律、法规、规定和规范性文件；

2. 集团公司的各种安全生产管理规定、标准；

3. 燕山石化公司的程序文件、规章制度、操作规程、技术文件；

4. 各类事故、事件等。

四、风险评价的方法

1. 对作业环境、设备设施进行危险源辨识可采用安全检查分析(SCL)方法；

2. 对常规和非常规作业活动、工艺操作等危险源辨识可采用工作危害性分析(JHA)方法进行分析；

3. …。

五、风险评价的组织(表 7-3)

**表 7-3　××单位危险源辨识与风险评价小组**

| | 姓名 | 职务 | 电话号码 | 职责(工作或专业分工) |
|---|---|---|---|---|
| 组长 | | | | |
| 副组长 | | | | |
| | | | | |
| | | | | |
| | | | | |
| 组员 | | | | |
| | | | | |
| | | | | |
| | | | | |
| | | | | |

六、风险评价的结论

炼油一厂危险源辨识与风险评价小组对 250 项作业活动、156 类设备设施进行了系统的分析与评价，评价出无公司级重大危险源；厂级重大危险源 1 项，具体情况见表 7-4。

**表 7-4　评价结果一览表**

| 装置名称 | 方法 | 25≥$R$≥20 | 16≥$R$≥15 | 12≥$R$≥10 | 9≥$R$≥5 | 4≥$R$≥1 | |
|---|---|---|---|---|---|---|---|
| | | | | | | | |
| | | | | | | | |
| | | | | | | | |
| | | | | | | | |
| | | | | | | | |
| | | | | | | | |
| | | | | | | | |
| | | | | | | | |

七、附件

(1) 重大风险控制改进措施清单;

(2) 重大危险源管理方案;

(3) 设备设施清单;

(4) 作业活动清单;

(5) 安全检查分析(SCL)记录表;

(6) 工作危害分析(JHA)记录表。

### 7.2.10　告知

生产单位要制定风险管理培训计划，将危险源辨识、风险评价结果和风险控制措施告知员工，告知情况要在安全活动记录或岗位练兵本中体现。

### 7.2.11　风险控制原则

(1) 技术措施(T)

指的是在工作场所通过技术改造和设备更新来最大程度上降低对人员的不利影响。

(2) 组织措施(O)

通过下面几点来控制工作过程和确保技术措施有效:

① 明确职责;

② 危害辨识;

③ 风险评估;

④ 作业指导书和培训;

⑤ 从事故/事件中吸取经验教训;

⑥ 经验交流和信息沟通。

(3) 个人防护措施(P)

如果技术措施和组织措施不能使风险达到可接受的水平，就需要配戴个人防护用品(PPE)来减少剩余的风险。

### 7.2.12　风险控制措施

风险控制措施包括：根据危害的措施、根除或减少后果的措施和减少发生的可能性到可以容忍或可忽略的水平。见图 7-1。

应根据以下条件，选择适用的风险控制措施:

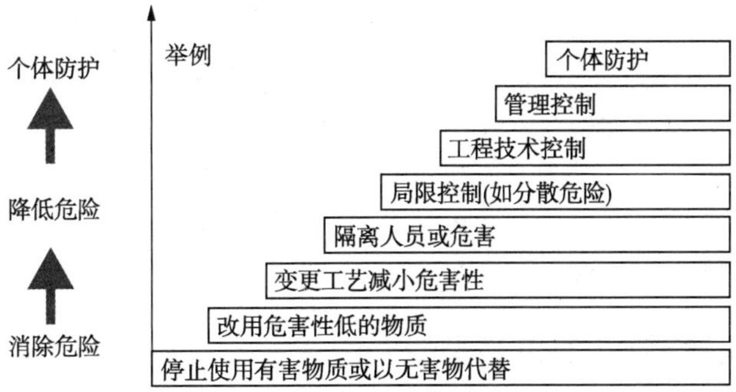


图 7-1　风险控制措施

① 可行性、可靠性；
② 先进性、安全性；
③ 经济合理性；
④ 技术保证和服务。

### 7.2.13 控制措施的层次

控制措施的层次见图 7-2。

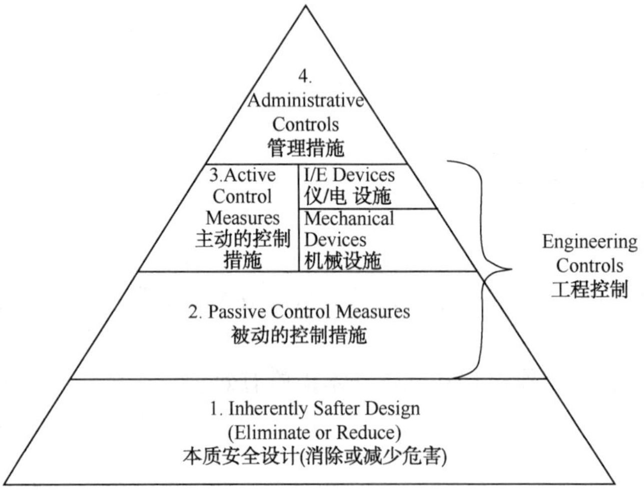


图 7-2 控制措施的层次

### 7.2.14 本质安全设计

本质安全设计理念，可通过采用下列设计原则来实现：
① 增强对比度——使用较少的危险化学品；
② 取代——使用危害较低的物料；
③ 削弱——采用危害较低的生产条件；
④ 限制影响——采用特定的设施将物料或能量释放造成的影响降到最低；
⑤ 简化——采用特定的设施来减少操作错误发生的机会。

## 7.3 关键装置要害（重点）部位监控管理

石油化工的生产及围绕石油天然气为原料的石油化工生产装置大致如下：炼油生产装置、基本有机合成、合成橡胶、合成树脂及塑料、合成氨及制品、石油化纤等。

目前国际上炼油装置单套设备在千万吨级以上，乙烯生产装置单套也在 $100\times10^4$t 以上。装置规模的大型化，对石油化工本身及配套设备的安全评价技术和方法的要求也日益复杂。有效的安全评价可以掌握系统发生风险的可能性及其危害程度，使生产过程中发生事故的可能性和后果的严重程度大大降低。

### 7.3.1 关键装置要害(重点)部位界定

关键装置系指以下设施或装置：陆上、海(水)上油气勘探开发生产设施；工艺操作是在易燃、易爆、有毒、有害、易腐蚀、高温、高压、真空、深冷、临氢、烃氧化等条件下进行的生产装置。

要害(重点)部位系指以下场所或区域：多工种联合作业、频繁拆卸、搬迁、安装的部位，生产过程中不安全因素多的野外施工现场；相对集中的油气生产与处理装置区；制造、储存、运输和销售易燃易爆、剧毒等危险化学品场所，以及可能形成爆炸、火灾场所的罐区、装卸台(站)、码头、油库、仓库等；对关键装置安、稳、长、满、优生产起关键作用的公用工程系统等；运送危险品的专业运输车(船)队等。

根据本单位实际情况，由主管生产的领导组织生产、技术、设备、仪表、电气、安全等有关部门进行关键装置、要害(重点)部位的界定分级。一般可将其分为两级。发生火灾时，影响全企业的生产或容易造成重大人员伤亡的关键生产装置及部位可定为一级。

界定方法：① 在危险分析、安全评价基础上分清主次，科学界定；②各直属企业应根据本企业的实际情况，按生产装置、部位的危险程度、影响范围合理界定；③在主管经理(厂长)的领导下，组织生产、技术、设备、仪表、电气、安全等有关部门组成领导小组，对生产、运输、储存等生产系统各个环节，采用适当的安全评价方法逐一进行安全评价，在安全评价的基础上，结合本单位的生产实际情况、各装置安全装备的配备情况、生产效益等进行界定，并根据危险程度进行分级。

### 7.3.2 关键装置、要害(重点)部位监控要求

目前我国危险化学品生产企业对这些关键装置要害部位实施了一整套严格的安全监控办法，有针对性地制定重大事故防范措施，组织开展事故预案演练，将管理监控责任和措施落实到各部门、车间和岗位，及时消除缺陷和隐患。同时，采用国际上先进的安全评价方法，对在役装置的安全性进行评价。在关键装置配置带有智能化自诊断和冗余容错技术的Honeywell公司的故障安全控制系统(FSC)，大大提高了装置安全运行可靠性。还建立了具有安全监控、基础数据管理、信息(包括视频、音频)传递、应急预案、远程监控指挥功能的网络化安全应急平台。

(1) 相关职能处(科室)监控要求

工艺、技术、机动、安全、仪表、电气等有关部门按照职责分工对关键装置、要害(重点)部位的安全进行监控管理，具体是：

① 各项工艺操作指标符合操作规程、工艺卡片要求；

② 各种动、静设备、设施、附件达到完好标准，静密封点泄漏率小于0.5‰，压力容器、压力管道符合《固定式压力容器安全技术监察规程》(TSGR 0004—2009)和《压力管道安全管理与监察规定》，其安全附件应齐全好用，关键机组实行特护管理；

③ 仪表管理符合制度要求，仪表完好率和使用率达95%以上，自控率达90%以上，严格执行仪表联锁管理规定；

④ 各类安全设施、消防设施齐全、灵敏、完好，符合有关规程和规定的要求，消防道路畅通；

⑤ 每季度组织一次安全检查，并建立健全完整的二级关键装置、重点部位安全检查档案。

(2) 基层车间监控要求

① 确认关键装置、要害(重点)部位的安全监控危险点，绘制出危险点分布图，明确安

全责任人；

② 每月进行一次安全检查，对查出的隐患和问题及时整改或采取有效防范措施；

③ 关键装置、要害(重点)部位设置专职安全工程师；

④ 操作人员应经培训合格并持证上岗。

(3) 班组监控要求

① 严格执行巡回检查制度；

② 严格遵守工艺、操作、劳动纪律和操作规程；

③ 按巡回检查制度定期对安全设施、危险点进行安全检查；

④ 及时报告险情和处理存在的问题。

### 7.3.3 关键装置、要害(重点)部位安全监督检查

生产单位应建立关键装置、要害(重点)部位档案和登记台账。建立关键装置、要害(重点)部位安全检查书面报告制度。对一级关键装置、要害(重点)部位，每半年至少进行一次全面安全监督检查，并形成安全检查技术报告。按照以下检查表对二级关键装置、要害(重点)部位，每年至少进行一次全面检查。

相关表格见表7-5。

**表7-5 ××公司关键装置要害(重点)部位安全监管检查表**

(一) 安全生产责任制检查表

装置： 检查时间：

| 项目 | 检查结果 | 问题整改情况 |
|---|---|---|
| 1. 各级安全生产责任制建立健全及修订完善情况 | | |
| 2. 所制定的安全生产责任制针对性如何，“谁主管谁负责”和安全生产人人有责原则体现情况 | | |
| 3. 对安全生产责任制的落实和执行情况怎样进行严格考核的 | | |
| 4. 抽查不同层次人员、部门安全职责的执行情况，特别是一把手的安全生产责任制执行情况 | | |
| 5. 完成安全生产目标和安全工作计划情况 | | |
| 6. 建立、健全了多少以安全生产责任制为中心的有关安全生产规章制度，列出主要制度 | | |
| 7. 检查领导干部定点联系制度的执行情况数 | | |

检查人：×××；××× 责任人：×××

（二）安全监控制度检查表

装置：　　　　　　　　　　　　　　　　　　　　　　　　检查时间：

| 项目 | 检查结果 | 问题整改情况 |
|---|---|---|
| 1. 三级监控管理制度建立及执行情况 | | |
| 2. 巡回检查制度建立及执行情况 | | |
| 3. 关键机组五位一体(即机、电、仪、管、操)特护制度建立及执行情况 | | |
| 4. 可燃气和火灾报警管理制度建立及执行情况 | | |
| 5. 仪表联锁管理制度建立及执行情况 | | |
| 6. 岗位练兵制度建立及执行情况 | | |
| 7. 应急预案演练制度建立及执行情况 | | |

检查人：×××；×××　　　　　　　　　　　　　　　　　　　　　　　责任人：×××

（三）安全监控管理检查表

装置：　　　　　　　　　　　　　　　　　　　　　　　　检查时间：

| 项目 | 检查结果 | 问题整改情况 |
|---|---|---|
| 1. 建立安全监控网络情况 | | |
| 2. 危险点分布图绘制情况 | | |
| 3. 建立危险点三级监控巡回检查路线和落实专人检查情况 | | |
| 4. 定期进行监控检查(班组每日一次，车间每周一次，厂(联合装置)每月一次)落实情况 | | |
| 5. 每季度进行一次事故预案演习及演练计划、方案、考核情况 | | |
| 6. 操作人员应急预案的掌握和熟悉情况 | | |
| 7. 个体防护用品按要求配备情况，操作人员熟悉使用情况 | | |
| 8. 上岗人员进行三级安全教育情况，考核合格情况 | | |
| 9. 定期组织岗位技术练兵情况，每年进行一次安全考试情况 | | |
| 10. 配备经考核取证的安全工程师，并进行业务培训情况 | | |

续表

| 项目 | 检查结果 | 问题整改情况 |
| --- | --- | --- |
| 11. 落实隐患分级管理，装置隐患及时治理情况，重大隐患在整改前，可靠的安全防范措施建立及落实情况 | | |
| 12. 动火、进设备、高处、临时用电等直接作业严格执行安全作业票审批规定情况 | | |
| 13. 动火、进设备等特殊作业配备经培训考核合格的监护人情况 | | |
| 14. 检查事故管理和“四不放过”的情况 | | |
| 15. 建立健全七本安全台账情况，登记情况 | | |

检查人：×××；×××　　　　责任人：×××

(四) 工艺安全管理检查表

装置：　　　　检查时间：

| 项目 | 检查结果 | 问题整改情况 |
| --- | --- | --- |
| 1. 操作室是否有规范的工艺卡片 | | |
| 2. 严格按工艺卡片控制工艺指标情况 | | |
| 3. 工艺卡片每年的修改及指标临时变动按规定履行审批手续情况 | | |
| 4. 是否有监控点巡回检查路线和检查标志 | | |
| 5. 严格遵守操作规程平稳操作，工艺操作规程修改补充，特别是新建、技改项目编写安全技术操作规程修改补充情况 | | |
| 6. 开停车严格执行开停车方案情况； | | |
| 7. 操作记录及时、齐全、真实，字迹工整、清晰、无涂改等情况 | | |
| 8. 是否有误操作引起的装置停车事故；若有则简述或附件 | | |
| 9. 对偏离工艺操作指标的运行是否有审批手续和应急措施，抽查操作人员是否清楚 | | |
| 10. 重点部位、设备(可根据本装置情况确定)的工艺控制指标符合要求情况 | | |

检查人：×××；×××　　　　责任人：×××

（五）设备安全管理检查表

装置：　　　　　　　　　　　　　　　　　　　　　　　　　　　　　检查时间：

| 项目 | 检查结果 | 问题整改情况 |
| --- | --- | --- |
| 1. 静密封点泄漏率是多少，是否小于0.5‰ | | |
| 2. 压力容器是否有政府主管部门颁布的使用许可证 | | |
| 3. 压力容器按规定时间定期检查、检测情况，档案记录情况 | | |
| 4. 压力管道的阀件、法兰、支架吊架、保温、防腐完好情况，排放点符合安全要求情况，建立压力管道的档案情况 | | |
| 5. 对易腐蚀的酸碱管道，是否定期测厚和进行状态分析，是否有检测记录，是否归档 | | |
| 6. 安全阀定压是否符合设计规范，铅封铭牌是否完整并定期校验，对关键设备及球罐是否设置双安全阀。运行、检修、校验档案齐全情况 | | |
| 7. 检查机泵完好，润滑油“五定”三级过滤执行情况 | | |
| 8. 检维修盲板是否统一管理，是否有确认记录 | | |
| 9. 关键机组是否有特级护理小组、特级护理方案、记录及分析处理存在问题，特护小组特护记录情况 | | |
| 10. 根据本装置情况列出需检查的重点设备及检查内容 | | |

检查人：×××；×××　　　　　　　　　　　　　　　　　　　　　　　　　　责任人：×××

（六）电气安全管理检查

装置：　　　　　　　　　　　　　　　　　　　　　　　　　　　　　检查时间：

| 项目 | 检查结果 | 问题整改情况 |
| --- | --- | --- |
| 1. 防爆区内电气符合规范情况 | | |
| 2. 电气设备完好及运行情况 | | |
| 3. 电气设备工作接地完好情况 | | |
| 4. 防雷、防静电接地完好情况，是否符合安全规定 | | |
| 5. 临时用电按规定审批情况，作业票签发情况，是否规范操作 | | |
| 6. 生产现场火灾报警按钮完好情况，报警系统是否运行正常 | | |

续表

| 项目 | 检查结果 | 问题整改情况 |
| --- | --- | --- |
| 7. UPS 运行情况及记录情况 | | |
| 8. 装置停电应急预案措施制定完善情况，有关人员熟悉情况 | | |
| 9. 电缆沟防串油气、防腐蚀、防火等措施制定情况 | | |
| 10. 装置的供电系统严格执行“五制”情况 | | |
| 11. 装置的变配电间落实“四防一通”的措施情况 | | |
| 12. 装置的供电方式是否一级负荷，二路供电 | | |

检查人：×××；×××　　　　责任人：×××

## （七）仪表安全管理检查表

装置：　　　　检查时间：

| 项目 | 检查结果 | 问题整改情况 |
| --- | --- | --- |
| 1. 仪表巡回检查制度落实情况，发现故障及时消除，仪表自控率是多少，是否达到90%，使用率、完好率分别多少，是否达到95% | | |
| 2. 联锁安装率、使用率、完好率分别是多少，是否达100% | | |
| 3. 关键装置的故障安全控制系统投运情况；建立计划是否安排 | | |
| 4. 工艺参数指示报警、联锁及 DCS 系统正常投运情况 | | |
| 5. 联锁系统投用完好情况 | | |
| 6. 一次仪表与二次仪表显示值相符情况 | | |
| 7. 是否有联锁分布图，定期维修校验记录情况 | | |
| 8. 压力表定期校验情况，铅封是否完好，刻度盘上是否标出最高工作压力红线 | | |
| 9. 液位计是否有指示最高最低液位的明显标志，液位显示是否清晰、无假液位 | | |
| 10. 临时变更记录等技术资料是否齐全，联锁装置摘除与恢复是否有申请和领导签批手续 | | |
| 11. 可燃气体、有毒气体报警仪安装率、使用率、完好率是否达到 100%，按规定进行校验及记录情况 | | |

续表

| 项目 | 检查结果 | 问题整改情况 |
| --- | --- | --- |
| 12. 手动试验声光报警是否正常，故障报警是否完好 | | |
| 13. 在线分析检测仪完好情况 | | |
| 14. 仪表调节器、变送器、传感器探头完好、无腐蚀、无灰尘情况 | | |
| 15. 仪表设备完好情况、防爆区内仪表是否符合防爆规范 | | |

检查人：×××；××× 责任人：×××

（八）气防消防安全管理检查表

装置： 检查时间：

| 项目 | 检查结果 | 问题整改情况 |
| --- | --- | --- |
| 1. 气防、消防组织健全情况，人员配备多少 | | |
| 2. 气防、消防管理制度齐全、完善情况 | | |
| 3. 气防、消防器材配置分布、管理及使用符合规范要求情况，岗位职工掌握情况 | | |
| 4. 对职工的气防教育、培训是否有考核，有记录，并定期演练，简述之 | | |
| 5. 消防值班人员应能熟练使用消防器材和熟悉灭火预案 | | |
| 6. 抽查装置人员报警及熟练使用各种消防器材和设施情况 | | |
| 7. 各消防电动泵及柴油发电机保持完好，随时处于启动状态，做好灭火供水准备，消防水池水质清洁无杂物等情况 | | |
| 8. 泡沫发生系统保持完好，零部件齐全，随时保持备用状态，泡沫液定期更换、有记录情况 | | |
| 9. 固定式消防设施、消火栓、消防池、喷淋、水幕、汽幕等设施完好情况，随时投入使用情况 | | |
| 10. 移动式灭火器材有专人定期检查，放置地方干燥清洁 | | |
| 11. 消防道路畅通情况 | | |

检查人：×××；××× 责任人：×××

### 7.3.4 关键装置、要害(重点)部位安全监控危险点检查

制定“机、电、仪、操、管”人员和有关管理部门对关键装置、要害(重点)部位的管理职责，安全监督管理部门应定期对职责落实情况进行检查、监督和考核。

见表7-6。

**表7-6　××公司关键装置要害(重点)部位安全监控危险点检查表**

装置名称：　　　　　　　　　　　　　　　　　　　　　　　检查时间：

危险点：

| 类　别 | 检查内容及要求 | 检 查 结 果 | 检 查 签 字 |
|---|---|---|---|
| 工艺 | 工艺指标符合"工艺卡片"要求，不超温、不超压 | | |
| 设备 | 静密封点无泄漏，压力容器安全附件好用，关键机组实行特级维护并有检查记录 | | |
| 仪表 | 联锁好用，可燃气体报警器及其他仪表完好 | | |
| 电气 | 电气设备符合防爆要求，接地电阻按时检测 | | |
| 安全 | 安全设施、消防、防护器材齐备、好用，消防道路通畅 | | |

检查人：×××　　　　　　　　　　　　　　　　　　　　　　责任人：×××

### 7.3.5　关键装置、要害(重点)部位书面检查报告

每半年组织一次全面安全检查，形成书面检查报告。检查报告编制要点如下：

(1) 前言

(2) 检查小组组成情况

(3) 检查过程

(4) 检查情况

① 安全生产责任制的落实情况；

② 安全监控制度；

③ 安全监控管理；

④ 工艺安全管理；

⑤ 设备安全管理；

⑥ 电气安全管理；

⑦ 仪表管理；

⑧ 消防设施；

⑨ 罐区的标准化管理；

⑩ 危险点部位抽查。

(5) 存在问题及整改办法

(6) 附件

### 7.3.6　关键装置、要害(重点)部位管理档案

关键装置、要害(重点)部位档案包括综合档案和每一套一级、二级关键装置要害(重点)部位的装置档案。

综合档案包含以下内容：关键装置要害部位目录；相关管理制度；工艺、技术、机动、安全、仪表、电气等有关部门职责；年度管理登记台账；工程师配备情况；管理概况等。

装置档案包含以下内容：

① 关键装置要害(重点)部位安全监控管理制度;
② 关键装置要害(重点)部位安全监控管理网络及职责;
③ 关键装置要害(重点)部位安全监控突发事件应急预案;
④ 关键装置要害(重点)部位季度监管检查表(情况汇总);
⑤ 关键装置要害(重点)部位安全检查技术报告;
⑥ 关键装置要害(重点)部位应急预案演练计划和演练方案;
⑦ 关键装置要害(重点)部位应急预案考核表(总结);
⑧ 领导干部定点联系登记表和汇总表;
⑨ 关键装置要害(重点)部位危险点分布图;
⑩ 关键装置要害(重点)部位危险点检查表;
⑪ 关键装置要害(重点)部位安全评价相关情况、带病监护运行登记表和事故登记表等。

## 7.4 安全台账档案管理

生产企业建立的台账包括:安全组织台账、安全会议台账、安全教育台账、安全检查台账、隐患治理台账、事故台账、安全工作考核与奖惩台账、安全活动记录;结合实际要求建立关键装置要害(重点)部位安全管理档案、危险化学品管理档案、防火档案、职业卫生档案、放射防护管理档案、气防管理档案、工伤职工统计台账、职工 HSE 档案。安全管理部门及基层车间须建立附件中所规定的全部台账(档案);其他职能部门须建立安全活动记录和职工 HSE 档案。对安全台账(档案)提倡实行微机管理。

### 7.4.1 安全台账(档案)的填写

(1) 安全组织台账

① 安全组织台账内容包括:安全生产委员会组成人员、安全监督管理部门组成人员、安全组织网络、消防工作组织网络。

② 基层单位安全组织台账内容包括:基层单位安全生产领导小组、安全工程师、安全员、班组安全员;基层单位志愿消防队。

③ 安全组织网络内容为:HSE 委员会、消防工作组织网络为主管安全生产的副经理、安全监察部门、消防支队和中队、消防工作组织网络。

各项内容分部分、分页填写,变更时需在 15 个工作日内更改完毕。

(2) 安全会议台账

填写本单位或本部门召开的安全会议内容,对上级部门召开的安全工作会议、下发的关于安全生产方面的文件进行传达、学习、贯彻情况要填入台账内。

(3) 安全教育台账

① 安全教育台账实行分级管理,填写职工的安全培训、特种作业人员培训、“三级”安全教育、安全技能培训及外来人员安全教育情况等。

安全教育台账应填写本单位组织的领导干部培训情况、安全管理人员培训情况,特种作业人员的培训记录、新入厂人员的安全教育、外来人员的安全教育记录、全厂性安全培训教育等内容。

② 基层单位安全教育台账应填写职工的各类安全培训教育记录，新入厂人员的车间级、班组级安全教育、考核记录。

③ 安全教育台账上涉及个人的具体内容须在《职工 HSE 档案》上记录，并由本人签字。

④ 外来人员入厂培训、考核要保留试卷备查。

(4) 安全检查台账

① 记录本单位日常安全检查、季节性安全检查、专业性安全检查等检查中发现的各类问题，以及整改后复查情况。

② 对于综合性安全检查，须在台账内登记检查的时间、名称等内容，其他以附件形式附后，附件包括检查通知、问题汇总、整改汇总、复查情况等文件或资料。

(5) 隐患治理台账

凡发生在本单位的事故隐患，不论级别，均应在隐患治理台账中填写。隐患治理台账记录隐患项目相关内容。

(6) 事故台账

记录本单位生产经营过程所发生的各类事故，相关详细资料存入事故管理档案。本年度未发生事故的，实行“零”记录，注明“未发生事故”字样。

(7) 安全工作考核与奖惩台账

记录本单位安全工作考核情况，包括对发生事故的单位、个人及违章人员的处罚情况，避免事故的奖励情况等。记录须与本单位经济责任制考核相对应。

(8) 安全活动记录

机关各职能部门、车间、班组均应建立安全活动记录，记录内容包括：活动主要内容、参与活动的领导讲话和个人讨论发言等。定点联系领导参加的班组活动，其记录应与领导定点联系记录对应。

(9) 职工 HSE 档案

生产单位须为所有职工建立《职工 HSE 档案》，档案记录个人基本情况、来本单位工作前基本情况、在本单位工作基本情况、职业性健康体检情况和个人安全教育及培训记录。

### 7.4.2 台账格式

(1) 安全会议台账(表 7-7)

**表 7-7 安全会议台账**

第 页

| 会议名称 | | 会议时间 | | 召集单位和主持人 | |
|---|---|---|---|---|---|
| 记录人 | | 会议地点 | | 与会单位和人数 | |

会议内容和处理结果：

(2) 安全组织台账(表 7-8)

**表 7-8　安全组织台账**

组织名称：　　　　　　　　　　　　　　　　　　　　　　　　第　页

| 序　号 | 组织职务 | 姓　名 | 部　门 | 行政职务 | 性　别 | 文化程度 | 职　称 | 备　注 |
|---|---|---|---|---|---|---|---|---|
| | | | | | | | | |
| | | | | | | | | |
| | | | | | | | | |
| | | | | | | | | |

(3) 安全教育台账(表 7-9)

**表 7-9　安全教育台账**

第　页

| 序　号 | 学习内容 | 教育对象 | 受教育人数 | 教育时间 | 课　时 | 授课人 | 备　注 |
|---|---|---|---|---|---|---|---|
| | | | | | | | |
| | | | | | | | |
| | | | | | | | |
| | | | | | | | |

(4) 隐患治理台账(表 7-10)

**表 7-10　隐患治理台账**

第　页

| 序号 | 单位 | 项目名称 | 隐患级别 | 资金来源 | 费用/万元 | | 治理完成时间 | | 隐患治理后的评估情况 | 责任人 | 备注 |
|---|---|---|---|---|---|---|---|---|---|---|---|
| | | | | | 计划费用 | 实际费用 | 计划时间 | 实际时间 | | | |
| | | | | | | | | | | | |
| | | | | | | | | | | | |
| | | | | | | | | | | | |
| | | | | | | | | | | | |

(5) 事故台账(表 7-11)

**表 7-11　事 故 台 账**

第　页

| 序号 | 事故单位 | 事故发生时间 | 事故发生地点 | 事故类别 | 人员伤亡情况 | 直接经济损失/万元 | 事故报告名称及编号 | 备注 |
|---|---|---|---|---|---|---|---|---|
| | | | | | | | | |
| | | | | | | | | |
| | | | | | | | | |
| | | | | | | | | |

(6) 安全工作考核和奖惩台账(表 7-12)

**表 7-12　安全工作考核和奖惩台账**

第　页

| 序号 | 被考核单位或个人姓名 | 考核内容 | 考核时间 | 主要先进事迹或存在问题 | 考核意见或评分结果 | 奖惩情况 | 考核部门或考核者签字 | 备注 |
|---|---|---|---|---|---|---|---|---|
| | | | | | | | | |
| | | | | | | | | |
| | | | | | | | | |
| | | | | | | | | |

(7) 安全检查台账(表 7-13)

**表 7-13　安全检查台账**

检查类别：　　　　第　页

<table>
<tr><td rowspan="2">检查内容</td><td rowspan="2"></td><td>检查时间</td><td colspan="5"></td></tr>
<tr><td>检查地点</td><td colspan="5"></td></tr>
<tr><td>检查人签字</td><td colspan="7"></td></tr>
<tr><td>序号</td><td>检查情况及问题</td><td>整改期限</td><td>整改措施</td><td>复查情况</td><td>复查时间</td><td>复查人签字</td><td>备注</td></tr>
<tr><td></td><td></td><td></td><td></td><td></td><td></td><td></td><td></td></tr>
<tr><td></td><td></td><td></td><td></td><td></td><td></td><td></td><td></td></tr>
<tr><td></td><td></td><td></td><td></td><td></td><td></td><td></td><td></td></tr>
<tr><td></td><td></td><td></td><td></td><td></td><td></td><td></td><td></td></tr>
</table>

# 7.5　生产企业安全生产禁令

## 7.5.1　危险化学品相关作业

① 严禁违反规定采购、运输、装卸、储存、使用、废弃或销毁放射源、火工器材。

② 严禁违反规定采购、储存、发放、使用、处置有毒有害物品。

③ 严禁不佩戴专用防护用品(具)从事有毒、有害、腐蚀等介质和窒息环境下的危险作业。

④ 严禁未经许可在生产装置区、罐区装卸化学品。

⑤ 严禁在易燃易爆区域用汽油等易挥发溶剂擦洗设备、衣物、工具及地面等。

⑥ 严禁油品、液态烃脱水(液)(含切水、切碱等)时操作人员离开现场。

⑦ 严禁冒名顶替代签或未到现场就确认各种作业、工程票证。

⑧ 严禁在不告知、不设置警戒线的情况下，进行放射性探伤作业。

⑨ 严禁在易燃易爆区域使用非防爆通讯、照明器材等。

⑩ 严禁未检尺计量及工艺复核进行油品接卸、输转作业。

⑪ 严禁油罐清洗、检修后不经验收直接进行收油作业。

⑫ 严禁在成品油管道流程切换过程中现场无人监护。

⑬ 严禁外管道巡线人员不按规定巡检，不及时阻止和上报违章占压、违章施工。

### 7.5.2 工程建设和检维修相关作业

① 严禁高处作业抛掷材料、工具及其他杂物。
② 严禁使用未经验收合格的脚手架。
③ 严禁擅自拆改脚手架、钢格板、护栏、盖板、防护网等防护设施。
④ 严禁使用未经有关检验机构检验合格的吊篮进行高处作业。
⑤ 严禁未经设计和批准，擅自制作、使用自制吊装器具。
⑥ 严禁在炸药存放点、包药点、炮点警戒区域内使用无线通讯工具。
⑦ 严禁火工器材运输、储存、使用过程中监护人员擅离岗位。
⑧ 严禁将施工项目分包给无资质单位。

### 7.5.3 电气仪表相关作业

① 严禁无有效票证从事进网电气作业。
② 严禁无监护进行进网电气作业、施工、测试工作。
③ 严禁使用不合格的绝缘工器具和专用防护用具进行电气操作及作业。
④ 严禁作业前工作班全体成员不进行安全措施确认签字、工作结束时不办理工作终结手续送电。
⑤ 严禁使用未安装漏电保护装置的电气设备、电动工具。
⑥ 严禁带负荷操作刀闸、带接地线合闸、带电挂接地线和作业前不验电。
⑦ 严禁在未办理相关手续的情况下，设置、修改、摘除或投用联锁回路。
⑧ 严禁在 DCS/ESD 等操作系统中私自安装软件或使用个人存储设备。

### 7.5.4 交通运输相关作业

① 严禁无企业内部准驾证驾驶公务用车。
② 严禁不系安全带驾驶、乘坐公务用车。
③ 严禁不经审批出长途车。
④ 严禁车辆未采取防火、防静电等安全措施进入易燃易爆危险区域。
⑤ 严禁客运车辆超员、客货混装、搭载危险化学品。
⑥ 严禁危险化学品运输车辆不按规定路线行驶、搭乘无关人员、违规停放。
⑦ 严禁违反规程操作特种作业车辆。
⑧ 严禁危险化学品运输车辆在装卸过程中驾驶人员擅离岗位。
⑨ 严禁不按规定静电接地进行各类油品、危险化学品车装卸作业。
⑩ 严禁吊车、叉车、电瓶车等工程车辆载人行驶或载人作业。

### 7.5.5 其他相关作业

① 严禁暴雨、雷电、大雾和 5 级及以上大风等天气时上罐、塔、平台等装置高处作业。
② 严禁擅自停用可燃、有毒、火灾声光报警系统。
③ 严禁当班操作人员脱岗、睡岗。
④ 严禁无特种作业操作资质的人员从事特种作业。

⑤ 严禁不按生产调度令操作。

⑥ 严禁违反操作规程操作特种设备、高压阀门等危险设备和设施。

⑦ 凡因“三违”行为造成严重后果者，解除劳动合同，随同的作业人员离岗培训。

违反禁令者解除劳动合同；违反其他禁令未造成严重后果的，违规责任人离岗培训 72 学时。培训结束后，培训单位对其进行考核，考核合格后方可重新上岗，同时扣发违规责任人当月月奖，同时加扣责任人年底效益工资的 10%/次。

违反以上禁令，造成严重后果的，解除劳动合同(有特殊规定的除外)，对所在单位直接主要负责人给予警告直至解聘职务处分；对违章指挥、违规指使员工违反以上禁令的管理人员，给予警告直至解聘职务处分，同时按规定进行培训和处罚，造成严重后果的，解除劳动合同。

# 第 8 章　教育和培训

## 8.1　安全生产教育和培训计划

《中华人民共和国安全生产法》第四十一条规定：生产经营单位应当教育和督促从业人员严格执行本单位的安全生产规章制度和安全操作规程；并向从业人员如实告知作业场所和工作岗位存在的危险因素、防范措施以及事故应急措施。

《危险化学品从业单位安全标准化通用规范》(AQ 3013—2008)要求：

① 企业应严格执行安全培训教育制度，依据国家、地方及行业规定和岗位需要，制定适宜的安全培训教育目标和要求。根据不断变化的实际情况和培训目标，定期识别安全培训教育需求，制定并实施安全培训教育计划。

② 企业应组织培训教育，保证安全培训教育所需人员、资金和设施。

③ 企业应建立从业人员安全培训教育档案。

④ 企业安全培训教育计划变更时，应记录变更情况。

⑤ 企业安全培训教育主管部门应对培训教育效果进行评价。

⑥ 企业应确立终身教育的观念和全员培训的目标，对在岗的从业人员进行经常性安全培训教育。

主要负责人要确立全员培训的目标，组织制定安全生产教育和培训计划，提供安全培训教育所需人员、资金和设施。

## 8.2　安全生产培训内容

《危险化学品生产单位主要负责人安全生产培训大纲及考核标准》(AQ/T 3029—2010)要求，危险化学品生产单位主要负责人安全生产培训内容及课时见表 8-1。

表 8-1　危险化学品生产单位主要负责人安全生产培训内容及课时

| 项　目 | | 培训内容 | 学　时 |
|---|---|---|---|
| 培训 | 第一单元(共 12 学时) | 危险化学品安全生产法律法规 | 10 |
| | | 案例分析 | 2 |
| | 第二单元(共 12 学时) | 安全生产管理 | 6 |
| | | 危险化学品重大危险源与危险化学品事故应急管理 | 4 |
| | | 案例分析 | 2 |
| | 第三单元(共 16 学时) | 危险化学品安全生产知识 | 12 |
| | | 职业危害及其预防 | 2 |
| | | 案例分析 | 2 |
| | 第四单元(共 4 学时) | 安全管理技能 | 4 |
| | 复习 | | 2 |
| | 考试 | | 2 |
| | 合计 | | 48 |

续表

| 项　目 | 培训内容 | 学　时 |
|---|---|---|
| 再培训 | 有关危险化学品安全生产新的政策、法律、法规、规章、规程、标准；<br>有关危险化学品生产的新工艺、新技术、新设备、新材料及其安全技术要求；<br>国内外危险化学品生产单位安全生产管理先进经验；<br>危险化学品安全生产形势及危险化学品典型事故案例分析 | 12 |
| | 复习 | 2 |
| | 考试 | 2 |
| | 合计 | 16 |

## 8.3　安全生产教育和培训

安全生产管理人员应组织或者参与本单位安全生产教育和培训，如实记录安全生产教育和培训的时间、内容、参加人员以及考核结果等情况。

### 8.3.1　三级安全教育与培训

《生产经营单位安全培训规定》(国家安全生产监督管理总局第3号令，根据第63号令修改，2013年8月19日实施)要求：

危险化学品企业必须对新上岗的临时工、合同工、劳务工、轮换工、协议工等进行强制性安全培训，保证其具备本岗位安全操作、自救互救以及应急处置所需的知识和技能后，方能安排上岗作业。

危险化学品企业新上岗的从业人员安全培训时间不得少于72学时，每年接受再培训的时间不得少于20学时。

从业人员在本生产经营单位内调整工作岗位或离岗一年以上重新上岗时，应当重新接受车间(工段、区、队)和班组级的安全培训。

生产经营单位实施新工艺、新技术或者使用新设备、新材料时，应当对有关从业人员重新进行有针对性的安全培训。

(1) 厂级岗前安全培训

厂(矿)级岗前安全培训内容应当包括：

① 本单位安全生产情况及安全生产基本知识；

② 本单位安全生产规章制度和劳动纪律；

③ 从业人员安全生产权利和义务；

④ 事故应急救援、事故应急预案演练及防范措施；

⑤ 有关事故案例等。

(2) 车间(工段、区、队)级岗前安全培训内容

① 工作环境及危险因素；

② 所从事工种可能遭受的职业伤害和伤亡事故；

③ 所从事工种的安全职责、操作技能及强制性标准；

④ 自救互救、急救方法、疏散和现场紧急情况的处理；

⑤ 安全设备设施、个人防护用品的使用和维护；

⑥ 本车间(工段、区、队)安全生产状况及规章制度；
⑦ 预防事故和职业危害的措施及应注意的安全事项；
⑧ 有关事故案例；
⑨ 其他需要培训的内容。
(3) 班组级岗前安全培训内容
① 岗位安全操作规程；
② 岗位之间工作衔接配合的安全与职业卫生事项；
③ 有关事故案例；
④ 其他需要培训的内容。

### 8.3.2 特种作业人员培训

生产经营单位的特种作业人员，必须按照国家有关法律、法规的规定接受专门的安全培训，经考核合格，取得特种作业操作资格证书后，方可上岗作业。

《特种作业人员安全技术培训考核管理规定》(总局令第30号)中规定，特种作业操作证每3年复审1次。特种作业人员在特种作业操作证有效期内，连续从事本工种10年以上，严格遵守有关安全生产法律法规的，经原考核发证机关或者从业所在地考核发证机关同意，特种作业操作证的复审时间可以延长至每6年1次。

特种作业目录如下：

1 电工作业

指对电气设备进行运行、维护、安装、检修、改造、施工、调试等作业(不含电力系统进网作业)。

1.1 高压电工作业

指对1千伏(kV)及以上的高压电气设备进行运行、维护、安装、检修、改造、施工、调试、试验及绝缘工、器具进行试验的作业。

1.2 低压电工作业

指对1千伏(kV)以下的低压电器设备进行安装、调试、运行操作、维护、检修、改造施工和试验的作业。

1.3 防爆电气作业

指对各种防爆电气设备进行安装、检修、维护的作业。

适用于除煤矿井下以外的防爆电气作业。

2 焊接与热切割作业

指运用焊接或者热切割方法对材料进行加工的作业(不含《特种设备安全监察条例》规定的有关作业)。

2.1 熔化焊接与热切割作业

指使用局部加热的方法将连接处的金属或其他材料加热至熔化状态而完成焊接与切割的作业。

适用于气焊与气割、焊条电弧焊与碳弧气刨、埋弧焊、气体保护焊、等离子弧焊、电渣焊、电子束焊、激光焊、氧熔剂切割、激光切割、等离子切割等作业。

2.2 压力焊作业

指利用焊接时施加一定压力而完成的焊接作业。

适用于电阻焊、气压焊、爆炸焊、摩擦焊、冷压焊、超声波焊、锻焊等作业。

2.3 钎焊作业

指使用比母材熔点低的材料作钎料，将焊件和钎料加热到高于钎料熔点，但低于母材熔点的温度，利用液态钎料润湿母材，填充接头间隙并与母材相互扩散而实现连接焊件的作业。

适用于火焰钎焊作业、电阻钎焊作业、感应钎焊作业、浸渍钎焊作业、炉中钎焊作业，不包括烙铁钎焊作业。

3 高处作业

指专门或经常在坠落高度基准面2m及以上有可能坠落的高处进行的作业。

3.1 登高架设作业

指在高处从事脚手架、跨越架架设或拆除的作业。

3.2 高处安装、维护、拆除作业

指在高处从事安装、维护、拆除的作业。

适用于利用专用设备进行建筑物内外装饰、清洁、装修，电力、电信等线路架设，高处管道架设，小型空调高处安装、维修，各种设备设施与户外广告设施的安装、检修、维护以及在高处从事建筑物、设备设施拆除作业。

4 制冷与空调作业

指对大中型制冷与空调设备运行操作、安装与修理的作业。

4.1 制冷与空调设备运行操作作业

指对各类生产经营企业和事业等单位的大中型制冷与空调设备运行操作的作业。

适用于化工类(石化、化工、天然气液化、工艺性空调)生产企业，机械类(冷加工、冷处理、工艺性空调)生产企业，食品类(酿造、饮料、速冻或冷冻调理食品、工艺性空调)生产企业，农副产品加工类(屠宰及肉食品加工、水产加工、果蔬加工)生产企业，仓储类(冷库、速冻加工、制冰)生产经营企业，运输类(冷藏运输)经营企业，服务类(电信机房、体育场馆、建筑的集中空调)经营企业和事业等单位的大中型制冷与空调设备运行操作作业。

4.2 制冷与空调设备安装修理作业

指对4.1所指制冷与空调设备整机、部件及相关系统进行安装、调试与维修的作业。

5 危险化学品安全作业

指从事危险化工工艺过程操作及化工自动化控制仪表安装、维修、维护的作业。

5.1 光气及光气化工艺作业

指光气合成以及厂内光气储存、输送和使用岗位的作业。

适用于一氧化碳与氯气反应得到光气、光气合成双光气、三光气、采用光气作单体合成聚碳酸酯、甲苯二异氰酸酯(TDI)制备、4，4′-二苯基甲烷二异氰酸酯(MDI)制备等工艺过程的操作作业。

5.2 氯碱电解工艺作业

指氯化钠和氯化钾电解、液氯储存和充装岗位的作业。

适用于氯化钠(食盐)水溶液电解生产氯气、氢氧化钠、氢气，氯化钾水溶液电解生产氯气、氢氧化钾、氢气等工艺过程的操作作业。

5.3 氯化工艺作业

指液氯储存、气化和氯化反应岗位的作业。

适用于取代氯化、加成氯化、氧氯化等工艺过程的操作作业。

5.4 硝化工艺作业

指硝化反应、精馏分离岗位的作业。

适用于直接硝化法、间接硝化法、亚硝化法等工艺过程的操作作业。

5.5 合成氨工艺作业

指压缩、氨合成反应、液氨储存岗位的作业。

适用于节能氨五工艺法(AMV)、德士古水煤浆加压气化法、凯洛格法，甲醇与合成氨联合生产的联醇法、纯碱与合成氨联合生产的联碱法、采用变换催化剂、氧化锌脱硫剂和甲烷催化剂的“三催化”气体净化法工艺过程的操作作业。

5.6 裂解(裂化)工艺作业

指石油系的烃类原料裂解(裂化)岗位的作业。

适用于热裂解制烯烃工艺，重油催化裂化制汽油、柴油、丙烯、丁烯，乙苯裂解制苯乙烯，二氟一氯甲烷(HCFC-22)热裂解制得四氟乙烯(TFE)，二氟一氯乙烷(HCFC-142b)热裂解制得偏氟乙烯(VDF)，四氟乙烯和八氟环丁烷热裂解制得六氟乙烯(HFP)工艺过程的操作作业。

5.7 氟化工艺作业

指氟化反应岗位的作业。

适用于直接氟化，金属氟化物或氟化氢气体氟化，置换氟化以及其他氟化物的制备等工艺过程的操作作业。

5.8 加氢工艺作业

指加氢反应岗位的作业。

适用于不饱和炔烃、烯烃的三键和双键加氢、芳烃加氢、含氧化合物加氢、含氮化合物加氢以及油品加氢等工艺过程的操作作业。

5.9 重氮化工艺作业

指重氮化反应、重氮盐后处理岗位的作业。

适用于顺法、反加法、亚硝酰硫酸法、硫酸铜触媒法以及盐析法等工艺过程的操作作业。

5.10 氧化工艺作业

指氧化反应岗位的作业。

适用于乙烯氧化制环氧乙烷，甲醇氧化制备甲醛，对二甲苯氧化制备对苯二甲酸，异丙苯经氧化-酸解联产苯酚和丙酮，环己烷氧化制环己酮，天然气氧化制乙炔，丁烯、丁烷、$C_4$ 馏分或苯的氧化制顺丁烯二酸酐，邻二甲苯或萘的氧化制备邻苯二甲酸酐，均四甲苯的氧化制备均苯四甲酸二酐，苊的氧化制 1，8-萘二甲酸酐，3-甲基吡啶氧化制 3-吡啶甲酸(烟酸)，4-甲基吡啶氧化制 4-吡啶甲酸(异烟酸)，2-乙基己醇(异辛醇)氧化制备 2-乙基己酸(异辛酸)，对氯甲苯氧化制备对氯苯甲醛和对氯苯甲酸，甲苯氧化制备苯甲醛、苯甲酸，对硝基甲苯氧化制备对硝基苯甲酸，环十二醇/酮混合物的开环氧化制备十二碳二酸，环己酮/醇混合物的氧化制己二酸，乙二醛硝酸氧化法合成乙醛酸，以及丁醛氧化制丁酸以及氨氧化制硝酸等工艺过程的操作作业。

5.11 过氧化工艺作业

指过氧化反应、过氧化物储存岗位的作业。

适用于双氧水的生产，乙酸在硫酸存在下与双氧水作用制备过氧乙酸水溶液，酸酐与双氧水作用直接制备过氧二酸，苯甲酰氯与双氧水的碱性溶液作用制备过氧化苯甲酰，以及异丙苯经空气氧化生产过氧化氢异丙苯等工艺过程的操作作业。

5.12 胺基化工艺作业

指胺基化反应岗位的作业。

适用于邻硝基氯苯与氨水反应制备邻硝基苯胺，对硝基氯苯与氨水反应制备对硝基苯胺，间甲酚与氯化铵的混合物在催化剂和氨水作用下生成间甲苯胺，甲醇在催化剂和氨气作用下制备甲胺，1-硝基蒽醌与过量的氨水在氯苯中制备1-氨基蒽醌，2，6-蒽醌二磺酸氨解制备2，6-二氨基蒽醌，苯乙烯与胺反应制备N-取代苯乙胺，环氧乙烷或亚乙基亚胺与胺或氨发生开环加成反应制备氨基乙醇或二胺，甲苯经氨氧化制备苯甲腈，以及丙烯氨氧化制备丙烯腈等工艺过程的操作作业。

5.13 磺化工艺作业

指磺化反应岗位的作业。

适用于三氧化硫磺化法，共沸去水磺化法，氯磺酸磺化法，烘焙磺化法，以及亚硫酸盐磺化法等工艺过程的操作作业。

5.14 聚合工艺作业

指聚合反应岗位的作业。

适用于聚烯烃、聚氯乙烯、合成纤维、橡胶、乳液、涂料粘合剂生产以及氟化物聚合等工艺过程的操作作业。

5.15 烷基化工艺作业

指烷基化反应岗位的作业。

适用于C-烷基化反应，N-烷基化反应，O-烷基化反应等工艺过程的操作作业。

5.16 化工自动化控制仪表作业

指化工自动化控制仪表系统安装、维修、维护的作业。

### 8.3.3 日常安全教育

(1)《危险化学品从业单位安全标准化通用规范》(AQ 3013—2008)5.4.6 要求

① 企业管理部门、班组应按照月度安全活动计划开展安全活动和基本功训练。

② 班组安全活动每月不少于2次，每次活动时间不少于1学时。班组安全活动应有负责人、有计划、有内容、有记录。企业负责人应每月至少参加1次班组安全活动，基层单位负责人及其管理人员应每月至少参加2次班组安全活动，并在班组安全活动记录上签字。

③ 管理部门安全活动每月不少于1次，每次活动时间不少于2学时。

④ 企业安全生产管理部门或专职安全生产管理人员应每月至少1次对安全活动记录进行检查，并签字。

⑤ 企业安全生产管理部门或专职安全生产管理人员应结合安全生产实际，制定管理部门、班组月度安全活动计划，规定活动形式、内容和要求。

(2) 安全活动内容

① 学习国家有关安全生产的法令和法规。

② 学习有关安全生产文件、安全通报、安全技术规程、安全管理制度及安全技术知识。

③ 结合事故通报、事故录像片等安全学习材料，讨论分析典型事故，总结和吸取事故

教训。

④ 开展防火、防爆、防中毒及自我保护能力训练，以及生产异常情况紧急处理和反事故演练。

⑤ 开展岗位安全技术练兵，组织各种安全技术演练。

⑥ 检查安全规章制度执行情况，查找并组织消除事故隐患。

⑦ 开展安全文化活动、安全技术座谈、观看安全教育电影和录相。

### 8.3.4 安全教育内容

(1) 班组长安全教育

班组长安全教育的主要内容：

① 国家安全生产方针、政策、法律、法规和本单位安全生产规章制度。

② 安全技术、职业卫生和安全文化的知识、技能。

③ 本班组和有关岗位的危险危害因素、安全注意事项、本岗位安全生产职责。

④ 典型事故案例及事故抢救与应急处理措施等。

(2) 新员工安全教育

① 所有新员工(包括学徒工、外单位调入员工、合同工、代培人员和大中专院校毕业生、有技术岗位的季节性农民外用工等)上岗前应接受三级安全教育，教育时间不少于72学时，经考试合格后方可上岗。每年接受再培训的时间不得少于20学时。

厂级岗前安全培训内容应当包括：

a) 国家有关安全生产方针、政策、法律、法规；

b) 通用安全技术、职业卫生、安全生产基本知识，包括一般机械、电气安全知识、消防知识、安全文化知识和气体防护常识等基本知识；

c) 本单位安全生产规章制度和企业5项纪律(劳动、操作、工艺、施工和工作纪律)；

d) 从业人员安全生产权利和义务；

e) 本单位安全生产的一般状况、性质、特点和特殊危险部位的介绍；

f) 事故应急救援、事故应急预案演练及防范措施；

g) 有关事故案例及其教训等。

车间(工段、区、队)级岗前安全培训内容应当包括：

a) 工作环境及危险因素；

b) 所从事工种可能遭受的职业伤害和伤亡事故；

c) 所从事工种的安全职责、操作技能及强制性标准；

d) 自救互救、急救方法、疏散和现场紧急情况的处理；

e) 安全设备设施、个人防护用品的使用和维护；

f) 本车间(工段、区、队)安全生产状况及规章制度；

g) 预防事故和职业危害的措施及应注意的安全事项；

h) 有关事故案例；

i) 其他需要培训的内容。

班组级岗前安全培训内容应当包括：

a) 班组、岗位的安全生产概况，本岗位的生产流程及工作特点和注意事项；

b) 本岗位的职责范围，应知应会；

c）岗位安全操作规程；

d）岗位之间工作衔接配合的安全与职业卫生事项；

e）有关事故案例；

f）本岗位预防事故及灾害的措施。

② 员工厂际调动工作后应重新进行入厂三级安全教育。

③ 单位内工作调动、转岗、下岗再就业、干部顶岗以及脱离岗位12个月以上者，应进行二、三级安全教育，经考试合格后，方可从事新岗位工作。

④ 在新工艺、新技术、新装置、新产品投产前，各单位应组织编制新的安全操作规程，并组织专门培训。相关人员考试合格后，方可上岗操作。

⑤ 发生事故或未遂事故时，对事故责任者和相关员工进行安全教育，吸取教训，防止发生类似事故。

（3）其他人员及外来人员的安全教育

① 临时用工人员、外来施工人员的身体状况应能适应所从事的工作，实际年龄不得超过60周岁；能按照要求独自完成安全教育答卷，并有效识别现场各种警示标识。

② 临时用工、外来施工和实习人员的安全教育时间不应少于8学时。

厂级安全教育主要内容：

a）企业安全生产基本特点。

b）进入厂区应遵守的安全生产规章制度。

c）所从事工作的危险有害因素及安全注意事项。

d）典型事故案例。

车间级安全教育主要内容：

a）车间危险部位（主要生产系统、关键设备）及安全、环保注意事项。

b）车间职业危害因素（包括危险化学品和各种伤害能量）的性质及防护处理注意事项。

c）着火爆炸、泄漏中毒、环境污染事故的应急处理措施。

d）安全作业许可证办理的程序及注意事项。

e）生产装置的安全消防、气防卫生器材及设施的位置、使用程序和使用方法。

f）作业活动中应遵守的安全规定。

③ 外来参观人员的安全教育，由接待部门负责，内容包括本单位有关安全规定及安全注意事项；要安排专人陪同外来参观人员。

### 8.3.5 班组安全管理

班组是企业的细胞，班组长是企业的兵头将尾。班组长是连接广大职工和领导干部、管理部门的桥梁和纽带，在安全生产中发挥着举足轻重的作用。为了发挥班组长的作用，在安全生产管理工作中要当好“三员”。即安全生产管理的“宣传员”、“守门员”和“战斗员”。

班组安全建设是班组建设的重要组成部分，班组的安全管理做得好，促进了企业安全管理水平的提高等等。为了加强班组安全建设，班组应该做到以下几个方面。

（1）要有一个敢抓善管、技术过硬、重视安全的班组领导核心

班组长担负着对班组的日常生产和行政工作进行统一指挥、统一安排的重责，是安全工作的基层组织者和责任人。因此，班组长不但要具有一定的组织领导能力，思想觉悟高，责任心强，而且还要有过硬的操作技能、强烈的安全意识和熟练的安全技能。班组长要牢固树

立“安全第一，预防为主、综合治理”的指导思想，带领班组全体职工为实现“安全、优质、低耗、高效益”的目标努力完成和超额完成生产任务。

班组安全员和工会小组劳动保护检查员在班组的生产活动中，要充分发挥他们在发现隐患、报告险情、制止违章等方面的“哨兵”和“报警”作用，协助班组长搞好班组安全管理，开展群众性的“查隐患、堵漏洞、保安全”的活动。此外，还要协助班组长做好职工的思想政治工作，防止人的不安全行为或因情绪波动、精力分散造成操作失误而导致事故的发生。

(2) 安全生产要有一个明确的奋斗目标

有目标才有方向，班组应有自己实现安全生产的明确目标。班组长在任职期间要实行目标责任制。在确立工作目标时，要有安全生产的内容，并按“生产无隐患、个人无违章、班组无事故”的要求，结合班组的具体情况，制订出实现“安全合格班组”标准的具体办法，深入开展创“安全合格班组”等群众性活动。

(3) 要有一套完善的安全管理制度

制度既是实践的科学总结，又是统一行动的准绳。建立和完善与安全生产密切相关的各项管理制度，按照符合安全生产的科学规律进行生产活动，这是搞好班组安全建设的重要保证。

① 建立健全安全生产责任。

班组每个职工都要在各自职责范围内明确安全生产要求，推行安全操作责任制和安全联保制度。

② 实行巡回检查制。

要建立岗位设备巡回检查制度。职工要在自己岗位的管辖范围内，对生产设备的运转情况，使用安全检查表，对生产设备各系统或单点进行定时、定点、定路线、定项目的巡回检查，以便及时发现异常情况，采取措施消除隐患，排除故障，防止事故的发生。

③ 严格交接班制度。

要建立严格的交接班制度。交接班人员必须面对面把安全、生产等情况交接清楚，切实把设备运转情况、工艺指标、异常现象及处理结果、存在问题、处理意见，以及生产的原始记录、领导的生产指示、岗位的维修工具等都一一交接清楚。做到不清楚就不交班、不接班。防止因交接班不清楚而危及生产安全。

④ 建立安全技术岗位练兵制度。

开展岗位技术练兵，是实现安全生产的重要手段。一方面要通过技术练兵，使职工熟练地掌握正常生产的操作技能，防止因误操作而引起事故；另一方面又要针对发生事故或发生异常情况时所应采取的紧急处理措施，进行事故应急的模拟训练，努力提高职工的安全技术水平和对事故发生的应变处理能力。

⑤ 健全设备维护保养制度。

设备安全、正常运转，是生产安全的物质基础，必须健全设备的维护保养制度，并严格执行。尤其应对安全设备进行经常性维护和保养。

⑥ 严格个体防护用品的使用制度。

个体防护用品是保护职工安全健康的最后一道防线，班组要组织职工正确穿戴个体防护用品。个体防护用品穿戴不齐全、不正确的不得上岗。

(4) 班组安全活动做到经常化、制度化

安全活动要贯穿于日常生产的全过程，班组应做到班前有安全情况预检和安全工作布置，班中有巡回检查和安全对策，班后有安全小结和评议，每周有安全活动日，每月有巡回检查和安全对策，班后有安全小结和评议。每周有安全活动日，每月有安全评比，年终总评有安全内容，要把安全生产与经济效益的实绩统一起来考核。

（5）开展经常性的安全教育

班组要配合有关部门做好职工的安全思想教育工作，提高职工遵章守纪的自觉性，使党和国家有关安全生产的方针、政策真正为群众掌握，成为职工在生产中的自觉行动。与此同时，要有针对性地开展班组安全技术培训，做到岗位操作正确、熟练；安全基本知识人人掌握，能熟练判别异常情况，及时排除生产故障。

### 8.3.6 安全培训档案

安全生产教育培训档案包括：

① 安全生产教育培训制度。

② 年度培训教育计划；培训班通知、教材(课件)、试卷、培训有效性评价表和考勤等。

③ 主要负责人、安全生产管理人员安全资格证复印件。

④ 安全教育台账。

⑤ 员工安全教育资料：三级安全教育教材(课件)、试卷、员工个人安全教育卡。

⑥ 特种作业人员统计表和特种作业人员资格证复印件。

⑦ 换岗安全培训教育记录。

⑧ 四新(新工艺、新技术或使用新设备、新材料)培训教材(课件)、试卷等。

⑨ 承包商作业人员安全教育台账。

⑩班组安全活动计划、班组安全活动记录和学习资料等。

开展的各项安全培训教育活动都应形成记录，参见表8-2~表8-8。

**表8-2 年度培训教育计划**

| 序号 | 培训班名称 | 培训内容 | 培训对象 | 培训人数 | 班次 | 开班日期 | 课时 | 主办部门 | 办班地点 | 负责人 | 备注 |
|---|---|---|---|---|---|---|---|---|---|---|---|
| | | | | | | | | | | | |

编制： 审核： 批准： 年 月 日

**表8-3 培训有效性评价表**

实测人数：

| 培训班名称： | | 测评日期： | |
|---|---|---|---|
| 一、对开设课程的评估 | | | |

| 开设课程 | 有必要性 | 有针对性 | 提高程度 | 总分 |
|---|---|---|---|---|
| | | | | |

续表

| 培训班名称： | | | | | 测评日期： | |
|---|---|---|---|---|---|---|
| 二、对任课老师的评估 | | | | | | |
| 主讲教师 | 对内容的理解掌握 | 教学态度 | 能够调动学员参与 | 形式灵活 | 讲解清楚 | 总分 |
| | | | | | | |
| 三、对培训管理等方面的评估 | | | | | | |
| 评估内容 | 评估分数 | 评估内容 | | 评估分数 | 总分 | |
| 培训内容充实紧凑 | | 服务热情周到 | | | | |
| 培训方法和手段得当 | | 培训教室整洁卫生 | | | | |
| 教学组织严密 | | 培训对现岗有帮助 | | | | |
| 对学员管理严格 | | 愿将培训推荐 | | | | |
| [课程评价]图表 | | | | | | |
| | | | | | | |
| [教师评价]图表 | | | | | | |
| | | | | | | |

**表 8-4　员工个人安全教育卡(正面)**

| 姓名 | | 性别 | | 出生年月 | | 文化程度 | | 相片 |
|---|---|---|---|---|---|---|---|---|
| 原单位 | | | | 调入时间 | | 身体状况 | | |
| 原工种 | | | | 现工种 | | | | |
| 三级安全教育 | 厂教育内容 | | | 车间教育内容 | | 班组教育内容 | | |
| | | | | | | | | |
| | 成绩 | | 主考人 | | 成绩 | | 主考人 | |
| 备注 | | | | | | | | |

The 成绩/主考人 row continues: 成绩 ｜ ｜ 主考人 ｜ ｜ (班组)

**员工个人安全教育卡(反面)**

| | 岗位 | 教育时间 | 教育内容 | 成绩 | 主考人 | 备注 |
|---|---|---|---|---|---|---|
| 安全教育记录 | | | | | | |
| | | | | | | |
| | | | | | | |
| | | | | | | |
| | | | | | | |
| | | | | | | |
| | | | | | | |
| | | | | | | |
| | | | | | | |
| | | | | | | |
| | | | | | | |
| | | | | | | |
| | | | | | | |
| 奖惩记录 | | | | | | |

**表 8-5　特种作业人员统计表**

| 序号 | 姓名 | 性别 | 年龄 | 身份证号 | 工作单位 | 文化程度 | 特种作业类别 | 工作范围 | 特种作业证号 | 初次领证日期 | 复试日期 | 备注 |
|---|---|---|---|---|---|---|---|---|---|---|---|---|
| | | | | | | | | | | | | |
| | | | | | | | | | | | | |
| | | | | | | | | | | | | |
| | | | | | | | | | | | | |
| | | | | | | | | | | | | |
| | | | | | | | | | | | | |
| | | | | | | | | | | | | |
| | | | | | | | | | | | | |

### 表 8-6 换岗安全培训教育记录

编号：

| 姓名 | | 性别 | | 文化程度 | | 工号 | |
|---|---|---|---|---|---|---|---|
| 原部门 | | 原岗位 | | 现部门 | | 现岗位 | |

| 换岗安全教育记录 | | | |
|---|---|---|---|
| 教育级别 | 教育内容 | | |
| 车间级安全教育 | 1. 新车间安全生产概况，安全卫生状况 | 教育时间 | |
| | 2. 新车间生产安全技术操作规程和安全管理制度 | 教育人 | |
| | 3. 新车间主要危险有害的防范及应急措施，个人防护用品正确使用方法 | 教育课时 | |
| | 4. 新车间安全装置、劳动防护用品(用具)和应急救援器材的正确使用方法 | 考核结果 | |
| | 5. 典型事故案例及事故应急处置措施 | 受教育人 | |
| 岗位级安全教育 | 1. 岗位安全生产概况及岗位安全生产责任 | 教育时间 | |
| | 2. 岗位主要危险有害的防范及应急措施，个人防护用品正确使用方法 | 教育人 | |
| | 3. 岗位安全操作规程及岗位生产设备、安全装置的正确使用方法 | 教育课时 | |
| | 4. 实际安全操作示范及训练，应急措施及应急救援器材的正确使用 | 考核结果 | |
| | 5. 典型事故案例及事故应急处置措施 | 受教育人 | |
| 安全生产事故情况记载 | | | |
| | | | |

填表时间：

### 表 8-7 承包商作业人员安全教育台账

| 承包商名称： | | | | | | | |
|---|---|---|---|---|---|---|---|
| 培训教育时间： | | | | | | | |
| 培训教育地点： | | | | | | | |
| 培训内容 | | | 主讲 | 培训形式 | | | 课时 |
| | | | | | | | |
| 序号 | 参训人员 | 入厂证号 | 考核成绩 | 序号 | 参训人员 | 入厂证号 | 考核成绩 |
| | | | | | | | |
| 备注： | | 承包商作业人员于______年____月____日结束作业离开本公司作业现场 | | | | | |

填表时间：

**表 8-8　班组安全活动记录**

<table>
<tr><td colspan="6">班组名称：</td></tr>
<tr><td colspan="6">安全活动时间：</td></tr>
<tr><td colspan="6">安全活动地点：</td></tr>
<tr><td colspan="6">安全活动主持人：</td></tr>
<tr><td colspan="2">安全活动内容</td><td>主持或主讲人</td><td colspan="2">活动形式</td><td>学时</td></tr>
<tr><td colspan="2"></td><td></td><td colspan="2"></td><td></td></tr>
<tr><td>序号</td><td>参加人员</td><td>考核成绩</td><td>序号</td><td>参加人员</td><td>考核成绩</td></tr>
<tr><td></td><td></td><td></td><td></td><td></td><td></td></tr>
<tr><td colspan="2">企业负责人(签字)：</td><td></td><td colspan="2" rowspan="3">基层安全管理<br>人员(签字)：</td><td></td></tr>
<tr><td colspan="2" rowspan="2">基层单位负责人<br>(签字)：</td><td></td><td></td></tr>
<tr><td></td><td></td></tr>
<tr><td colspan="3">安全管理人员确认意见：</td><td colspan="3"></td></tr>
</table>

填表时间：

# 第 9 章　危险化学品安全生产检查

生产经营单位要进行督促、检查，这对保障安全生产至关重要。对通过各种途径发现的生产安全事故隐患，要及时采取有效措施予以消除，做到防患于未然。

## 9.1　安全检查分类

安全检查分类表见表 9-1。

**表 9-1　安全检查分类表**

| 检查类别 | 组织部门及内容 | 检查频次 |
|---|---|---|
| 综合性检查 | 由相应级别的负责人负责组织，以落实岗位安全责任制为重点，各专业共同参与的全面安全检查 | 厂级综合性安全检查每季度不少于 1 次，车间级综合性安全检查每月不少于 1 次 |
| 专业检查 | 分别由各专业部门的负责人组织本系统人员进行，主要是对锅炉、压力容器、危险物品、电气装置、机械设备、构建筑物、安全装置、防火防爆、防尘防毒、监测仪器等进行专业检查 | 每半年不少于 1 次 |
| 季节性检查 | 由各业务部门的负责人组织本系统相关人员进行，是根据当地各季节特点对防火防爆、防雨防汛、防雷电、防暑降温、防风及防冻保暖工作等进行预防性季节检查 | 每季节前 |
| 日常检查 | 分岗位操作人员巡回检查和管理人员日常检查。岗位操作人员应认真履行岗位安全生产责任制，进行交接班检查和班中巡回检查，各级管理人员应在各自的业务范围内进行日常检查 | 日常 |
| 节假日检查 | 对节假日前安全、保卫、消防、生产物资准备、备用设备、应急预案等方面进行的检查 | 节假日前 |

① 企业安全检查应有明确的目的、要求、内容和计划。各种安全检查均应编制安全检查表，安全检查表应包括检查项目、检查内容、检查标准或依据、检查结果等内容。

② 企业应根据安全检查计划，开展综合性检查、专业性检查、季节性检查、日常检查和节假日检查；各种安全检查均应按相应的安全检查表逐项检查，建立安全检查台账，并与责任制挂钩。

③ 企业应对安全检查所查出的问题进行原因分析，制定整改措施，落实整改时间、责任人，并对整改情况进行验证，保存相应记录。

④ 企业各种检查的主管部门应对各级组织和人员检查出的问题和整改情况定期进行检查。

## 9.2 隐患排查

《中华人民共和国安全生产法》第三十八条规定："生产经营单位应当建立健全生产安全事故隐患排查治理制度，采取技术、管理措施，及时发现并消除事故隐患。事故隐患排查治理情况应当如实记录，并向从业人员通报。"

《安全生产事故隐患排查治理暂行规定》(总局令16号)第四条规定："生产经营单位应当建立健全事故隐患排查治理制度。生产经营单位主要负责人对本单位事故隐患排查治理工作全面负责。"

主要负责人在隐患排查与整改中职责：

① 对隐患排查治理工作全面负责；

② 证隐患治理工作的资金落实；

③ 及时掌握重大隐患治理情况；

④ 督促有关部门制定有效的防范措施，明确负责人；

⑤ 按照"五定"(定整改方案、定资金来源、定项目负责人、定整改期限、定控制措施)的原则，落实隐患治理的各项措施，对隐患治理情况进行监控，保证隐患治理按期完成。

安全生产管理人员应当根据本单位的生产经营特点，对安全生产状况进行经常性检查；对检查中发现的安全问题，应当立即处理；不能处理的，应当及时报告本单位有关负责人，有关负责人应当及时处理。检查及处理情况应当如实记录在案。安全生产管理人员在检查中发现重大事故隐患，向本单位有关负责人报告，有关负责人不及时处理的，安全生产管理人员可以向主管的负有安全生产监督管理职责的部门报告。

安全检查包括：综合性检查、专业性检查、季节性检查、日常检查和节假日检查；各种安全检查均应按相应的安全检查表逐项检查，建立安全检查台账，并与责任制挂钩。相关表格见表9-2~表9-4。

**表9-2 综合检查表**

检查部门：＿＿＿＿＿　　检查人：＿＿＿＿＿　　日期：＿＿年＿＿月＿＿日

| 序号 | 检查项目 | 检查内容 | 检查方法 | 检查结果 | | 不符合及主要问题 |
|---|---|---|---|---|---|---|
| | | | | 是 | 否 | |
| 1 | 个体防护 | 劳保用品是否符合国家标准 | 查规范 | | | |
| | | 工作场所必须按规定佩戴劳动保护用品 | 现场查看 | | | |
| | | 禁止穿戴失效的劳保用品 | 现场查看 | | | |
| | | 劳动防护用品必须定期检验和维护 | 查记录 | | | |
| 2 | 安全生产 | 操作工必须按照相应的操作规程进行操作 | 现场查看 | | | |
| | | 从业人员在作业过程中，应当严格遵守本单位的安全生产规章制度和操作规程，服从管理，正确佩戴和使用劳动防护用品 | 现场查看 | | | |
| | | 未经安全生产教育和培训合格的从业人员，不得上岗作业 | 查看培训记录 | | | |

续表

| 序号 | 检查项目 | 检查内容 | 检查方法 | 检查结果 | | 不符合及主要问题 |
|---|---|---|---|---|---|---|
| | | | | 是 | 否 | |
| 2 | 安全生产 | 生产经营单位的特种作业人员必须按照国家有关规定经专门的安全作业培训，取得特种作业操作资格证书，方可上岗作业 | 查看培训记录 | | | |
| | | 生产经营单位应当在有较大危险因素的生产经营场所和有关设施、设备上，设置明显的安全警示标志 | 现场查看 | | | |
| | | 用于生产、储存危险物品的建设项目的施工单位必须按照批准的安全设施设计施工，并对安全设施的工程质量负责 | 现场查看查看资料 | | | |
| 3 | 消防管理 | 单位应当落实逐级消防安全责任制和岗位消防安全责任制，明确逐级和岗位消防安全职责，确定各级、各岗位的消防安全责任人 | 查规定的落实情况 | | | |
| | | 组织实施对本单位消防设施、灭火器材和消防安全标志的维护保养，确保其完好有效，确保疏散通道和安全出口畅通 | 查记录、现场检查 | | | |
| | | 单位应当按照国家有关规定，结合本单位的特点，建立健全各项消防安全制度和保障消防安全的操作规程，并公布执行 | 查阅相关规定 | | | |
| | | 单位应当将容易发生火灾、一旦发生火灾可能严重危及人身和财产安全以及对消防安全有重大影响的部位确定为消防安全重点部位，设置明显的防火标志，实行严格管理 | 现场查看 | | | |
| | | 消防安全重点单位应当进行每日防火巡查，并确定巡查的人员、内容、部位和频次。其他单位可以根据需要组织防火巡查 | 查记录现场检查 | | | |
| | | 单位应当按照建筑消防设施检查维修保养有关规定的要求，对建筑消防设施的完好有效情况进行检查和维修保养 | 现场检查 | | | |
| 4 | 设施设备 | 设施设备禁止带病运转 | 现场检查 | | | |
| | | 设施设备应定期维护检查 | 查看记录 | | | |
| | | 特种设备设施必须定期检验 | 查看记录 | | | |
| | | 压力管道应进行登记 | 查看记录 | | | |
| | | 设施设备停用或维修是否按规定挂牌上锁，并设立警示标志 | 现场查看 | | | |
| 5 | 施工管理 | 施工现场是否有有效的施工作业证 | 现场查看 | | | |
| | | 施工人员施工种类、位置是否与作业证相一致 | 现场查看 | | | |
| | | 施工人员劳保配备是否适宜 | 现场查看 | | | |
| | | 建筑施工企业和施工现场必须采购、使用具有生产许可证、产品合格证的产品，并建立安全防护用具及机械设备的采购、使用、检查、维修、保养的责任制 | 查看证书 | | | |
| | | 施工结束施工现场进行检查，施工现场必须整洁，设立警示标志，施工现场安全 | 现场查看 | | | |

**表 9-3　施工现场安全检查表**

检查部门：________　　　　检查人：________　　　　日期：____年____月____日

| 序号 | 检查项目 | 检查内容和标准 | 检查方法 | 检查结果 | | 不符合及主要问题 |
|---|---|---|---|---|---|---|
| | | | | 是 | 否 | |
| 1 | 施工管理 | 施工现场布置合理，危险作业有安全措施和负责人 | 现场查看 | | | |
| | | 作业过程执行各项安全作业规程 | 现场查看 | | | |
| 2 | 施工人员 | 穿戴好安全保护用品和正确使用防护用品 | 现场查看 | | | |
| | | 在工作期间，不准穿拖鞋、高跟鞋，不准干与工作无关事情，不准酒后上班 | 现场查看 | | | |
| | | 特种作业人员持证上岗 | 查看证书 | | | |
| | | 不准任意拆除和挪动各种防护装置、设施、标志 | 现场查看 | | | |
| | | 在禁止烟火的区域内不准吸烟、动用明火等 | 现场查看 | | | |
| | | 非施工人员和无关人员不得进入施工现场 | 现场查看 | | | |
| 3 | 场地 | 材料和设施堆放整齐、稳固、不乱堆乱放 | 现场查看 | | | |
| | | 废物、废渣急时清理，不乱丢乱扔 | 现场查看 | | | |
| | | 露天场地夏季设防暑降温凉棚，冬季设取暖棚 | 现场查看 | | | |
| | | 照明充足 | 现场查看 | | | |
| 4 | 危险区域 | 深沟、边坡、临空面、临水面边缘有栏杆或明显警告标示 | 现场查看 | | | |
| | | 孔、井口、等加盖或围拦，或有明显标志 | 现场查看 | | | |
| | | 施工作业场所设置警戒标志、警戒线、安全挡墙、防护棚 | 现场查看 | | | |
| | | 多层作业有隔离防护设施和专人监护 | 现场查看 | | | |
| 5 | 道路 | 路基可靠、路面平整、不积水、不乱堆器材、废料，保持畅通 | 现场查看 | | | |
| | | 通道、桥梁、平台、扶梯牢固、临空面有扶手拦杆 | 现场查看 | | | |
| | | 横跨路面的电线、设施不影响施工、器材和人员通过 | 现场查看 | | | |
| | | 影响交通道路的作业、有专人监护 | 现场查看 | | | |
| | | 倒料、出渣地段平坦、临空边缘有车挡 | 现场查看 | | | |
| | | 危险地段有明显的警告标志和防护设施 | 现场查看 | | | |
| 6 | 机电设备 | 施工机械设备运行状态良好，技术指标清楚，制动装置可靠 | 现场查看 | | | |
| | | 裸露的传动部位有防护装置 | 现场查看 | | | |
| | | 机电设备基础可靠，大型机械四周和行走、升降、转动的构件有明显颜色标志 | 现场查看 | | | |
| | | 作业空间不许架设高压线并与高压线保持足够距离 | 现场查看 | | | |
| | | 高压电缆绝缘可靠，临时用点线路布置合理，不准乱拉乱接 | 现场查看 | | | |
| | | 变压器有围拦，挂明显警告标志 | 现场查看 | | | |
| | | 氧气、乙炔瓶单独存放安全地点，远离火源 10m 以上 | 现场查看 | | | |
| | | 有足够的消防器材 | 现场查看 | | | |
| 7 | 临时房屋 | 基础稳定，房屋牢固 | 现场查看 | | | |
| | | 有可靠的防火措施 | 现场查看 | | | |

**表 9-4　安全检查台账**

| 序号 | 受检部门 | 检查内容 | 检查日期 | 检查情况或隐患部位 | 要求整改完成日期 | 检查人签字 | 实际完成日期 | 检查人签字 | 备注 |
|---|---|---|---|---|---|---|---|---|---|
| | | | | | | | | | |
| | | | | | | | | | |
| | | | | | | | | | |
| | | | | | | | | | |
| | | | | | | | | | |
| | | | | | | | | | |
| | | | | | | | | | |
| | | | | | | | | | |
| | | | | | | | | | |
| | | | | | | | | | |
| | | | | | | | | | |

## 9.3　隐患排查与治理

生产经营单位应按照《安全生产事故隐患排查治理暂行规定》(安全监管总局令第 16 号)要求开展隐患排查与治理工作。应当建立健全生产安全事故隐患排查治理制度，采取技术、管理措施，及时发现并消除事故隐患。应当定期组织安全生产管理人员、工程技术人员和其他相关人员排查本单位的事故隐患。对排查出的事故隐患，应当按照事故隐患的等级进行登记，建立事故隐患信息档案，并按照职责分工实施监控治理。事故隐患排查治理情况应当如实记录，并向从业人员通报。

① 企业应对风险评价出的隐患项目，下达隐患治理通知，限期治理，做到定治理措施、定负责人、定资金来源、定治理期限。

a）建立隐患治理台账(表 9-5、表 9-6)；

b）对查出的每个隐患都下达隐患治理通知，明确责任人、治理时限；

c）重大隐患项目做到整改措施、责任、资金、时限和预案“五到位”；

d）按期完成隐患治理。

② 企业应对确定的重大隐患项目建立档案，档案内容应包括：

a）评价报告与技术结论；

b）评审意见；

c）隐患治理方案，包括资金概预算情况等；

d）治理时间表和责任人；

e）竣工验收报告；

f）备案文件。

③ 企业无力解决的重大事故隐患，除采取有效防范措施外，应书面向企业直接主管部门和当地政府报告。

暂时无力解决的重大事故隐患，应制定并落实有效的防范措施；

书面向主管部门和当地政府、安全监管部门报告，报告要说明无力解决的原因和采取的防范措施。

④ 企业对不具备整改条件的重大事故隐患，必须采取防范措施，并纳入计划，限期解决或停产。书面向主管部门和当地政府、安全监管部门报告，报告要说明不具备整改条件的原因、整改计划和防范措施等。

**表 9-5　事故隐患排查台账**

| 检查日期 | 受检部门（单位） | 隐患情况 | 整改措施 | 防范措施 | 整改完成日期 | 检查负责人 | 整改责任人 | 验收负责人 | 备注 |
|---|---|---|---|---|---|---|---|---|---|
| | | | | | | | | | |
| | | | | | | | | | |
| | | | | | | | | | |
| | | | | | | | | | |
| | | | | | | | | | |

**表 9-6　隐患治理台账**

| 序号 | 单位 | 隐患项目 | 风险度 R | 级别 | 费用/万元 | | 资金来源 | 项目负责人 | 完成时间 | | 备注 |
|---|---|---|---|---|---|---|---|---|---|---|---|
| | | | | | 计划 | 实际 | | | 计划 | 实际 | |
| | | | | | | | | | | | |
| | | | | | | | | | | | |
| | | | | | | | | | | | |
| | | | | | | | | | | | |

## 9.4　制止和纠正违规行为

违章指挥是指安排或指挥职工违反国家有关安全的法律、法规、规章制度、企业安全管理制度或操作规程进行作业的行为。

违章作业就是违反作业章程、操作规范进行作业。

冒险作业就是作业者明知道继续作业或者采取的办法会发生严重后果，仍然继续坚持或者操作。

大量的事故调查分析表明，造成事故的原因大多出于人的不安全行为和物的不安全状态。有数据统计表明，在工业企业发生人员伤亡事故中，80%左右的事故与人的不安全行为有直接的关系。

《企业职工伤亡事故分析》(GB 6441—1986)将人的不安全行为归为十三大类：

① 操作错误，忽视安全，忽视警告。a)未经许可开动、关停、移动机器；b)开动、关停机器时未给信号；c)开关未锁紧，造成意外转动、通电或泄漏等；d)忘记关闭设备；e)忽视警告标志、警告信号；f)操作错误(指按钮、阀门、扳手、把柄等的操作)；g)奔跑作业；h)供料或送料速度过快；i)机械超速运转；j)违章驾驶机动车；k)酒后作业；l)客货混载；m)冲压机作业时，手伸进冲压模；n)工件紧固不牢；o)用压缩空气吹铁屑；p)其他。

② 造成安全装置失效：a)拆除了安全装置；b)安全装置堵塞，失掉了作用；c)调整的错误造成安全装置失效；d)其他。

③ 使用不安全设备：a)临时使用不牢固的设施；b)使用无安全装置的设备；c)其他。

④ 手代替工具操作：a)用手代替手动工具；b)用手消除切屑；c)不用夹具固定、用手拿工件进行机加工。

⑤ 物体(指成品、半成品、材料、工具、切屑和生产用品等)存放不当。

⑥ 冒险进入危险场所：a)冒险进入涵洞；b)接近漏料处(无安全设施)；c)采伐、集材、运材、装车时，未离危险区；d)未经安全监察人员允许进入油罐或井中；e)未"敲帮问顶"便开始作业；f)冒进信号；g)调车场超速上下车；h)易燃易爆场合明火；i)私自搭乘矿车；j)在绞车道行走；k)未及时瞭望。

⑦ 攀、坐不安全位置(如平台护栏、汽车挡板、吊车吊钩)。

⑧ 在起吊物下作业、停留。

⑨ 机器运转时加油、修理、检查、调整、焊接、清扫等工作。

⑩ 有分散注意力行为。

⑪ 在必须使用个人防护用具的作业或场合中，忽视其使用：a)未戴护目镜或面罩；b)未戴防护手套；c)未穿安全鞋；d)未戴安全帽；e)未佩戴呼吸护具；f)未佩戴安全带；g)未戴工作帽；h)其他。

⑫ 不安全装束：a)在有旋转零部件的设备旁作业穿过肥大服装；b)操纵带有旋转部件的设备时戴手套；c)其他。

⑬ 对易燃、易爆等危险物品处理错误。

## 9.5 督促落实本单位安全生产整改措施

安全生产整改措施关键在落实，需要生产经营单位有专门机构和人员来督促。安全生产管理机构和安全生产管理人员是督促落实整改措施的第一责任人，应当采取切实有效措施将整改工作落实到位。

安全生产整改措施按照软、硬件可分为管理整改措施和硬件投入整改措施。按照类别可分为事故隐患整改措施、查出问题整改措施、设备设施整改措施等。安全生产管理机构和安全生产管理人员要以各种方式(下发整改通知单、现场核实、拍照等)督促本单位制定的各项安全生产整改措施。表 9-7 为不符合整改通知单样例。

**表 9-7　不符合整改通知单样例**

编号：

<table>
<tr><td>受审核/检查部门</td><td></td><td>受审核/检查<br>部门负责人</td><td></td></tr>
<tr><td>□审核员<br>□检查员</td><td></td><td>审核/检查日期</td><td></td></tr>
<tr><td colspan="4">不符合事实/隐患描述：</td></tr>
<tr><td colspan="4">不符合标准、制度条款：</td></tr>
<tr><td colspan="4">不符合类型(划圈)：　严重　一般<br>□审核员　□检查员：　审核/检查组组长：</td></tr>
<tr><td colspan="2">纠正/整改措施：<br><br>计划完成日期：　年　月　日<br>部门负责人：</td><td colspan="2">纠正/整改措施批准：<br><br>审核/检查组长：<br>日期：</td></tr>
<tr><td colspan="2">纠正/整改措施完成情况：<br><br>受审核/检查部门负责人：<br>日期：</td><td colspan="2">纠正/整改措施验证：<br><br>审核/检查组长：<br>日期：</td></tr>
</table>

## 9.6 危险化学品安全生产检查通用要求

危险化学品安全生产检查共性要求见表9-8。
生产现场安全监督检查要求见表9-9。
石油化工安全监督检查专业要求见表9-10。
工业气体安全监督检查专业要求见表9-11。

**表 9-8　安全生产检查共性要求**

| 序号 | 检查项目 | 检查内容 | 检查要点 | 检查依据 |
| --- | --- | --- | --- | --- |
| 1 | 安全组织机构 | 安全生产管理机构或者配备专职安全生产管理人员配备齐全 | 1. 危险物品的生产、经营、储存单位以及从业人员超过 100 人的其他生产经营单位，是否设置安全生产管理机构或者配备专职安全生产管理人员。<br>专职安全生产管理人员的配备是否按照国家或者本市有关规定执行。<br>2. 设置安全生产管理机构或者配备专职安全生产管理人员的职责是否明确。<br>2.1　提出安全生产工作计划并组织实施；<br>2.2　组织开展安全生产检查，督促消除生产安全事故隐患；<br>2.3　组织实施生产安全事故应急演练；<br>2.4　督促本单位各部门履行安全生产职责，组织安全生产考核，提出奖惩意见；<br>2.5　依法组织本单位生产安全事故调查处理 | 《中华人民共和国安全生产法》(2014 版)第二十一条　矿山、金属冶炼、建筑施工、道路运输单位和危险物品的生产、经营、储存单位，应当设置安全生产管理机构或者配备专职安全生产管理人员。<br>前款规定以外的其他生产经营单位，从业人员超过 100 人的，应当设置安全生产管理机构或者配备专职安全生产管理人员；从业人员在 100 人以下的，应当配备专职或者兼职的安全生产管理人员。<br>第二十二条　生产经营单位的安全生产管理机构以及安全生产管理人员履行下列职责：<br>(一)组织或者参与拟订本单位安全生产规章制度、操作规程和生产安全事故应急救援预案；<br>(二)组织或者参与本单位安全生产教育和培训，如实记录安全生产教育和培训情况；<br>(三)督促落实本单位重大危险源的安全管理措施；<br>(四)组织或者参与本单位应急救援演练；<br>(五)检查本单位的安全生产状况，及时排查生产安全事故隐患，提出改进安全生产管理的建议；<br>(六)制止和纠正违章指挥、强令冒险作业、违反操作规程的行为；<br>(七)督促落实本单位安全生产整改措施 |
| 2 | 安全生产责任制 | 生产企业应当建立、健全各级各岗位安全生产责任制<br>其中的各项职责均得到落实情况 | 1. 是否建立、健全各级领导、各类人员的岗位安全生产责任制和各职能部门的安全生产责任制。<br>安全生产责任制是否明确各岗位的责任人员、责任内容和考核要求，是否形成包括全体人员和全部经营活动的责任体系。<br>2. 责任制的编写是否符合本单位的具体情况。<br>3. 责任制的审批、签发手续是否完备。<br>4. 现场检查落实的责任制执行情况；相关人员是否了解掌握自身责任制情况，安全生产责任制中的各项职责均得到落实，有文件、记录、档案、考核台账等痕迹支持。有考核奖惩机制，对责任制未落实的考核到位，有记录 | 《中华人民共和国安全生产法》(2014 版)第十八条　生产经营单位的主要负责人对本单位安全生产工作负有下列职责：<br>(一)建立、健全本单位安全生产责任制 |

续表

| 序号 | 检查项目 | 检查内容 | 检查要点 | 检查依据 |
|---|---|---|---|---|
| 3 | 安全生产管理制度 | 根据企业自身化工工艺、装置、设施等实际情况，制定完善安全生产规章制度 | 1. 检查是否具有以下管理制度，且内容齐全。<br>1.1　安全生产教育和培训制度；<br>1.2　安全生产检查制度；<br>1.3　生产安全事故隐患排查治理制度；<br>1.4　具有较大危险因素的生产经营场所、设备和设施的安全管理制度；<br>1.5　危险作业管理制度；<br>1.6　特种作业人员管理制度；<br>1.7　劳动防护用品配备和管理制度；<br>1.8　安全生产奖励和惩罚制度；<br>1.9　生产安全事故报告和调查处理制度；<br>1.10　其他保障安全生产的规章制度。<br>2. 制度的编写是否符合本单位的具体情况。<br>3. 管理制度的审批、签发手续是否完备。<br>4. 询问相关人员是否了解掌握安全管理制度情况。<br>5. 现场检查安全管理制度的执行情况 | 《中华人民共和国安全生产法》(2014 版)第十八条　生产经营单位的主要负责人对本单位安全生产工作负有下列职责：<br>(二)组织制定本单位安全生产规章制度和操作规程 |
| 4 | 岗位操作安全规程 | 根据危险化学品的生产工艺、技术、设备特点和原辅料、产品的危险性编制岗位操作安全规程 | 1. 岗位操作规程的编写是否符合本单位的具体情况。<br>2. 岗位操作规程的审批、签发手续是否完备。<br>3. 询问相关人员是否了解掌握岗位操作规程情况。<br>4. 现场检查岗位操作规程的执行情况；查：岗位操作安全规程的执行情况 | 《中华人民共和国安全生产法》(2014 版)第十八条　生产经营单位的主要负责人对本单位安全生产工作负有下列职责：<br>(二)组织制定本单位安全生产规章制度和操作规程 |
| 5 | 安全教育 | 主要负责人、安全生产管理人员与从业人员具备与生产经营活动相适应的安全生产知识和管理能力 | 1. 危险物品的生产、经营、储存单位的主要负责人和安全生产管理人员，具备与本单位所从事的生产经营活动相应的安全生产知识和管理能力。<br>2. 特种作业人员是否经专门的主管部门考核合格，取得特种作业操作资格证书并在有效期内。<br>3. 从业人员是否经安全生产教育和培训合格，持证上岗。<br>4. 查教育台账、档案 | 《中华人民共和国安全生产法》(2014 版)第二十四条　生产经营单位的主要负责人和安全生产管理人员必须具备与本单位所从事的生产经营活动相应的安全生产知识和管理能力。<br>第二十七条　生产经营单位的特种作业人员必须按照国家有关规定经专门的安全作业培训，取得相应资格，方可上岗作业 |

续表

| 序号 | 检查项目 | 检查内容 | 检查要点 | 检查依据 |
| --- | --- | --- | --- | --- |
| 6 | 安全生产资金投入 | 企业应当按照国家规定提取与安全生产有关的费用，并保证安全生产所必须的资金投入 | 1. 企业是否保证安全生产投入。<br>2. 专项安全资金的使用是否有效实施。重点查：上年度安全生产资金投入及本年度计划安全生产资金投入。<br>3. 有无提取和使用安全生产费用，是否专门用于改善安全生产条件 | 《中华人民共和国安全生产法》（2014 版） 第二十条<br>生产经营单位应当具备的安全生产条件所必需的资金投入，由生产经营单位的决策机构、主要负责人或者个人经营的投资人予以保证，并对由于安全生产所必需的资金投入不足导致的后果承担责任。<br>有关生产经营单位应当按照规定提取和使用安全生产费用，专门用于改善安全生产条件。安全生产费用在成本中据实列支。安全生产费用提取、使用和监督管理的具体办法由国务院财政部门会同国务院安全生产监督管理部门征求国务院有关部门意见后制定 |
| 7 | 安全评价 | 委托具备国家规定资质的安全评价机构进行安全评价，并按照安全评价报告的意见对存在的安全生产问题进行整改 | 1. 生产、储存危险化学品的企业是否对本企业的安全生产条件每 3 年进行一次安全评价。<br>2. 安全评价报告所提出的安全生产条件存在的问题是否进行整改 | 《中华人民共和国安全生产法》（2014 版）第二十九条<br>矿山、金属冶炼建设项目和用于生产、储存、装卸危险物品的建设项目，应当按照国家有关规定进行安全评价。<br>《危险化学品安全管理条例》（国务院第 591 号令）第二十二条<br>生产、储存危险化学品的企业，应当委托具备国家规定的资质条件的机构，对本企业的安全生产条件每 3 年进行一次安全评价，提出安全评价报告。安全评价报告的内容应当包括对安全生产条件存在的问题进行整改的方案 |
| 8 | 工伤保险 | 依法参加工伤保险 | 1. 企业是否依法参加工伤保险，为从业人员缴纳保险费。<br>2. 企业是否推行安全责任险 | 《中华人民共和国安全生产法》（2014 版）第四十八条<br>生产经营单位必须依法参加工伤保险，为从业人员缴纳保险费。<br>国家鼓励生产经营单位投保安全生产责任保险 |
| 9 | 劳动防护用品 | 劳动防护用品的配备和使用符合国家标准和行业标准 | 1. 各岗位从业人员配备劳动防护用品的种类和型号是否符合国家标准或者行业标准的要求。<br>2. 劳动防护用品的购买和发放的记录是否齐全。查劳动防护用品发放记录及本人签字 | 《中华人民共和国安全生产法》（2014 版）第四十四条<br>生产经营单位应当安排用于配备劳动防护用品、进行安全生产培训的经费 |

续表

| 序号 | 检查项目 | 检查内容 | 检查要点 | 检查依据 |
| --- | --- | --- | --- | --- |
| 10 | 安全警示标志 | 安全警示标志符合要求 | 在有较大危险因素的生产场所和有关设施、设备上，是否设置明显的安全警示标志 | 《中华人民共和国安全生产法》(2014版)第三十二条　生产经营单位应当在有较大危险因素的生产经营场所和有关设施、设备上，设置明显的安全警示标志<br>《危险化学品安全管理条例》(国务院第591号令)第二十条<br>生产、储存危险化学品的单位，应当在其作业场所和安全设施、设备上设置明显的安全警示标志 |
| 11 | 危险化学品管理 | 首批重点监管的危险化学品及重点工艺符合标准要求 | 企业属于重点监管的危险化学品及重点工艺，是否采取首批重点监管的危险化学品安全措施和事故应急处置原则 | 《国家安全监管总局关于公布首批重点监管的危险化学品名录的通知》(安监总管三〔2011〕95号)<br>氯(液氯、氯气)、氨、液化石油气、硫化氢、甲烷、天然气、原油、汽油(含甲醇汽油、乙醇汽油)、石脑油、氢、苯(含粗苯)、碳酰氯、二氧化硫、一氧化碳、甲醇、丙烯腈、环氧乙烷、乙炔、氟化氢、氢氟酸、甲苯、氰化氢(氢氰酸)、乙烯、三氯化磷、硝基苯、苯乙烯、环氧丙烷、一氯甲烷、1，3-丁二烯、硫酸二甲酯、氰化钠、1-丙烯(丙烯)、苯胺、甲醚、丙烯醛(2-丙烯醛、氯苯)、乙酸乙烯酯、二甲胺、苯酚、四氯化钛、甲苯二异氰酸酯、过氧乙酸、六氯环戊二烯、二硫化碳、乙烷、环氧氯丙烷、丙酮氰醇、磷化氢、氯甲基甲醚、三氟化硼、烯丙胺、异氰酸甲酯、甲基叔丁基醚、乙酸乙酯、丙烯酸、硝酸铵、三氧化硫、三氯甲烷、甲基肼、一甲胺、乙醛、氯甲酸三氯甲酯、一甲胺、乙醛、氯甲酸三氯甲酯<br>首批重点监管的危险化工工艺目录：<br>光气及光气化工艺、电解工艺(氯碱)、氯化工艺、硝化工艺、合成氨工艺、裂解(裂化)工艺、氟化工艺、加氢工艺、重氮化工艺、氧化工艺、过氧化工艺、胺基化工艺、磺化工艺、聚合工艺、烷基化工艺 |
| 12 | 危化品登记及一书一签 | 企业应当依法进行危险化学品登记，为用户提供化学品安全技术说明书，并在危险化学品包装(包括外包装件)上粘贴或者拴挂与包装内危险化学品相符的化学品安全标签 | 1. 生产企业是否进行了危险化学品登记。<br>2. 化学品安全技术说明书，是否符合《化学品安全技术说明书编写规定》(GB 16483)的要求。<br>3. 化学品安全标签，是否符合《化学品安全标签编写规定》(GB 15258)的要求 | 《危险化学品生产企业安全生产许可证实施办法》(国家安监总局第41号令)第二十条　企业应当依法进行危险化学品登记，为用户提供化学品安全技术说明书 |

续表

| 序号 | 检查项目 | 检查内容 | 检查要点 | 检查依据 |
| --- | --- | --- | --- | --- |
| 13 | 安全检查 | 生产经营单位应对检查中发现的安全问题及时处理，并对检查及处理情况进行记录 | 1. 根据本单位生产经营活动的特点，是否对安全生产状况进行经常性检查。<br>2. 对检查中发现的安全问题是否及时处理。<br>3. 对检查及处理情况是否进行记录。<br>4. 记录是否按照规定的期限保存 | 《中华人民共和国安全生产法》(2014 版)第四十三条<br>生产经营单位的安全生产管理人员应当根据本单位的生产经营特点，对安全生产状况进行经常性检查；对检查中发现的安全问题，应当立即处理；不能处理的，应当及时报告本单位有关负责人，有关负责人应当及时处理。检查及处理情况应当如实记录在案 |
| 14 | 隐患排查治理 | 对安全生产状况进行定期检查，及时采取措施消除事故隐患 | 1. 对安全生产状况是否进行定期检查，及时采取措施消除事故隐患。<br>2. 事故隐患难以立即排除的，是否制定治理方案，落实整改措施、责任、资金、时限和预案 | 《中华人民共和国安全生产法》(2014 版)第三十八条<br>生产经营单位应当建立健全生产安全事故隐患排查治理制度，采取技术、管理措施，及时发现并消除事故隐患。事故隐患排查治理情况应当如实记录，并向从业人员通报 |
| 15 | 危险化学品重大危险源管理 | 危险化学品重大危险源监督管理应符合国家标准要求 | 1. 是否对危险化学品生产、储存装置、设施或者场所进行重大危险源辨识。<br>对已确定的重大危险源，是否定期检测、评估和监控，是否制定重大危险源事故应急预案演练计划，并按照下列要求进行事故应急预案演练：<br>1.1　对重大危险源专项应急预案，每年至少进行一次；<br>1.2　对重大危险源现场处置方案，每半年至少进行一次；<br>1.3　应急预案演练结束后，危险化学品单位应当对应急预案演练效果进行评估，撰写应急预案演练评估报告，分析存在的问题，对应急预案提出修订意见，并及时修订完善演练计划、方案和总结。<br>2. 是否有重大危险源评估报告或安全评价报告和相关等级记录。重大危险源安全评估报告或安全评价报告中有关重大危险源的内容是否包括九项内容：<br>2.1　评估的主要依据；<br>2.2　重大危险源的基本情况；<br>2.3　事故发生的可能性及危害程度；<br>2.4　个人风险和社会风险值(仅适用定量风险评价方法)；<br>2.5　可能受事故影响的周边场所、人员情况；<br>2.6　重大危险源辨识、分级的符合性分析； | 《危险化学品重大危险源监督管理暂行规定》(国家安全生产监督管理总局令第 40 号)第七条<br>危险化学品单位应当按照《危险化学品重大危险源辨识》标准，对本单位的危险化学品生产、经营、储存和使用装置、设施或者场所进行重大危险源辨识，并记录辨识过程与结果。<br>第八条危险化学品单位应当对重大危险源进行安全评估并确定重大危险源等级。<br>第十条重大危险源安全评估报告应当客观公正、数据准确、内容完整、结论明确、措施可行，并包括下列内容：<br>(一)评估的主要依据；<br>(二)重大危险源的基本情况；<br>(三)事故发生的可能性及危害程度；<br>(四)个人风险和社会风险值(仅适用定量风险评价方法)；<br>(五)可能受事故影响的周边场所、人员情况；<br>(六)重大危险源辨识、分级的符合性分析；<br>(七)安全管理措施、安全技术和监控措施； |

续表

| 序号 | 检查项目 | 检查内容 | 检查要点 | 检查依据 |
| --- | --- | --- | --- | --- |
| 15 | 危险化学品重大危险源管理 | 危险化学品重大危险源监督管理应符合国家标准要求 | 2.7 安全管理措施、安全技术和监控措施；<br>2.8 事故应急措施；<br>2.9 评估结论与建议。<br>3. 有六项情形之一的，危险化学品单位是否对重大危险源重新进行辨识、安全评估及分级：<br>3.1 重大危险源安全评估已满三年的；<br>3.2 构成重大危险源的装置、设施或者场所进行新建、改建、扩建的；<br>3.3 危险化学品种类、数量、生产、使用工艺或者储存方式及重要设备、设施等发生变化，影响重大危险源级别或者风险程度的；<br>3.4 外界生产安全环境因素发生变化，影响重大危险源级别和风险程度的；<br>3.5 发生危险化学品事故造成人员死亡，或者 10 人以上受伤，或者影响到公共安全的；<br>3.6 有关重大危险源辨识和安全评估的国家标准、行业标准发生变化的。<br>4. 是否对辨识确认的重大危险源及时、逐项进行登记建档。<br>4.1 是否报送所在地县级人民政府安全生产监督管理部门备案，是否在政府安全生产监管信息平台电子备案，查系统给出的备案证书。<br>4.2 危险化学品单位更新档案，是否重新备案。<br>5. 一级或者二级重大危险源<br>5.1 一级或者二级重大危险源，是否具备紧急停车功能。<br>5.2 记录的电子数据的保存时间不少于 30 天。<br>5.3 涉及毒性气体、液化气体、剧毒液体的一级或者二级重大危险源，是否配备独立的安全仪表系统(SIS)；<br>5.4 重大危险源的监控措施配备是否符合 AQ 3035—2010《危险化学品重大危险源安全监控通用技术规范》的要求；储罐区构成重大危险源是否符合 AQ 3036—2010《危险化学品重大危险源罐区安全监控装备设置规范》的要求 | (八)事故应急措施；<br>(九)评估结论与建议。<br>第二十二条危险化学品单位应当对辨识确认的重大危险源及时、逐项进行登记建档。<br>第二十三条危险化学品单位在完成重大危险源安全评估报告或者安全评价报告后 15 日内，应当填写重大危险源备案申请表，连同本规定第二十二条规定的重大危险源档案材料(其中第二款第五项规定的文件资料只需提供清单)，报送所在地县级人民政府安全生产监督管理部门备案。<br>《危险化学品重大危险源安全监控通用技术规范》(AQ 3035—2010)<br>《危险化学品重大危险源罐区安全监控装备设置规范》(AQ 3036—2010) |

续表

| 序号 | 检查项目 | 检查内容 | 检查要点 | 检查依据 |
| --- | --- | --- | --- | --- |
| 16 | 应急救援体系 | 建立健全完善的应急救援体系 | 1. 危险化学品事故应急救援预案编写是否符合国家和本市编制导则的要求；是否制定危险化学品泄漏、火灾、爆炸、急性中毒等事故应急救援预案；<br>2. 危险化学品事故应急救援预案是否及时修订和完善，是否正式发布实施；应急预案评审报告；应急预案备案证明；<br>3. 危险化学品事故应急预案是否进行定期演练。是否定期组织演练，每年不得少于一次；<br>4. 应急救援器材、设备的配备是否齐全；<br>5. 应急救援器材、设备是否进行经常性维护、保养；<br>6. 应急救援器材、设备是否能保证正常运转；<br>7. 应急疏散通道是否符合要求(标志明显、出口保持畅通)；<br>8. 应急广播、应急照明设施是否完好、有效；<br>9. 发生事故情况，主要负责人是否按照本单位危险化学品应急预案组织救援情况；<br>10. 向当地安全生产监督管理部门和环境保护、公安、卫生主管部门报告记录，配合政府进行救援情况 | 《中华人民共和国安全生产法》(2014 版)第七十八条生产经营单位应当制定本单位生产安全事故应急救援预案，与所在地县级以上地方人民政府组织制定的生产安全事故应急救援预案相衔接，并定期组织演练。<br>第二十二条生产经营单位的安全生产管理机构以及安全生产管理人员履行下列职责：<br>(一)组织或者参与拟订本单位安全生产规章制度、操作规程和生产安全事故应急救援预案 |
| 17 | 事故管理 | 事故“四不放过”管理 | 1. 查事故台账、事故报告和员工工伤认定情况；<br>2. 查事故的“四不放过”情况，查事故措施落实、责任人处理、员工教育、事故原因等记录或文件 | 事故“四不放过”管理：<br>“四不放过”：事故措施不落实不放过、责任人得不到处理不放过、员工得不到教育不放过、事故原因不查清不放过 |

**表 9-9　生产现场安全监督检查要求**

| 序号 | 检查项目 | 检查内容 | 检查要点 | 检查依据 |
|---|---|---|---|---|
| 1 | 企业选址与布局 | 企业选址与布局应符合国家与行业标准要求 | 1. 化工生产企业的建设项目的选址与布局是否符合《化工企业总图运输设计规范》(GB 50489)、《工业企业总平面设计规范》(GB 50187)《建筑设计防火规范》(GBJ 16)、《石油化工企业设计防火规范》(GB 50160)和《化工企业安全卫生设计规范》(HG 20571)等标准。<br>1.1　散发可燃气体和可燃蒸汽的甲类厂房与明火或散发火星地点的防火间距不应小于 30m；与厂外道路(路边)的防火间距不应小于 15m。<br>1.2　甲、乙类厂房与重要公共建筑物的防火间距不宜小于 50m。<br>1.3　甲类厂房、甲、乙类液体储罐等与电力架空线的最近水平距离不应小于电杆(塔)高度的 1.5 倍。<br>1.4　生产和储存危险物品的车间不得与员工宿舍在同一座建筑物内，并应当与员工宿舍保持安全距离。<br>1.5　公路和地区架空电力线路，严禁穿越生产区。区域排洪沟不宜通过厂区 | 《危险化学品生产企业安全生产许可证实施办法》(国家安监总局第 41 号令)第八条：<br>企业选址布局、规划设计以及与重要场所、设施、区域的距离应当符合下列要求：<br>(三)总体布局符合《化工企业总图运输设计规范》(GB 50489)、《工业企业总平面设计规范》(GB 50187)、《建筑设计防火规范》(GB 50016)等标准的要求 |
| 2 | 厂房、作业场所 | 企业的厂房设计、作业场所安全要求符合国家标准 | 厂房、作业场所的布局与建设是否符合以下要求：<br>1. 资质审查<br>新建、改建、扩建建设项目经是否经具备国家规定资质的单位设计、制造和施工建设；涉及危险化工工艺、重点监管危险化学品的装置，是否由具有综合甲级资质或者化工石化专业甲级设计资质的化工石化设计单位设计。<br>2. 厂房布局<br>2.1　生产区域、设备、储罐、仓库、装卸设施是否远离各种引爆源和生活、办公区；应布置在全年最小风频的上风向；<br>2.2　厂房的朝向是否有利于爆炸危险气体的散发；厂房应有足够的泄压面积和必要的安全通道；对散发比空气重的有爆炸危险气体的场所地面应有不引爆措施；设备、设施的安全间距应符合国家有关规定；<br>2.3　厂区是否设有符合标准的消防通道，并保证其畅通。面积大于 $5\times10^4 m^2$ 的化工企业应有两个以上的出入口，人流和货运安全通道应明确分开。<br>3. 作业场所<br>3.1　生产易然易爆危险化学品的厂房建筑物耐火等级为一、二级，高架仓库的耐火等级不应低于二级，耐火等级二级仓库的金属柱、梁应采取外包敷不燃材料或其他防火隔热保护措施。 | 《危险化学品生产企业安全生产许可证实施办法》(国家安监总局第 41 号令)<br>第九条企业的厂房、作业场所、储存设施和安全设施、设备、工艺应当符合下列要求：<br>(一)新建、改建、扩建建设项目经具备国家规定资质的单位设计、制造和施工建设；涉及危险化工工艺、重点监管危险化学品的装置，由具有综合甲级资质或者化工石化专业甲级设计资质的化工石化设计单位设计；<br>(二)不得采用国家明令淘汰、禁止使用和危及安全生产的工艺、设备。<br>(三)涉及危险化工工艺、重点监管危险化学品的装置装设自动化控制系统；涉及危险化工工艺的大型化工装置装设紧急停车系统；涉及易燃易爆、有毒有害气体化学品的场所装设易燃易爆、有毒有害介质泄漏报警等安全设施；<br>(四)生产区与非生产区分开设置，并符合国家标准或者行业标准规定的距离；<br>(五)危险化学品生产装置和储存设施之间及其与建(构)筑物之间的距离符合有关标准规范的规定。 |

续表

| 序号 | 检查项目 | 检查内容 | 检查要点 | 检查依据 |
| --- | --- | --- | --- | --- |
| 2 | 厂房、作业场所 | 企业的厂房设计、作业场所安全要求符合国家标准 | 3.2 仓库内严禁设置办公室、休息室并不应贴邻建造。<br>3.3 爆炸危险场所必须有良好的通风设施，以防止有爆炸危险气体的积聚。生产装置尽可能采用露天、半露天布置，布置在室内的应有足够的通风措施。<br>3.4 生产经营场所应当设有符合紧急疏散要求、标志明显、保持畅通的出口。禁止封闭、堵塞生产经营场所出口。<br>3.5 甲、乙类厂房不应设在建筑物的地下室或半地下室内。<br>4. 生产工艺、设备<br>4.1 不得采用国家明令淘汰、禁止使用和危及安全生产的工艺、设备。<br>4.2 涉及国家安监总局名录中规定的危险化工工艺、重点监管危险化学品的装置装设自动化控制系统。如：<br>4.2.1 在工艺装置上有可能引起火灾、爆炸的部位，应设置温度、压力、液位等检测仪表、超限报警、安全联锁等装置。<br>4.2.2 在有可燃气体(蒸气)可能泄漏扩散的地方，应设置可燃气体浓度检测、报警器。<br>4.2.3 因反应中造成超温、超压，可能引起火灾、爆炸危险的设备，应设置自动和手动紧急泄压排放处理装置等设施。<br>4.2.4 有突然超压或瞬间分解爆炸可能的生产设备或贮存设备，应装有爆破板(防爆膜)。导爆筒出口应朝安全方向，并根据需要采取防止二次爆炸、火灾的措施。<br>4.2.5 用于易燃、易爆气体的安全阀放空管，必须将其导出管置于室外，并高于建筑物 2m 以上，并应在避雷装置的保护范围之内。<br>4.3 生产装置、建筑物、构筑物、罐区等工业下水出口处，除按规定做水封井外，还应在上述区域与水封井间设置切断阀，防止大量易燃、易爆物料突发性进入下水系统。<br>4.4 危险场所使用的机动车辆应采取有效的防爆措施 | 《爆炸危险场所安全规定》{劳发(1995)56 号}第十三条：<br>生产厂房、设备、储罐、仓库、装卸设施应远离各种引爆源和生活、办公区；应布置在全年最小频率风的上风向；厂房的朝向应有利于爆炸危险气体的散发；厂房应有足够的泄压面积和必要的安全通道；以散发比空气重的有爆炸危险气体的场所地面应有不引爆措施；设备、设施的安全间距应符合国家有关规定；生产厂房内的爆炸危险物料必须限量，储罐、仓库的储存量严格按国家有关规定执行。<br>第十六条：爆炸危险场所必须有良好的通风设施，以防止有爆炸危险气体的积聚。生产装置尽可能采用露天、半露天布置，布置在室内应有足够的通风量；通排风设施应根据气体比重确定位置；对局部易泄漏部位应设置局部符合防爆要求的机械排风设施 |
| 3 | 新工艺 | 新工艺的稳定可靠性应满足要求 | 新开发的危险化学品生产工艺是否是在小试、中试、工业化试验的基础上逐步放大到工业化生产。<br>国内首次使用的化工工艺，是否经过省、市有关部门组织的安全可靠性论证 | 《危险化学品生产企业安全生产许可证实施办法》(国家安监总局第 41 号令)第九条：(二)不得采用国家明令淘汰、禁止使用和危及安全生产的工艺、设备；新开发的危险化学品生产工艺必须在小试、中试、工业化试验的基础上逐步放大到工业化生产；国内首次使用的化工工艺，必须经过省级人民政府有关部门组织的安全可靠性论证 |

续表

| 序号 | 检查项目 | 检查内容 | 检查要点 | 检查依据 |
| --- | --- | --- | --- | --- |
| 4 | 防雷、防静电 | 防雷、防静电应符合国家标准要求 | 防雷、防静电是否符合以下要求：<br>1. 防雷<br>1.1 生产企业的化工装置、设备、设施、储罐以及建(构)筑物，是否根据生产性质、环境特点以及被保护设施的类型，设计相应防雷设施。<br>1.2 具有易燃、易爆气体生产装置和储罐以及排放的排气筒的避雷针是否高于气体排放时所形成的爆炸危险范围。<br>1.3 平行布置的间距小于100mm金属管道或交叉距离小于100mm的金属管道，防雷电感应装置，防雷电感应装置是否与防静电装置联合设置。<br>1.4 有火灾爆炸危险的化工装置、露天设备、储罐、电气设施和建(构)筑物是否有防直击雷装置，是否采取防止雷电感应的措施。<br>2. 防静电<br>2.1 具有火灾爆炸危险的场所、静电对产品质量有影响的生产过程以及静电危害人身安全的作业区内，所有的金属用具及门窗零部件、移动式金属车辆、梯子是否有静电接地。<br>2.2 化工装置在爆炸、火灾危险场所内可能产生静电危险的金属设备、管道等是否设有静电接地；是否设备及设备内部件有与地相绝缘的金属体。非导体设备、管道等是否采用间接接地或静电屏蔽方法，屏蔽体是否可靠接地。 | 《化工企业安全卫生设计规范》(HG 20571—2014)<br>4.3.1 化工装置、设备、设施、储罐以及建(构)筑物的防雷设计应符合现行国家标准《建筑物防雷设计规范 GB 50057 和、石油化工装置防雷设计规范》GB 50650 等的有关规定。<br>4.3.2 化工装置的防雷设计应根据生产性质、环境特点以及被保护设施的类型，设计相应防雷设施。<br>4.3.3 有火灾爆炸危险的化工装置、露天设备、储罐、电气设施和建(构)筑物应设计防直击雷装置，并应采取防止雷电感应的措施。<br>4.3.4 具有易燃易爆气体生产装置和储罐以及排放易燃易爆气体的排气筒的避雷设计，避雷针应高于气体排放时所形成的爆炸危险范围。<br>4.3.5 平行布置的间距小于100mm的金属管道或交叉距离小于100mm的金属管道，应设计防雷电感应装置，防雷电感应装置可与防静电装置联合设置。<br>4.2.2 化工装置防静电设计应根据生产工艺要求、作业环境特点和物料的性质采取相应的防静电措施。<br>4.2.4 化工装置在爆炸、火灾危险场所内可能产生静电危险的金属设备、管道等应设置静电接地，不允许设备及设备内部件有与地相绝缘的金属体。非导体设备、管道等应采用间接接地或静电屏蔽方法，屏蔽体应可靠接地。<br>4.2.5 具有火灾爆炸危险的场所、静电对产品质量有影响的生产过程以及静电危害人身安全的作业区内，所有的金属用具及门窗零部件、移动式金属车辆、梯子均应设静电接地。 |
| 5 | 供电 | 供电负荷符合生产及消防要求 | 1. 生产企业供用电是否符合有关设计规范要求。<br>1.1 凡中断供电将造成人身伤亡或在政治、经济上造成重大损失者应划为一级负荷。中断供电可导致中毒、爆炸、火灾者应视为特别重要的一级负荷。一级负荷应由两个电源供电；特别重要的一级负荷除两个电源外，尚应增设发电机等应急电源。<br>1.2 凡中断供电将造成较大经济损失者或造成较大政治影响者应划为二级负荷。二级负荷的供电系统，宜由两回线路供电。 | 《供配电系统设计规范》(GB 50052—2009)<br>第2.0.1条：电力负荷应根据对供电可靠性的要求及中断供电在政治、经济上所造成损失或影响的程度进行分级，并应符合下列规定：<br>一、符合下列情况之一时，应为一级负荷：1. 中断供电将造成人身伤亡时。2. 中断供电将在政治、经济上造成重大损失时。例如：重大设备损坏、重大产品报废、用重要 |

续表

| 序号 | 检查项目 | 检查内容 | 检查要点 | 检查依据 |
| --- | --- | --- | --- | --- |
| 5 | 供电 | 供电负荷符合生产及消防要求 | 1.3 同时供电的两回及以上供配电线路中一回路中断供电时，其余线路应能满足全部一级负荷及二级负荷。<br>1.4 应采取必要措施降低冲击性负荷引起的电网电压波动和电压闪变。<br>1.5 爆炸危险环境的低压配电应采用 TN-S 系统，并进行适当的等电位联结。<br>1.6 建筑高度超过 50m 的乙、丙类厂房和丙类库房，消防设备应按一级负荷供电。室外消防用水量超过 30L/s 的工厂，仓库、室外消防用水量超过 35L/s 的易燃材料堆场、甲类和乙类液体储罐或储罐区、可燃气体储罐或储罐区，消防用电应按二级负荷供电。<br>1.7 消防水泵应保证在火警后 30s 内启动，消防水泵与动力机械应直接连接 | 原料生产的产品大量报废，国民经济中重点企业的连续生产过程被打乱需要长时间才能恢复等。3. 中断供电将影响有重大政治、经济意义的用电单位的正常工作。例如：重要交通枢纽、重要通信枢纽、重要宾馆、大型体育场馆、经常用于国际活动的大量人员集中的公共场所等用电单位中的重要电力。在一级负荷中，当中断供电将发生中毒、爆炸和火灾等情况的负荷，以及特别重要场所的不允许中断供电的负荷，应视为特别重要的负荷。<br>二、符合下列情况之一时，应为二级负荷：1. 中断供电将在政治、经济上造成较大损失时。例如：主要设备损坏、大量产品报废、连续生产过程被打乱需较长时间才能恢复、重点企业大量减产等。2. 中断供电将影响重要用电单位的正常工作。例如：交通枢纽、通信枢纽等用电单位中的重要电力负荷，以及中断供电将造成大型影剧院、大型商场等较多人员集中的重要的公共场所秩序混乱。<br>三、不属于一级和二级负荷者应为三级负荷。<br>第 2.0.2 条：一级负荷的供电电源应符合下列规定：<br>一、一级负荷应由两个电源供电；当一个电源发生故障时，另一个电源不应同时受到损坏。<br>二、一级负荷中特别重要的负荷，除由两个电源供电外，尚应增设应急电源，并严禁将其他负荷接入应急供电系统。<br>第 3.0.6 条：同时供电的两回及以上供配电线路中一回路中断供电时，其余线路应能满足全部一级负荷及二级负荷。<br>《建筑设计防火规范》(GB 50016—2014)<br>第 11.1.1 条：建筑物、储罐、堆场的消防用电设备，其电源应符合下列要求：<br>一、建筑高度超过 50m 的乙、丙类厂房和丙类库房，其消防用电设备应按一级负荷供电；<br>二、建筑物、储罐和堆场的消防用电，应按二级负荷供电：1. 室外消防用水量超过 30L/s 的工厂、仓库；2. 室外消防用水量超过 35L/s 的可燃材料堆场、甲类和乙类液体储罐或储罐区、可燃气体储罐或储罐区；<br>第 8.6.9 条：消防水泵应保证在火警后 30s 内启动，消防水泵与动力机械应直接连接 |

续表

| 序号 | 检查项目 | 检查内容 | 检查要点 | 检查依据 |
| --- | --- | --- | --- | --- |
| 6 | 重大危险源 | 危险化学品重大危险源监督管理应符合国家标准要求 | 1. 生产企业是否按照国家有关规定和标准，辨识、确定本企业的重大危险源。<br>2. 对已确定的重大危险源，是否有符合国家有关法律、法规、规章和标准规定的检测、评估和监控措施，并建立重大危险源检测、检查档案。监控措施配备是否符合 AQ 3035—2010《危险化学品重大危险源安全监控通用技术规范》的要求；储罐区构成重大危险源是否符合 AQ 3036—2010《危险化学品重大危险源罐区安全监控装备设置规范》的要求；<br>重大危险源(储罐区、库区和生产场所)应设有相对独立的安全监控预警系统，所用设备应符合现场和环境的具体要求，具有相应的功能和使用寿命。在火灾和爆炸危险场所设置的设备，应符合国家有关防爆、防雷、防静电等标准和规范的要求；<br>气体泄漏报警、紧急停车、安全联锁和故障安全控制等应作为独立的子系统纳入安全监控预警系统的整体设计，并保证其可靠地发挥各自的安全功能。所有自动控制的设备或装置宜同时设计手动控制机构。<br>3. 生产企业是否按照国家有关规定将本单位重大危险源及有关安全措施、应急措施报安全生产监督管理部门和有关部门备案 | 《危险化学品生产企业安全生产许可证实施办法》(国家安监总局第 41 号令)第十一条企业应当依据《危险化学品重大危险源辨识》(GB 18218)，对本企业的生产、储存和使用装置、设施或者场所进行重大危险源辨识。<br>对已确定为重大危险源的生产和储存设施，应当执行《危险化学品重大危险源监督管理暂行规定》 |
| 7 | 安全生产管理制度 | 根据企业自身化工工艺、装置、设施等实际情况，制定完善安全生产规章制度 | 1. 检查是否具有以下管理制度，且内容齐全。<br>1.1　安全生产例会等安全生产会议制度；<br>1.2　安全投入保障制度；<br>1.3　安全生产奖惩制度；<br>1.4　安全培训教育制度；<br>1.5　领导干部轮流现场带班制度；<br>1.6　特种作业人员管理制度；<br>1.7　安全检查和隐患排查治理制度；<br>1.8　重大危险源评估和安全管理制度；<br>1.9　变更管理制度；<br>1.10　应急管理制度；<br>1.11　生产安全事故或者重大事件管理制度；<br>1.12　防火、防爆、防中毒、防泄漏管理制度； | 《危险化学品生产企业安全生产许可证实施办法》(国家安监总局第 41 号令)第十四条企业应当根据化工工艺、装置、设施等实际情况，制定完善下列主要安全生产规章制度：<br>(一)安全生产例会等安全生产会议制度；<br>(二)安全投入保障制度；<br>(三)安全生产奖惩制度；<br>(四)安全培训教育制度；<br>(五)领导干部轮流现场带班制度；<br>(六)特种作业人员管理制度；<br>(七)安全检查和隐患排查治理制度；<br>(八)重大危险源评估和安全管理制度； |

续表

| 序号 | 检查项目 | 检查内容 | 检查要点 | 检查依据 |
| --- | --- | --- | --- | --- |
| 7 | 安全生产管理制度 | 根据企业自身化工工艺、装置、设施等实际情况，制定完善安全生产规章制度 | 1.13 工艺、设备、电气仪表、公用工程安全管理制度；<br>1.14 动火、进入受限空间、吊装、高处、盲板抽堵、动土、断路、设备检维修等作业安全管理制度；<br>1.15 危险化学品安全管理制度；<br>1.16 职业健康相关管理制度；<br>1.17 劳动防护用品使用维护管理制度；<br>1.18 承包商管理制度；<br>1.19 安全管理制度及操作规程定期修订制度。<br>2. 制度的编写是否符合本单位的具体情况。<br>3. 管理制度的审批、签发手续是否完备。<br>4. 询问相关人员是否了解掌握安全管理制度情况。<br>5. 现场检查安全管理制度的执行情况 | (九)变更管理制度；<br>(十)应急管理制度；<br>(十一)生产安全事故或者重大事件管理制度；<br>(十二)防火、防爆、防中毒、防泄漏管理制度；<br>(十三)工艺、设备、电气仪表、公用工程安全管理制度；<br>(十四)动火、进入受限空间、吊装、高处、盲板抽堵、动土、断路、设备检维修等作业安全管理制度；<br>(十五)危险化学品安全管理制度；<br>(十六)职业健康相关管理制度；<br>(十七)劳动防护用品使用维护管理制度；<br>(十八)承包商管理制度；<br>(十九)安全管理制度及操作规程定期修订制度 |
| 8 | 人员要求 | 企业主要负责人、分管安全负责人和安全生产管理人员知识水平和管理能力应达到相关标准要求 | 1. 企业主要负责人是否符合以下要求：<br>1.1 生产企业的主要负责人对本企业的安全生产工作全面负责。<br>1.2 企业主要负责人必须具备与其从事的生产经营活动相适应的安全生产知识和管理能力，依法参加安全生产培训，并经政府安监部门考核合格，取得安全资格证书。<br>2. 企业分管安全负责人是否符合以下要求：<br>2.1 企业分管安全负责人应当具有一定的化工专业知识或者相应的专业学历。<br>2.2 专职安全生产管理人员应当具备国民教育化工化学类(或安全工程)中等职业教育以上学历或者化工化学类中级以上专业技术职称，或者具备危险物品安全类注册安全工程师资格。<br>2.3 依法参加安全生产培训，并经政府安监部门考核合格，取得安全资格证书。<br>3. 特种作业人员是否符合以下要求：<br>特种作业人员应当依照《特种作业人员安全技术培训考核管理规定》，经专门的安全技术培训并考核合格，取得特种作业操作证书。<br>4. 各类人员的培训时间是否符合以下要求： | 《危险化学品生产企业安全生产许可证实施办法》(国家安监总局第 41 号令)第十六条企业主要负责人、分管安全负责人和安全生产管理人员必须具备与其从事的生产经营活动相适应的安全生产知识和管理能力，依法参加安全生产培训，并经考核合格，取得安全资格证书。<br>企业分管安全负责人、分管生产负责人、分管技术负责人应当具有一定的化工专业知识或者相应的专业学历，专职安全生产管理人员应当具备国民教育化工化学类(或安全工程)中等职业教育以上学历或者化工化学类中级以上专业技术职称，或者具备危险物品安全类注册安全工程师资格。<br>特种作业人员应当依照《特种作业人员安全技术培训考核管理规定》，经专门的安全技术培训并考核合格，取得特种作业操作证书。<br>本条第一、二、三款规定以外的其他从业人员应当按照国家有关规定，经安全教育培训合格。<br>生产经营单位主要负责人、安全生产管理人员和从业人员每年接受的在岗安全生产教育和培训时间不得少于 8 学时。 |

续表

| 序号 | 检查项目 | 检查内容 | 检查要点 | 检查依据 |
| --- | --- | --- | --- | --- |
| 8 | 人员要求 | 企业主要负责人、分管安全负责人和安全生产管理人员知识水平和管理能力应达到相关标准要求 | 4.1　生产经营单位主要负责人、安全生产管理人员和从业人员每年接受的在岗安全生产教育和培训时间不得少于8学时。<br>4.2　新招用的从业人员上岗前接受安全生产教育和培训的时间不得少于24学时；换岗的，离岗6个月以上的，以及生产经营单位采用新工艺、新技术、新材料或者使用新设备的，均不得少于4学时 | 新招用的从业人员上岗前接受安全生产教育和培训的时间不得少于24学时；换岗的，离岗6个月以上的，以及生产经营单位采用新工艺、新技术、新材料或者使用新设备的，均不得少于4学时 |
| 9 | 安全技术说明书与安全标签 | 安全技术说明书与安全标签编写和使用符合标准要求 | 1. 生产企业生产危险化学品是否附有与危险化学品完全一致的化学品安全技术说明书，并在包装(包括外包装件)上加贴或者拴挂与包装内危险化学品完全一致的化学品安全标签<br>2. 化学品安全技术说明书，是否符合《化学品安全技术说明书内容和项目顺序》(GB 16483)的要求。<br>3. 化学品安全标签，是否符合《化学品安全标签编写规定》(GB 15258)的要求 | 《危险化学品生产企业安全生产许可证实施办法》(国家安监总局第41号令)第二十条企业应当依法进行危险化学品登记，为用户提供化学品安全技术说明书，并在危险化学品包装(包括外包装件)上粘贴或者拴挂与包装内危险化学品相符的化学品安全标签 |
| 10 | 应急管理 | 建立健全完善的应急救援体系 | 危险化学品事故应急救援预案编写是否符合国家和省市编制导则的要求：<br>1. 危险化学品事故应急救援预案是否及时修订和完善；<br>2. 危险化学品事故应急预案是否进行定期演练；<br>3. 应急救援器材、设备的配备是否齐全；生产、储存和使用氯气、氨气、光气、硫化氢等吸入性有毒有害气体的企业，还应当配备至少两套以上全封闭防化服；构成重大危险源的，还应当设立气体防护站(组)；<br>4. 应急救援器材、设备是否进行经常性维护、保养；<br>5. 应急救援器材、设备是否能保证正常运转；<br>6. 应急疏散通道是否符合要求(标志明显、出口保持畅通)；<br>7. 应急广播、应急照明设施是否完好、有效 | 《危险化学品生产企业安全生产许可证实施办法》(国家安监总局第41号令)　第二十一条：企业应当符合下列应急管理要求：<br>(一)按照国家有关规定编制危险化学品事故应急预案并报有关部门备案；<br>(二)建立应急救援组织或者明确应急救援人员，配备必要的应急救援器材、设备设施，并定期进行演练。<br>生产、储存和使用氯气、氨气、光气、硫化氢等吸入性有毒有害气体的企业，除符合本条第一款的规定外，还应当配备至少两套以上全封闭防化服；构成重大危险源的，还应当设立气体防护站(组) |

续表

| 序号 | 检查项目 | 检查内容 | 检查要点 | 检查依据 |
| --- | --- | --- | --- | --- |
| 11 | 储存 | 危险化学品的储存符合安全要求 | 1. 危险化学品生产装置和储存设施之间及其与建(构)筑物之间的距离是否符合有关标准规范的规定。<br>2. 生产企业储存危险化学品的储存地点，建筑结构，储存场所的电气安装，避雷及防静电设施，建筑物内配备设施，消防设施等是否符合安全要求。<br>3. 危险化学品的储存方式是否按危险品的种类、特性及储存条件，采取隔离、隔开、分离等方式储存。各类危险品不得与禁忌物料混合储存。剧毒化学品应单独储存 | 《常用化学危险品贮存通则》(GB 15603)<br>5.1　贮存化学危险品的建筑物不得有地下室或其他地下建筑，其耐火等级、层数、占地面积、安全疏散和防火间距，应符合国家有关规定。<br>5.2　贮存地点及建筑结构的设置，除了应符合国家的有关规定外，还应考虑对周围环境和居民的影响。<br>5.3　贮存场所的电气安装<br>5.3.1　化学危险品贮存建筑物、场所消防用电设备应能充分满足消防用电的需要；并符合 GBJ16 第十章第一节的有关规定。<br>5.3.2　化学危险品贮存区域或建筑物内输配电线路、灯具、火灾事故照明和疏散指示标志，都应符合安全要求。<br>5.3.3　贮存易燃、易爆化学危险品的建筑，必须安装避雷设备。<br>5.4　贮存场所通风或温度调节<br>5.4.1　贮存化学危险品的建筑必须安装通风设备，并注意设备的防护措施。<br>5.4.2　贮存化学危险品的建筑通排风系统应设有导除静电的接地装置。<br>5.4.3　通风管应采用非燃烧材料制作 |
| 12 | 安全设施 | 安全设施、设备齐全、完好 | 1. 生产、储存危险化学品的单位，应当根据其生产、储存的危险化学品的种类和危险特性，是否在作业场所设置相应的监测、监控、通风、防晒、调温、防火、灭火、防爆、泄压、防毒、中和、防潮、防雷、防静电、防腐、防泄漏以及防护围堤或者隔离操作等安全设施、设备。<br>2. 是否按照国家标准、行业标准或者国家有关规定对安全设施、设备进行经常性维护、保养，保证安全设施、设备的正常使用 | 《危险化学品安全管理条例》(国务院令第 591 号)<br>第二十条生产、储存危险化学品的单位，应当根据其生产、储存的危险化学品的种类和危险特性，在作业场所设置相应的监测、监控、通风、防晒、调温、防火、灭火、防爆、泄压、防毒、中和、防潮、防雷、防静电、防腐、防泄漏以及防护围堤或者隔离操作等安全设施、设备，并按照国家标准、行业标准或者国家有关规定对安全设施、设备进行经常性维护、保养，保证安全设施、设备的正常使用 |

表 9-10　石油化工安全监督检查专业要求

| 序号 | 检查项目 | 检查内容 | 检查要点 | 检查依据 |
|---|---|---|---|---|
| 1 | 区域规划与工厂总平面布置 | 企业选址与布局应符合国家及行业标准要求 | 1. 企业选址<br>1.1　生产区是否位于邻近城镇或居民区全年最小频率风向的上风侧；<br>1.2　是否避免布置在窝风地带；<br>1.3　是否位于邻近江河的城镇、重要桥梁、大型锚地、船厂等重要建筑物或构筑物的下游；<br>1.4　公路和地区架空电力线路是否穿越生产区；<br>1.5　地区输油(输气)管道是否穿越厂区 | 《石油化工企业设计防火规范》(GB 50160—2008)<br>4.1.2~4.1.7<br>生产区宜位于邻近城镇或居民区全年最小频率风向的上风侧；<br>应避免布置在窝风地带；<br>宜位于邻近江河的城镇、重要桥梁、大型锚地、船厂等重要建筑物或构筑物的下游；<br>公路和地区架空电力线路严禁穿越生产区；<br>区域排洪沟通过厂区时：<br>1. 不宜通过生产区；<br>2. 应采取防止泄漏的可燃液体和受污染的消防水流入区域排洪沟的措施；<br>地区输油(输气)管道不应穿越厂区 |
| | | 与周边安全间距符合规范 | 1. 甲乙类工艺装置或设施与居民区、公共福利设施、村庄距离是否符合要求。<br>2. 甲乙类工艺装置或设施与相邻工厂(围墙或用地边界线)距离是否符合要求。<br>3. 甲乙类工艺装置或设施与国家铁路线(中心线)距离是否符合要求。<br>4. 甲乙类工艺装置或设施与厂外企业铁路线(中心线)距离是否符合要求。<br>5. 甲乙类工艺装置或设施与国家或工业区铁路编组站(铁路中心线或建筑物)距离是否符合要求。<br>6. 甲乙类工艺装置或设施与高速公路、一级公路(路边)距离是否符合要求。 | 《石油化工企业设计防火规范》(GB 50160—2008)<br>4.1.8　甲乙类工艺装置或设施与居民区、公共福利设施、村庄≥100m<br>4.1.9　甲乙类工艺装置或设施与相邻工厂(围墙或用地边界线)≥50m<br>甲乙类工艺装置或设施与国家铁路线(中心线)≥35m<br>甲乙类工艺装置或设施与厂外企业铁路线(中心线)≥30m<br>甲乙类工艺装置或设施与国家或工业区铁路编组站(铁路中心线或建筑物)≥35m<br>甲乙类工艺装置或设施与高速公路、一级公路(路边)≥30m<br>甲乙类工艺装置或设施与其他公路(路边)≥20m<br>甲乙类工艺装置或设施与变配电站(围墙)≥40m<br>与架空电力线路(中心线)≥1.5 倍塔杆高度 |

续表

| 序号 | 检查项目 | 检查内容 | 检查要点 | 检查依据 |
| --- | --- | --- | --- | --- |
| 1 | 区域规划与工厂总平面布置 | 与周边安全间距符合规范 | 7. 甲乙类工艺装置或设施与其他公路(路边)距离是否符合要求。<br>8. 甲乙类工艺装置或设施与变配电站(围墙)距离是否符合要求，与架空电力线路(中心线)距离是否符合要求。<br>9. 与Ⅰ、Ⅱ国家架空通信线路(中心线)距离是否符合要求。<br>10. 甲乙类工艺装置或设施与地区埋地输油管道原油及成品油(管道中心)距离是否符合要求。<br>11. 与液化烃(管道中心)距离是否符合要求。<br>12. 与地区埋地输气管道(管道中心)距离是否符合要求。<br>13. 甲乙类工艺装置或设施与同类企业液化烃罐组(罐外壁)距离是否符合要求。<br>14. 与甲、乙类液体罐组(罐外壁)距离是否符合要求。<br>15. 与可能携带可燃液体的高架火炬(火炬中心)距离是否符合要求。<br>16. 与甲乙类工艺装置或设施距离是否符合要求。<br>17. 与全厂性或区域性重要设施距离是否符合要求。<br>18. 与明火地点距离是否符合要求 | 与Ⅰ、Ⅱ国家架空通信线路(中心线)≥40m<br>甲乙类工艺装置或设施与地区埋地输油管道原油及成品油(管道中心)≥30m<br>与液化烃(管道中心)≥60m<br>与地区埋地输气管道(管道中心)≥30m<br>4.1.10　乙类工艺装置或设施与同类企业液化烃罐组(罐外壁)≥70m<br>与甲、乙类液体罐组(罐外壁)≥50m<br>与可能携带可燃液体的高架火炬(火炬中心)≥90m<br>与甲乙类工艺装置或设施≥40m<br>与全厂性或区域性重要设施≥40m<br>与明火地点≥40m |
| | | 厂内主干道与厂内铁路线布置符合标准要求 | 厂内主干道是否避免与调车频繁的厂内铁路线平交 | 《石油化工企业设计防火规范》(GB 50160—2008)<br>4.3.3　厂内主干道宜避免与调车频繁的厂内铁路线平交 |
| | | 生产区与非生产区设置符合标准要求 | 生产区与非生产区是否分开设置，并符合国家标准或者行业标准规定的距离 | 《危险化学品生产企业安全生产许可证实施办法》(国家安监总局第41号令)第九条(四)生产区与非生产区分开设置，并符合国家标准或者行业标准规定的距离 |

续表

| 序号 | 检查项目 | 检查内容 | 检查要点 | 检查依据 |
|---|---|---|---|---|
| 2 | 厂房、作业场所 | 企业的厂房设计、作业场所安全要求符合国家标准 | 厂房、作业场所的布局与建设是否符合以下要求：<br>1. 资质审查<br>1.1 新建、改建、扩建建设项目是否经具备国家规定资质的单位设计、制造和施工建设；涉及危险化工工艺、重点监管危险化学品的装置，是否由具有综合甲级资质或者化工石化专业甲级设计资质的化工石化设计单位设计。<br>2. 厂房布局<br>2.1 生产区域、设备、储罐、仓库、装卸设施是否远离各种引爆源和生活、办公区；是否布置在全年最小风频的上风向；<br>2.2 厂房的朝向是否有利于爆炸危险气体的散发；厂房是否有足够的泄压面积和必要的安全通道；对散发比空气重的有爆炸危险气体的场所地面是否有不引爆措施；设备、设施的安全间距是否符合国家有关规定；<br>2.3 厂区是否设有符合标准的消防通道，并保证其畅通。面积大于 $5\times10^4 m^2$ 的化工企业应有两个以上的出入口，人流和货运安全通道应明确分开。<br>3. 作业场所<br>3.1 生产易燃易爆危险化学品的厂房建筑物耐火等级是否为一、二级，高架仓库的耐火等级是否低于二级，耐火等级二级仓库的金属柱、梁是否采取外包敷不燃材料或其他防火隔热保护措施；<br>3.2 仓库内是否设置办公室、休息室，是否贴邻建造；<br>3.3 爆炸危险场所是否有良好的通风设施；生产装置是否尽可能采用露天、半露天布置，布置在室内的是否有足够的通风措施；<br>3.4 生产经营场所是否设有符合紧急疏散要求、标志明显、保持畅通的出口。是否封闭、堵塞生产经营场所出口；<br>3.5 甲、乙类厂房是否设在建筑物的地下室或半地下室内。<br>4. 生产工艺、设备 | 《危险化学品生产企业安全生产许可证实施办法》(国家安监总局第41号令)第九条企业的厂房、作业场所、储存设施和安全设施、设备、工艺应当符合下列要求：<br>(一)新建、改建、扩建建设项目经具备国家规定资质的单位设计、制造和施工建设；涉及危险化工工艺、重点监管危险化学品的装置，由具有综合甲级资质或者化工石化专业甲级设计资质的化工石化设计单位设计；<br>(二)不得采用国家明令淘汰、禁止使用和危及安全生产的工艺、设备；新开发的危险化学品生产工艺必须在小试、中试、工业化试验的基础上逐步放大到工业化生产；国内首次使用的化工工艺，必须经过省级人民政府有关部门组织的安全可靠性论证；<br>(三)涉及危险化工工艺、重点监管危险化学品的装置装设自动化控制系统；涉及危险化工工艺的大型化工装置装设紧急停车系统；涉及易燃易爆、有毒有害气体化学品的场所装设易燃易爆、有毒有害介质泄漏报警等安全设施；<br>(四)危险化学品生产装置和储存设施之间及其与建(构)筑物之间的距离符合有关标准规范的规定。<br>《爆炸危险场所安全规定》(劳动部劳发[1995]56号)<br>第十三条 生产厂房、设备、储罐、仓库、装卸设施应远离各种引爆源和生活、办公区；应布置在全年最小频率风的上风向；厂房的朝向应有利于爆炸危险气体的散发；厂房应有足够的泄压面积和必要的安全通道；以散发比空气重的有爆炸危险气体的场所地面应有不引爆措施；设备、设施的安全间距应符合国家有关规定；生产厂房内的爆炸危险物料必须限量，储罐、仓库的储存量严格按国家有关规定执行。<br>第十六条爆炸危险场所必须有良好的通风设施，以防止有爆炸危险气体的积聚。生产装置尽可能采用露天、半露天布置，布置在室内应有足够的通风量；通排风设施应根据气体比重确定位置；对局部易泄漏部位应设置局部符合防爆要求的机械排风设施 |

续表

| 序号 | 检查项目 | 检查内容 | 检查要点 | 检查依据 |
|---|---|---|---|---|
| 2 | 厂房、作业场所 | 企业的厂房设计、作业场所安全要求符合国家标准 | 4.1 是否采用国家明令淘汰、禁止使用和危及安全生产的工艺、设备；<br>4.2 涉及国家安监总局名录中规定的危险化工工艺、重点监管危险化学品的装置是否装设自动化控制系统；如：<br>4.2.1 在工艺装置上有可能引起火灾、爆炸的部位，是否设置温度、压力、液位等检测仪表、超限报警、安全联锁等装置；<br>4.2.2 在有可燃气体（蒸气）可能泄漏扩散的地方，是否设置可燃气体浓度检测、报警器；<br>4.2.3 因反应中造成超温、超压，可能引起火灾、爆炸危险的设备，是否设置自动和手动紧急泄压排放处理装置等设施；<br>4.2.4 有突然超压或瞬间分解爆炸可能的生产设备或贮存设备，是否装有爆破板（防爆膜）；<br>4.2.5 用于易燃、易爆气体的安全阀放空管，是否将其导出管置于室外，并高于建筑物 2m 以上，并应在避雷装置的保护范围之内。<br>4.3 生产装置、建筑物、构筑物、罐区等工业下水出口处，除按规定做水封井外，是否在上述区域与水封井间设置切断阀；<br>4.4 危险场所使用的机动车辆是否采取有效的防爆措施 | |
| 3 | 生产工艺 | 禁止使用属于国家明令淘汰类的生产工艺 | 采用的生产工艺是否被淘汰 | 产业结构调整指导目录（2015 年本） |
| | | 工艺装置和系统单元安全设施情况符合标准要求 | 1. 设备本体（不含衬里）及其基础，管道（不含衬里）及其支、吊架和基础是否采用不燃烧材料。<br>2. 在使用或产生甲类气体或甲、乙$_A$类液体的工艺装置、系统单元和储运设施区内，是否按区域控制和重点控制相结合的原则，设置可燃气体报警系统。<br>3. 布置在爆炸危险区的在线分析仪表间内设备为非防爆型时，在线分析仪表间是否为正压通风。 | 《石油化工企业设计防火规范》（GB 50160—2008）<br>5.1.1 设备本体（不含衬里）及其基础，管道（不含衬里）及其支、吊架和基础应采用不燃烧材料；<br>5.1.3 在使用或产生甲类气体或甲、乙$_A$类液体的工艺装置、系统单元和储运设施区内，应按区域控制和重点控制相结合的原则，设置可燃气体报警系统 |

续表

| 序号 | 检查项目 | 检查内容 | 检查要点 | 检查依据 |
| --- | --- | --- | --- | --- |
| 3 | 生产工艺 | 工艺装置和系统单元安全设施情况符合标准要求 | 4. 布置在建筑物内的设备，是否受工艺特点或自然条件限制。<br>5. 装置的控制室、机柜间、变配电所、化验室、办公室等是否与设有甲、乙$_A$类设备的房间布置在同一建筑物内。<br>6. 装置的控制室与其他建筑物合建时，是否设置独立的防火分区，装置的控制室、化验室、办公室等是否布置在装置外，并全厂性或区域性统一设置。<br>当装置的控制室、机柜间、变配电所、化验室、办公室等布置在装置内时，是否布置在装置的一侧，位于爆炸危险区范围以外，并位于可燃气体、液化烃和甲$_B$、乙$_A$类设备全年最小频率风向的下风侧。<br>布置在装置内的控制室、机柜间、变配电所、化验室、办公室等的布置是否符合下列规定：<br>6.1 控制室是否设在建筑物的底层；<br>6.2 平面布置位于附加2区的办公室、化验室室内地面及控制室、机柜间、变配电所的设备层地面是否高于室外地面，且高差不应小于0.6m；<br>6.3 控制室、机柜间面向有火灾危险性设备侧的外墙是否为无门窗洞口、耐火极限不低于3h的不燃烧材料实体墙；<br>6.4 化验室、办公室等面向有火灾危险性设备侧的外墙是否无门窗洞口不燃烧材料实体墙。当确需设置门窗时，是否采用防火门窗；<br>6.5 控制室或化验室的室内是否安装可燃气体、液化烃和可燃液体的在线分析仪器；<br>建筑物的安全疏散门是否向外开启。甲、乙、丙类房间的安全疏散门是否少于两个。<br>设备的构架或平台的安全疏散通道是否设置不少于两个通往地面的梯子，作为安全疏散通道。<br>相邻安全疏散通道之间的距离是否大于50m。 | 5.2.7 布置在爆炸危险区的在线分析仪表间内设备为非防爆型时，在线分析仪表间应正压通风<br>5.2.8 设备宜露天或半露天布置，并宜缩小爆炸危险区域的范围；受工艺特点或自然条件限制的设备可布置在建筑物内<br>5.2.16 装置的控制室、机柜间、变配电所、化验室、办公室等不得与设有甲、乙$_A$类设备的房间布置在同一建筑物内。装置的控制室与其他建筑物合建时，应设置独立的防火分区<br>5.2.17 装置的控制室、化验室、办公室等宜布置在装置外，并宜全厂性或区域性统一设置。当装置的控制室、机柜间、变配电所、化验室、办公室等布置在装置内时，应布置在装置的一侧，位于爆炸危险区范围以外，并宜位于可燃气体、液化烃和甲$_B$、乙$_A$类设备全年最小频率风向的下风侧。<br>5.2.18 布置在装置内的控制室、机柜间、变配电所、化验室、办公室等的布置应符合下列规定：<br>1. 控制室宜设在建筑物的底层；<br>2. 平面布置位于附加2区的办公室、化验室室内地面及控制室、机柜间、变配电所的设备层地面应高于室外地面，且高差不应小于0.6m；<br>3. 控制室、机柜间面向有火灾危险性设备侧的外墙应为无门窗洞口、耐火极限不低于3h的不燃烧材料实体墙；<br>4. 化验室、办公室等面向有火灾危险性设备侧的外墙宜为无门窗洞口不燃烧材料实体墙。当确需设置门窗时，应采用防火门窗；<br>5. 控制室或化验室的室内不得安装可燃气体、液化烃和可燃液体的在线分析仪器。<br>5.2.25 建筑物的安全疏散门应向外开启。甲、乙、丙类房间的安全疏散门不应少于两个；面积小于等于100m$^2$的房间可只设1个。<br>5.2.26 设备的构架或平台的安全疏散通道应设置不少于两个通往地面的梯子，作为安全疏散通道 |

续表

| 序号 | 检查项目 | 检查内容 | 检查要点 | 检查依据 |
|---|---|---|---|---|
| 3 | 生产工艺 | 工艺装置和系统单元安全设施情况符合标准要求 | 7. 在非正常条件下，可能超压的下列设备是否设安全阀：<br>7.1 顶部最高操作压力大于等于0.1MPa的压力容器；<br>7.2 顶部最高操作压力大于0.03MPa的蒸馏塔、蒸发塔和汽提塔(汽提塔顶蒸汽通入另一蒸馏塔者除外)；<br>7.3 往复式压缩机各段出口或电动往复泵、齿轮泵、螺杆泵等容积式泵的出口(设备本身已有安全阀者除外)；<br>7.4 凡与鼓风机、离心式压缩机、离心泵或蒸汽往复泵出口连接的设备不能承受其最高压力时，鼓风机、离心式压缩机、离心泵或蒸汽往复泵的出口；<br>7.5 可燃气体或液体受热膨胀，可能超过设计压力的设备；<br>7.6 顶部最高操作压力为0.03~0.1MPa的设备应根据工艺要求设置；<br>7.7 有突然超压或发生瞬时分解爆炸危险物料的反应设备，如设安全阀不能满足要求时，是否装爆破片或爆破片和导爆管，导爆管口必须朝向无火源的安全方向；必要时是否采取防止二次爆炸、火灾的措施；<br>7.8 因物料爆聚、分解造成超温、超压，可能引起火灾、爆炸的反应设备是否设报警信号和泄压排放设施，以及自动或手动遥控的紧急切断进料设施；<br>8. 火炬是否设常明灯和可靠的点火系统。<br>8.1 装置内高架火炬距火炬筒30m范围内，是否设置可燃气体放空；<br>8.2 设备的承重钢构架、支架、裙座是否采取耐火保护措施，覆盖耐火层的钢构件，其耐火极限不应低于1.5h；<br>8.3 可燃气体、液化烃和可燃液体的管道有无穿过与其无关的建筑物；<br>8.4 可燃气体、液化烃和可燃液体的采样管道有无引入化验室 | 相邻安全疏散通道之间的距离不应大于50m。<br>5.5.1 在非正常条件下，可能超压的下列设备应设安全阀：<br>1. 顶部最高操作压力大于等于0.1MPa的压力容器；<br>2. 顶部最高操作压力大于0.03MPa的蒸馏塔、蒸发塔和汽提塔(汽提塔顶蒸汽通入另一蒸馏塔者除外)；<br>3. 往复式压缩机各段出口或电动往复泵、齿轮泵、螺杆泵等容积式泵的出口(设备本身已有安全阀者除外)；<br>4. 凡与鼓风机、离心式压缩机、离心泵或蒸汽往复泵出口连接的设备不能承受其最高压力时，鼓风机、离心式压缩机、离心泵或蒸汽往复泵的出口；<br>5. 可燃气体或液体受热膨胀，可能超过设计压力的设备；<br>6. 顶部最高操作压力为0.03~0.1MPa的设备应根据工艺要求设置。<br>5.5.12 有突然超压或发生瞬时分解爆炸危险物料的反应设备，如设安全阀不能满足要求时，应装爆破片或爆破片和导爆管，导爆管口必须朝向无火源的安全方向；必要时应采取防止二次爆炸、火灾的措施。<br>5.5.13 因物料爆聚、分解造成超温、超压，可能引起火灾、爆炸的反应设备应设报警信号和泄压排放设施，以及自动或手动遥控的紧急切断进料设施。<br>5.5.20 火炬应设常明灯和可靠的点火系统。<br>5.5.21 装置内高架火炬距火炬筒30m范围内，不应设置可燃气体放空。<br>5.6.1 设备的承重钢构架、支架、裙座应采取耐火保护措施<br>5.6.2 覆盖耐火层的钢构件，其耐火极限不应低于1.5h<br>7.2.2 可燃气体、液化烃和可燃液体的管道不得穿过与其无关的建筑物。<br>7.2.3 可燃气体、液化烃和可燃液体的采样管道不应引入化验室 |

续表

| 序号 | 检查项目 | 检查内容 | 检查要点 | 检查依据 |
| --- | --- | --- | --- | --- |
| 3 | 生产工艺 | 根据企业生产工艺，如实施重点监管的危险化工工艺安全控制、重点监控参数及推荐的控制方案符合标准要求 | 1. 甲乙类工艺装置或设施是否重点监管生产工艺，如果是其中之一的，应该按照《首批重点监管的危险化工工艺安全控制要求、重点监控参数及推荐的控制方案》，实施首批重点监管的危险化工工艺安全控制、重点监控参数及推荐的控制方案。<br>2. 工艺安全管理<br>2.1 操作室是否有规范的工艺卡片；<br>2.2 是否严格按工艺卡片控制工艺指标执行；<br>2.3 工艺卡片每年的修改及指标临时变动是否按规定履行审批手续情况；<br>2.4 是否有监控点巡回检查路线和检查标志；<br>2.5 是否严格遵守操作规程，当工艺操作规程修改补充，特别是新建、技改项目安全技术操作规程修改补充时，是否严格遵守操作规程；<br>2.6 开停车是否严格执行开停车方案；<br>2.7 操作记录是否及时、齐全、真实，字迹工整、清晰、无涂改等情况；<br>2.8 是否有误操作引起的装置停车事故；<br>2.9 对偏离工艺操作指标的运行是否有审批手续和应急措施，抽查操作人员是否清楚；<br>2.10 重点部位、设备(可根据本装置情况确定)的工艺控制指标是否符合要求 | 国家安全监管总局《关于公布首批重点监管的危险化工工艺目录的通知》(安监总管三〔2009〕116 号)<br>甲乙类工艺装置或设施是否重点监管生产工艺<br>一、光气及光气化工艺<br>二、电解工艺(氯碱)<br>三、氯化工艺<br>四、硝化工艺<br>五、合成氨工艺<br>六、裂解(裂化)工艺<br>七、氟化工艺<br>八、加氢工艺<br>九、重氮化工艺<br>十、氧化工艺<br>十一、过氧化工艺<br>十二、胺基化工艺<br>十三、磺化工艺<br>十四、聚合工艺<br>十五、烷基化工艺 |
| 4 | 安全设施 | 安全设施、设备齐全、完好 | 1. 生产、储存危险化学品的单位，是否根据其生产、储存的危险化学品的种类和危险特性，在作业场所设置相应的监测、监控、通风、防晒、调温、防火、灭火、防爆、泄压、防毒、中和、防潮、防雷、防静电、防腐、防泄漏以及防护围堤或者隔离操作等安全设施、设备。<br>2. 是否按照国家标准、行业标准或者国家有关规定对安全设施、设备进行经常性维护、保养，保证安全设施、设备的正常使用 | 《危险化学品安全管理条例》(国务院第 591 号令)第二十条　生产、储存危险化学品的单位，应当根据其生产、储存的危险化学品的种类和危险特性，在作业场所设置相应的监测、监控、通风、防晒、调温、防火、灭火、防爆、泄压、防毒、中和、防潮、防雷、防静电、防腐、防泄漏以及防护围堤或者隔离操作等安全设施、设备，并按照国家标准、行业标准或者国家有关规定对安全设施、设备进行经常性维护、保养，保证安全设施、设备的正常使用 |

续表

| 序号 | 检查项目 | 检查内容 | 检查要点 | 检查依据 |
| --- | --- | --- | --- | --- |
| 5 | 气象仪器 | 气象仪器符合标准要求 | 1. 有无安装风向标<br>1.1 有无安装气象仪，或设置风力、风向和环境温度等参数的监测仪器，并与安全监控系统联网 | 《工作场所职业病危害警示标识》(GBZ158)规定<br>危险化学品重大危险源 罐区现场安全监控装备设置规范 |
| 6 | 封闭化及门禁管理 | 生产装置或设施封闭化及门禁系统符合标准要求 | 1. 工厂(生产装置或设施)是否有围墙或用地边界线；<br>2. 主要出入口是否少于两个，是否位于不同方位；<br>3. 门禁系统是否完备、严格 | 《石油化工企业设计防火规范》(GB 50160—2008)<br>4.3.1 工厂主要出入口不应少于两个，并宜位于不同方位 |
| 7 | 安全技术说明书与安全标签 | 安全技术说明书与安全标签编写和使用符合标准要求 | 是否在危险化学品包装(包括外包装件)上粘贴或者拴挂与包装内危险化学品相符的化学品安全标签 | 《危险化学品生产企业安全生产许可证实施办法》(国家安监总局第41号令)第二十条在危险化学品包装(包括外包装件)上粘贴或者拴挂与包装内危险化学品相符的化学品安全标签 |
| 8 | 人员要求 | 企业主要负责人、分管安全负责人和安全生产管理人员知识水平和管理能力应达到相关标准要求 | 1. 分管技术负责人是否具有一定的化工专业知识或者相应的专业学历；<br>2. 专职安全生产管理人员是否具备国民教育化工化学类(或安全工程)中等职业教育以上学历或者化工化学类中级以上专业技术职称，或者具备危险物品安全类注册安全工程师资格 | 《危险化学品生产企业安全生产许可证实施办法》(国家安监总局第41号令)第十六条：<br>企业分管安全负责人、分管生产负责人、分管技术负责人应当具有一定的化工专业知识或者相应的专业学历；<br>专职安全生产管理人员应当具备国民教育化工化学类(或安全工程)中等职业教育以上学历或者化工化学类中级以上专业技术职称，或者具备危险物品安全类注册安全工程师资格。<br>对重大危险源的管理和操作岗位人员进行安全操作技能培训，使其了解重大危险源的危险特性，熟悉重大危险源安全管理规章制度和安全操作规程，掌握本岗位的安全操作技能和应急措施 |
| 9 | 劳动防护 | 劳动防护配备符合标准要求 | 1. 现场是否配备必要的劳动防护用品。<br>2. 从业人员是否穿戴符合国家标准或者行业标准的劳动防护用品 | 《危险化学品生产企业安全生产许可证实施办法》(国家安监总局第41号令)第十条<br>企业应当有相应的职业危害防护设施，并为从业人员配备符合国家标准或者行业标准的劳动防护用品 |

续表

| 序号 | 检查项目 | 检查内容 | 检查要点 | 检查依据 |
| --- | --- | --- | --- | --- |
| 10 | 现场应急管理 | 建立健全完善的应急救援体系 | 1. 现场是否配备必要的防护装备及应急救援器材、设备、物资，并保障其完好和方便使用；<br>2. 对存在吸入性有毒、有害气体的重大危险源，危险化学品单位是否配备便携式浓度检测设备、空气呼吸器、化学防护服、堵漏器材等应急器材和设备；<br>3. 涉及剧毒气体的重大危险源，是否配备两套以上(含本数)气密型化学防护服；<br>4. 涉及易燃易爆气体或者易燃液体蒸气的重大危险源，是否配备一定数量的便携式可燃气体检测设备；<br>5. 应急救援器材、设备是否进行经常性维护、保养；<br>6. 应急救援器材、设备是否能保证正常运转；<br>7. 应急疏散通道是否符合要求(标志明显、出口保持畅通)；<br>8. 应急广播、应急照明设施是否完好、有效。生产、储存和使用氯气、氨气、光气、硫化氢等吸入性有毒有害气体的企业，还应当配备至少两套以上全封闭防化服；构成重大危险源的，还应当设立气体防护站(组) | 《危险化学品重大危险源监督管理暂行规定》(国家安监总局第 40 号令)第二十条<br>危险化学品单位应当依法制定重大危险源事故应急预案，建立应急救援组织或者配备应急救援人员，配备必要的防护装备及应急救援器材、设备、物资，并保障其完好和方便使用；配合地方人民政府安全生产监督管理部门制定所在地区涉及本单位的危险化学品事故应急预案。<br>对存在吸入性有毒、有害气体的重大危险源，危险化学品单位应当配备便携式浓度检测设备、空气呼吸器、化学防护服、堵漏器材等应急器材和设备；涉及剧毒气体的重大危险源，还应当配备两套以上(含本数)气密型化学防护服；涉及易燃易爆气体或者易燃液体蒸气的重大危险源，还应当配备一定数量的便携式可燃气体检测设备。<br>国家安监总局第 41 号令《危险化学品生产企业安全生产许可证实施办法》第二十二条 |
| 11 | 设备管理 | 压力容器、管道、机泵、关键机组管理符合标准要求 | 1. 压力容器<br>1.1　压力容器是否有政府主管部门颁布的使用许可证；<br>1.2　压力容器是否按规定时间定期检查、检测；是否有档案记录情况；<br>1.3　压力管道的阀件、法兰、支架吊架、保温、防腐完好情况，排放点是否符合安全要求情况，建立压力管道的档案情况。<br>2. 管道、机泵、关键机组<br>2.1　对易腐蚀的酸碱管道，是否定期测厚和进行状态分析，是否有检测记录，是否归档；<br>2.2　安全阀定压是否符合设计规范，铅封铭牌是否完整并定期校验，对关键设备及球罐是否设置双安全阀。运行、检修、校验档案是否齐全；<br>2.3　检查机泵是否完好，润滑油“五定”三级过滤执行情况；<br>2.4　关键机组是否有特级护理小组、特级护理方案、记录及分析处理存在问题，特护小组特护记录情况；<br>2.5　是否根据本装置情况列出需检查的重点设备及检查内容，重点是静密封点泄漏率是多少，是否小于 0.5‰ | 《固定式压力容器安全技术监察规程》(TSG R0004—2009)、《移动式压力容器安全技术监察规程》(TSG R0005—2011/XG—2014)<br>《石油化工设备润滑管理制度》(SHS 01002—2004)在对动设备加润滑油时必须做到“五定三过滤”。设备润滑的“五定”是润滑管理的重要内容；润滑油的“三级过滤”是保证润滑油质量的可靠措施。搞好“五定”和“三级过滤”是搞好设备润滑的核心。<br>《大型机组及设备特级维护管理制度》(SHGQ 0-03-SD-039-050301)<br>《化学工业企业设备动力管理制度》(六)管理措施 3. 开展创造和巩固无泄漏工厂活动，消漏、堵漏工作经常化，具体化，制度化。静密封点泄漏率保持在 0.5‰，动密封点泄漏率在 2‰以下 |

续表

| 序号 | 检查项目 | 检查内容 | 检查要点 | 检查依据 |
| --- | --- | --- | --- | --- |
| 12 | 消防气防 | 消防车道符合标准要求 | 1. 消防车道<br>1.1　装置或联合装置是否设环形消防车道；<br>1.2　消防车道的路面宽度是否小于6m，路面内缘转弯半径是否小于12m，路面上净空高度是否低于5m；<br>1.3　当装置外两侧消防道路间距大于120m时，装置内消防道路是否为贯通式道路，道路是否有不少于两个出入口，且两个出入口是否位于不同方位；<br>1.4　道路的路面宽度是否小于4m，路面上的净空高度是否小于4.5m；路面内缘转弯半径是否小于6m | 《石油化工企业设计防火规范》(GB 50160—2008)<br>4.3.4　装置或联合装置应设环形消防车道<br>消防车道的路面宽度不应小于6m，路面内缘转弯半径不宜小于12m，路面上净空高度不应低于5m。<br>5.2.10　当装置外两侧消防道路间距大于120m时，装置内消防道路设贯通式道路，道路应有不少于两个出入口，且两个出入口宜位于不同方位。<br>道路的路面宽度不应小于4m，路面上的净空高度不应小于4.5m；路面内缘转弯半径不宜小于6m |
| | | 灭火器设置符合标准要求 | 1. 生产区内是否设置干粉型或泡沫型灭火器，控制室、机柜间、计算机室、电信站、化验室等是否设置气体型灭火器。<br>2. 工艺装置内手提式干粉型灭火器的选型及配置是否符合下列规定：<br>2.1　扑救可燃气体、可燃液体火灾是否选用钠盐干粉灭火剂，扑救可燃固体表面火灾是否采用磷酸铵盐干粉灭火剂，扑救烷基铝类火灾是否采用D类干粉灭火剂；<br>2.2　甲类装置灭火器的最大保护距离是否超过9m，乙、丙类装置是否超过12m；<br>2.3　每一配置点的灭火器数量是否少于两个，多层构架是否分层配置；<br>2.4　危险的重要场所是否增设推车式灭火器 | 《石油化工企业设计防火规范》(GB 50160—2008)<br>8.9.1　生产区内宜设置干粉型或泡沫型灭火器，控制室、机柜间、计算机室、电信站、化验室等宜设置气体型灭火器。<br>石油化工企业设计防火规范(GB 50160—2008)<br>8.9.3　工艺装置内手提式干粉型灭火器的选型及配置应符合下列规定：<br>1. 扑救可燃气体、可燃液体火灾宜选用钠盐干粉灭火剂，扑救可燃固体表面火灾应采用磷酸铵盐干粉灭火剂，扑救烷基铝类火灾宜采用D类干粉灭火剂；<br>2. 甲类装置灭火器的最大保护距离不宜超过9m，乙、丙类装置不宜超过12m；<br>3. 每一配置点的灭火器数量不应少于两个，多层构架应分层配置；<br>4. 危险的重要场所宜增设推车式灭火器 |
| | | 火灾报警系统符合标准要求 | 1. 石油化工企业的生产区、公用及辅助生产设施、全厂性重要设施和区域性重要设施的火灾危险场所是否设置火灾自动报警系统和火灾电话报警；<br>2. 消防站是否设置可受理不少于两处同时报警的火灾受警录音电话，且是否设置无线通信设备；<br>3. 在生产调度中心、消防水泵站、中央控制室、总变配电所等重要场所是否设置与消防站直通的专用电话 | 《石油化工企业设计防火规范》(GB 50160—2008)<br>8.12.1　石油化工企业的生产区、公用及辅助生产设施、全厂性重要设施和区域性重要设施的火灾危险场所应设置火灾自动报警系统和火灾电话报警。<br>8.12.2　火灾电话报警的设计应符合下列规定：<br>1. 消防站应设置可受理不少于两处同时报警的火灾受警录音电话，且应设置无线通信设备；<br>2. 在生产调度中心、消防水泵站、中央控制室、总变配电所等重要场所应设置与消防站直通的专用电话 |

| 序号 | 检查项目 | 检查内容 | 检查要点 | 检查依据 |
|---|---|---|---|---|
| 12 | 消防气防 | 气防消防安全管理符合标准要求 | 1. 气防消防<br>1.1 气防、消防管理制度是否齐全、完善；<br>1.2 气防、消防器材配置分布、管理及使用是否符合规范要求情况，岗位职工掌握情况；<br>1.3 对职工的气防教育、培训是否有考核，有记录，并定期演练；<br>1.4 消防值班人员是否能熟练使用消防器材和熟悉灭火预案；<br>1.5 抽查装置人员报警及熟练使用各种消防器材和设施情况；<br>1.6 各消防电动泵及柴油发电机是否保持完好，随时处于启动状态，做好灭火供水准备，消防水池水质是否清洁无杂物等；<br>1.7 泡沫发生系统是否保持完好，零部件齐全，随时保持备用状态，泡沫液是否定期更换、有记录；<br>1.8 固定式消防设施、消火栓、消防池、喷淋、水幕、汽幕等设施是否完好情况，随时能投入使用；<br>1.9 移动式灭火器材是否有专人定期检查，放置地方干燥清洁；<br>1.10 消防道路是否畅通 | 《消防监督检查规定》(公安部令第107号)第十条(三)单位消防安全制度、灭火和应急疏散预案是否制定；(七)是否组织防火检查、消防演练和员工消防安全教育培训，自动消防系统操作人员是否持证上岗；<br>第十一条　对消防安全重点单位履行法定消防安全职责情况的监督抽查，除检查本规定第十条规定的内容外，还应当检查下列内容：<br>(一)是否确定消防安全管理人；<br>(二)是否开展每日防火巡查并建立巡查记录；<br>(三)是否定期组织消防安全培训和消防演练；<br>(四)是否建立消防档案、确定消防安全重点部位。<br>《高倍数、中倍数泡沫灭火系统设计规范》中华人民共和国国家标准(GB 50196—1993)<br>3.3.19　本条规定消防泵房内应设备用动力的目的是为了确保高倍数、中倍数泡沫灭火系统随时都处于正常工作状态。<br>建筑消防设施检验规程—第三章　自动喷水灭火、水喷雾灭火和室内消火栓系统 |
| | | 消防设备、设施、器材管理符合标准要求 | 1. 消防设备、设施<br>1.1 消防水池应贮满水，水罐水位不低于额定贮量的95%。<br>1.2 消防水泵管理：机泵是否每班盘车、每周试运一次，运行时不振动、不泄漏。泵房内禁止放置杂物，是否定期进行机泵润滑。<br>1.3 稳高压消防水系统是否保证接警后立即投入运行，临时高压消防水系统能否保证接警后2min内投入运行。泵房是否有操作规程和流程图。<br>1.4 消火栓、消防炮是否编号清晰，配件齐全，转动灵活，无滴漏现象；2m半径内无杂物堆放；春季、秋季是否进行了实际出水检查，有检查记录。室内消火栓是否配置有消防水带和水枪。 | 《石油化工企业设计防火规范》(GB 50160—2008)<br>8.3.2　工厂水源直接供给不能满足消防用水量、水压和火灾延续时间内消防用水总量要求时，应建消防水池(罐)，并应符合下列规定：<br>水池(罐)的容量，应满足火灾延续时间内消防用水总量的要求。当发生火灾能保证向水池(罐)连续补水时，其容量可减去火灾延续时间内的补充水量；<br>《建筑灭火器配置设计规范》(GB 50140)相关标准<br>《建筑消防设施检验规程》第三章　自动喷水灭火、水喷雾灭火和室内消火栓系统 |

续表

| 序号 | 检查项目 | 检查内容 | 检查要点 | 检查依据 |
| --- | --- | --- | --- | --- |
| 12 | 消防气防 | 消防设备、设施、器材管理符合标准要求 | 1.5 消防水喷淋、消防水幕、汽幕管理。每年是否进行一次实际出水检查，喷嘴、筛孔应畅通，是否做到不堵不漏，每次出水后应将系统内的水排净，检查后做好记录。冬季来临前做好防冻措施。<br>1.6 消防水带是否为胶衬里，稳高压消防水系统配置消防水带时应选用13型的消防水带；<br>配置消防水枪时是否选用直流—水雾两用枪；<br>稳高压消防水炮是否在现场每台配置一个扳手，并采取防盗措施。<br>1.7 消防竖管管理。工艺装置内的甲类、乙类设备框架高于15m的平台是否设置消防竖管。竖管是否配件齐全，管牙接口完好，阀门手轮齐备并处于常闭状态，每层出水口处是否配置消防器材箱，箱内是否配备消防水带和消防水枪。消防竖管宜在低点排水倒淋。<br>1.8 固定、半固定泡沫灭火系统<br>1.8.1 比例混合器等配件是否齐全完好，泡沫站是否有流程图、操作说明，有记录泡沫液类型、储量、泡沫液更换时间、有效期等情况的标牌，有冬季防冻措施。普通蛋白、抗溶泡沫是否超过两年保质期，进口水成膜植物蛋白保质期是否按厂家技术标准执行；<br>1.8.2 泡沫产生器：春季、秋季是否进行检查并做好记录；是否配件齐全、玻璃完好，无鸟巢。半固定接口配件是否齐全，每年是否对泡沫产生器立管进行一次排渣，并做好记录；<br>1.8.3 固定干粉灭火系统配件是否齐全，各连接部位无松动，压力处于正常区域；<br>1.8.4 灭火剂是否每年进行检查、更换；<br>1.8.5 干粉罐桶体每次充装前是否进行水压试验，桶体自出厂达十二年的、锈蚀面积达三分之一以上、连接部位或桶底严重锈蚀的，及桶体严重变形的是否应予报废； | |

续表

| 序号 | 检查项目 | 检查内容 | 检查要点 | 检查依据 |
| --- | --- | --- | --- | --- |
| 12 | 消防气防 | 消防设备、设施、器材管理符合标准要求 | 1.8.6 探测器是否按使用说明进行维护管理。<br>1.9 灭火器<br>1.9.1 操作室近前是否设置装置总配置量的 30%以上小型灭火器材；<br>1.9.2 易燃、易爆场所高处平台是否配置手提式小型灭火器；<br>1.9.3 灭火器是否定置管理，贮存在干燥通风处，不得受曝晒、雨淋，贮存温度应在 $-10\sim45$℃之间。每个站点是否配置同类、同种操作方式的灭火器且不少于两台；<br>1.9.4 每月对灭火器是否进行检查，并登记灭火器检查卡片；<br>1.9.5 干粉灭火器是否配件齐全，各连接部位无松动，压力处于安全备用区域(绿区)；<br>1.9.6 二氧化碳灭火器是否配件齐全，喷管转动灵活，各连接部位无漏点。是否每年进行一次称重，泄漏量不得大于充装量的确 5%；<br>1.9.7 不宜用水扑救的物质，是否配置足量的干沙，干沙是否有防潮措施、保持干燥。<br>2. 配有避火服的生产装置，是否将其放置专用箱内并放置在通风干燥的场所保管，面罩是否保持完整、清洁、视线良好。单位是否定期进行穿着演练，确保岗位人员能正确使用。<br>3. 火灾自动报警系统管理<br>3.1 是否有专人负责管理操作和维护，并经消防部门培训持证上岗；<br>3.2 是否经公安消防监督机构验收合格；<br>3.3 系统竣工图及设备的技术资料、操作规程、值班员职责、值班记录和使用图表是否齐全，并建立火灾自动报警系统的技术档案；<br>3.4 系统连续是否正常运行并定期检查、测试：每日检查并填写《系统运行日登记表》和《控制器日检登记表》； | |

续表

| 序号 | 检查项目 | 检查内容 | 检查要点 | 检查依据 |
|---|---|---|---|---|
| 12 | 消防气防 | 消防设备、设施、器材管理符合标准要求 | 3.5 火灾自动报警系统装置是否完好(包括各种火灾探测器、手动报警按钮、区域报警控制器和集中报警控制器);<br>3.6 灭火系统控制装置是否完好(包括室内消火栓、自动喷淋、干粉等固定灭火系统的控制装置等)。<br>4. 其他消防设施<br>4.1 电动防火门、防火卷帘控制装置是否完好;<br>4.2 通风空调、防烟排烟及电动防火阀等消防控制装置是否完好;<br>4.3 火灾事故广播、消防通讯、消防电源等和消防控制室的控制装置是否完好;<br>4.4 火灾事故照明及疏散指示控制装置是否完好;<br>4.5 线型探测器、感烟、感温、红外探测器是否定期检查、检测，状态良好;<br>4.6 消防通道是否符合规范标准，保持通道、安全出口畅通，应急照明是否能够正常使用 | |
| 13 | 供电与电气 | 供电负荷、电气安全管理符合生产要求 | 1. 生产企业供用电是否符合《供配电系统设计规范》要求。<br>1.1 消防水泵房及其配电室应设消防应急照明，照明可采用蓄电池作备用电源，其连续供电时间不应少于30min。<br>1.2 装置内的电缆沟是否有防止可燃气体积聚或含有可燃液体的污水进入沟内的措施。电缆沟通入变配电所、控制室的墙洞处，是否填实、密封。<br>2. 防爆区内电气是否符合规范要求。<br>3. 电气设备是否完好及正常运行。<br>4. 电气设备工作接地是否完好。<br>5. 防雷、防静电接地完好情况，是否符合安全规定。<br>6. 临时用电是否按规定审批，作业票签发是否规范操作。<br>7. UPS是否正常运行情及记录完整 | 《供配电系统设计规范》(GB 50052—2009)第2.0.1条<br>(一)消防水泵房及其配电室应设消防应急照明，照明可采用蓄电池作备用电源，其连续供电时间不应少于30min;<br>(二)装置内的电缆沟应有防止可燃气体积聚或含有可燃液体的污水进入沟内的措施。电缆沟通入变配电所、控制室的墙洞处，是否填实、密封。<br>《石油化工企业设计防火规范》(GB 50160—2008)<br>9.1.2 消防水泵房及其配电室应设消防应急照明，照明可采用蓄电池作备用电源，其连续供电时间不应少于30min。<br>9.1.4 装置内的电缆沟应有防止可燃气体积聚或含有可燃液体的污水进入沟内的措施。电缆沟通入变配电所、控制室的墙洞处，应填实、密封 |

续表

| 序号 | 检查项目 | 检查内容 | 检查要点 | 检查依据 |
| --- | --- | --- | --- | --- |
| 14 | 仪表安全 | 仪表安全管理符合生产要求 | 1. 仪表巡回检查制度是否落实情况，发现故障是否及时消除，仪表自控率是否达到90%，使用率、完好率分别是否达到95%。<br>2. 联锁安装率、使用率、完好率分别是否达100%。<br>3. 关键装置的故障安全控制系统投运情况；建立计划是否安排。<br>4. 工艺参数指示报警、联锁及DCS系统是否正常投运。<br>5. 一次仪表与二次仪表显示值是否相符<br>6. 是否有联锁分布图，定期维修校验记录。<br>7. 压力表是否定期校验，铅封是否完好，刻度盘上是否标出最高工作压力红线。<br>8. 液位计是否有指示最高最低液位的明显标志，液位显示是否清晰、无假液位。<br>9. 临时变更记录等技术资料是否齐全，联锁装置摘除与恢复是否有申请和领导签批手续。<br>10. 可燃气体、有毒气体报警仪安装率、使用率、完好率是否达到100%，按规定进行校验及记录。<br>11. 手动试验声光报警是否正常，故障报警是否完好。<br>12. 在线分析检测仪是否完好。<br>13. 仪表调节器、变送器、传感器探头是否完好、无腐蚀、无灰尘。<br>14. 仪表设备是否完好、防爆区内仪表是否符合防爆规范 | 《化工自控设计规定》(HG 20509~20515—2000)<br>《石油化工设备(仪表)维护检修规程》(SHS 07001~07009—2004)<br>国家安全监管总局《危险化学品从业单位安全生产标准化评审标准》(安监总管三〔2011〕93号发布)<br>6.4 工艺安全<br>2. 企业应保证下列设备设施运行安全可靠、完整：<br>(1)压力容器和压力管道，包括管件和阀门；<br>(2)泄压和排空系统；<br>(3)紧急停车系统；<br>(4)监控、报警系统；<br>(5)联锁系统；<br>(6)各类动设备，包括备用设备等 |
| 15 | 防雷<br>静电接地 | 防雷应符合国家标准要求 | 1 防雷是否符合以下要求：<br>1.1 工艺装置内露天布置的塔、容器等，当顶板厚度等于或大于4mm时，可不设避雷针、线保护，是否设置防雷接地，是否按规定定期进行检测检验。查检测检验报告；<br>1.2 具有易燃、易爆气体生产装置和储罐以及排放的排气筒的避雷设施，避雷针是否高于气体排放时所形成的爆炸危险范围；<br>1.3 平行布置的间距小于100mm金属管道或交叉距离小于100mm的金属管道，是否设计防雷电感应装置，防雷电感应装置 | 《石油化工企业设计防火规范》(GB 50160—2008)<br>9.2.2 工艺装置内露天布置的塔、容器等，当顶板厚度等于或大于4mm时，可不设避雷针、线保护，但必须设防雷接地。<br>《化工企业安全卫生设计规范》(HG 20571—2014)<br>4.3.1 化工装置、设备、设施、储罐以及建(构)筑物的防雷设计应符合现行国家标准《建筑物防雷设计规范GB 50057和、石油化工装置防雷设计规范》GB 50650等的有关规定。<br>4.3.2 化工装置的防雷设计应根据生产性质、环境特点以及被保护设施的类型，设计相应防雷设施。 |

续表

| 序号 | 检查项目 | 检查内容 | 检查要点 | 检查依据 |
| --- | --- | --- | --- | --- |
| 15 | 防雷<br>静电接地 | 防雷应符合国家标准要求 | 是否与防静电装置联合设置；<br>1.4　化工装置的架空管道以及变配电装置和低压供电线路终端，是否设计防雷电波侵入的防护措施；<br>1.5　有火灾爆炸危险的化工装置、露天设备、储罐、电气设施和建(构)筑物是否有防直击雷装置，是否采取防止雷电感应的措施 | 4.3.3　有火灾爆炸危险的化工装置、露天设备、储罐、电气设施和建(构)筑物应设计防直击雷装置，并应采取防止雷电感应的措施。<br>4.3.4　具有易燃易爆气体生产装置和储罐以及排放易燃易爆气体的排气筒的避雷设计，避雷针应高于气体排放时所形成的爆炸危险范围。<br>4.3.5　平行布置的间距小于100mm的金属管道或交叉距离小于100mm的金属管道，应设计防雷电感应装置，防雷电感应装置可与防静电装置联合设置 |
| | | 防静电应符合国家标准要求 | 1. 对爆炸、火灾危险场所内可能产生静电危险的设备和管道，均是否采取静电接地措施。<br>2. 在聚烯烃树脂处理系统、输送系统和料仓区是否设置静电接地系统，不得出现不接地的孤立导体。<br>3. 可燃气体、液化烃、可燃液体、可燃固体的管道在下列部位是否设静电接地设施：<br>3.1　进出装置或设施处；<br>3.2　爆炸危险场所的边界；<br>3.3　管道泵及泵入口永久过滤器、缓冲器等是否设静电接地设施。<br>4. 可燃液体、液化烃的装卸栈台和码头的管道、设备、建筑物、构筑物的金属构件和铁路钢轨等(作阴极保护者除外)，是否作电气连接并接地。<br>5. 每组专设的静电接地体的接地电阻值多少Ω。<br>6. 防静电是否符合以下要求：<br>6.1　对可能产生静电危害的工作场所，应设置防静电装置，按规定进行定期检测，配置静电用品用具。<br>6.2　具有火灾爆炸危险的场所、静电对产品质量有影响的生产过程以及静电危害人身安全的作业区内，所有的金属用具及门窗零部件、移动式金属车辆、梯子异是否设静电接地。 | 《石油化工企业设计防火规范》(GB 50160—2008)<br>对爆炸、火灾危险场所内可能产生静电危险的设备和管道，均应采取静电接地措施。<br>9.3.2　在聚烯烃树脂处理系统、输送系统和料仓区应设置静电接地系统，不得出现不接地的孤立导体。<br>9.3.3　可燃气体、液化烃、可燃液体、可燃固体的管道在下列部位应设静电接地设施：<br>1. 进出装置或设施处；<br>2. 爆炸危险场所的边界；<br>3. 管道泵及泵入口永久过滤器、缓冲器等。<br>9.3.4　可燃液体、液化烃的装卸栈台和码头的管道、设备、建筑物、构筑物的金属构件和铁路钢轨等(作阴极保护者除外)，均应作电气连接并接地。<br>9.3.6　每组专设的静电接地体的接地电阻值宜小于100Ω。<br>防静电是否符合以下要求：<br>(一)对可能产生静电危害的工作场所，应设置防静电装置，按规定进行定期检测，配置静电用品用具。<br>(二)化工装置在防爆区域内的所有金属设备、管道、储罐等都必须设静电接地。<br>(三)非导体设备、管道储罐等应设计间接接地，或采用静电屏蔽方法，屏蔽体必须可靠接地。其他要求应按相关国家标准的有关规定。 |

续表

| 序号 | 检查项目 | 检查内容 | 检查要点 | 检查依据 |
| --- | --- | --- | --- | --- |
| 15 | 防雷<br>静电接地 | 防静电应符合国家标准要求 | 6.3 非导体设备、管道储罐等是否设计间接接地，或采用静电屏蔽方法，屏蔽体是否可靠接地。其他要求是否按相关国家标准的有关规定 | 《化工企业安全卫生设计规范》(HG 20571—2014)<br>4.2.2 化工装置防静电设计应根据生产工艺要求、作业环境特点和物料的性质采取相应的防静电措施。<br>4.2.3 化工装置防静电设计应根据生产特点和物料性质，合理地选择设备和管道的材料，确定设备结构，以控制静电的产生，使其不能达到危险程度。<br>4.2.4 化工装置在爆炸、火灾危险场所内可能产生静电危险的金属设备、管道等应设置静电接地，不允许设备及设备内部件有与地相绝缘的金属体。非导体设备、管道等应采用间接接地或静电屏蔽方法，屏蔽体应可靠接地。<br>4.2.5 具有火灾爆炸危险的场所、静电对产品质量有影响的生产过程以及静电危害人身安全的作业区内，所有的金属用具及门窗零部件、移动式金属车辆、梯子异均应设静电接地 |
| 16 | 防火防爆 | 防火防爆应符合国家标准要求 | 1. 用火管理<br>1.1 易燃易爆区用火、临时用电、进入机动车辆等属用火管理的作业，是否按规定办理了作业票证；<br>1.2 用火作业前各项作业安全措施是否已落实；<br>1.3 作业现场是否按规定配备灭火器材；<br>1.4 临时用电设施是否按规定检测、使用，线路无破损；<br>1.5 作业完毕后是否对现场进行了检查；<br>1.6 进入易燃易爆区的机动车辆按是否规定加装了合格的阻火器 | 国家安全监管总局《危险化学品从业单位安全生产标准化评审标准》(安监总管三〔2011〕93 号发布)<br>6.6 检维修<br>3. 企业在进行检维修作业时，应执行下列程序：<br>(1)检维修前：<br>①进行危险、有害因素识别；<br>②编制检维修方案；<br>③办理工艺、设备设施交付检维修手续；<br>④对检维修人员进行安全培训教育；<br>⑤检维修前对安全控制措施进行确认；<br>⑥为检维修作业人员配备适当的劳动保护用品；<br>⑦办理各种作业许可证。<br>(2)对检维修现场进行安全检查。<br>(3)检维修后办理检维修交付生产手续 |

续表

| 序号 | 检查项目 | 检查内容 | 检查要点 | 检查依据 |
|---|---|---|---|---|
| 17 | 防尘毒 | 防尘毒应符合国家标准要求 | 1. 各单位是否配备专职或兼职的职业卫生管理人员。<br>2. 职业病防治工作是否纳入单位负责人安全生产责任制。<br>3. 每年是否制定职业病防治计划和实施方案。<br>4. 厂级和车间级职业卫生档案是否健全完整。<br>5. 是否按要求进行职业病危害项目申报。<br>6. 可能产生职业病危害的设备是否有中文说明书，并在醒目位置设置警示标识和中文警示说明。<br>7. 职业病危害因素的强度或者浓度是否符合国家职业卫生标准。<br>8. 可能发生急性职业损伤的有毒、有害工作场所，设置报警装置，是否配置现场急救用品和冲洗设备。<br>9. 可能发生急性职业损伤的有毒、有害工作场所，是否配置必要的泄险区。<br>10. 一般有毒作业场所设置黄色区域警示线，高毒作业场所是否设置红色区域警示线。<br>11. 在与职工签订的劳动合同中，是否在合同中载明可能产生的职业病危害及其后果。<br>12. 是否在醒目位置公布职业病危害事故应急救援措施。<br>13. 作业场所职业病危害因素监测结果是否在醒目位置对职工进行告知。<br>14. 职业健康体检结果是否及时告知职工。<br>15. 是否按标准配备符合防治职业病要求的个人防护用品，是否有个人职业病防护用品发放登记记录。<br>16. 是否按规定的体检周期组织职工进行上岗前、在岗期间和离岗时的职业健康检查。<br>17. 是否制定职业病危害事故应急救援预案，每年至少演练一次。 | 国家安全监管总局《危险化学品从业单位安全生产标准化评审标准》(安监总管三〔2011〕93 号发布)<br>8.3 劳动防护用品<br>1. 企业应根据接触危害的种类、强度，为从业人员提供符合国家标准或行业标准的个体防护用品和器具，并监督、教育从业人员正确佩戴、使用。<br>2. 企业各种防护器具都应定点存放在安全、方便的地方，并有专人负责保管，定期校验和维护，每次校验后应记录、铅封。<br>3. 企业应建立职业卫生防护设施及个体防护用品管理台账，加强对劳动防护用品使用情况的检查监督，凡不按规定使用劳动防护用品者不得上岗作业 |

续表

| 序号 | 检查项目 | 检查内容 | 检查要点 | 检查依据 |
| --- | --- | --- | --- | --- |
| 17 | 防尘毒 | 防尘毒应符合国家标准要求 | 18. 班组每季度是否在安全活动中安排一次职业卫生知识学习活动，并做好记录。<br>19. 生产岗位管理和作业人员是否掌握并能正确使用、维护职业卫生防护设施和个体职业卫生防护用品，掌握生产现场中毒自救、互救基本知识和基本技能。<br>20. 对从事职业病危害作业岗位职工是否进行上岗前职业卫生和职业病防治法规教育、岗位劳动保护知识教育及防护用具使用方法的培训，经考试合格后方可上岗操作。<br>21. 存在高毒物品的场所是否与其他场所分开或有效隔离，防护距离是否符合国家相关标准的规定；是否设置应急撤离通道和必要的泄险区；设置通信、报警装置，并保证在任何情况下处于正常使用状态；按照 GBZ158—2003《工作场所职业病危害警示标识》规定，设置风向标，设置警示标志，中文警示说明和红色区域警戒线。<br>22. 存在有毒有害介质的车间(装置)是否配备气体防护器材，是否设专人管理，做好气防器材的配备、维护、保养、使用和报废的管理，并建立气防器材管理档案 | |
| 18 | 防风 | 防风应符合国家标准要求 | 1. 生产、办公场所的门窗开启时是否固定牢固，防止大风天气造成门窗损坏坠落伤人。<br>2. 生产设施的保温等是否牢固，高处平台、房顶、建构筑物上、管廊上是否无杂物。<br>3. 各类标志牌安装是否牢固。<br>4. 各类作业用防护围档设施稳定性是否良好。<br>5. 大风天气后是否及时进行检查，对损坏的部位进行处理、清理，防止坠物伤人 | 国家安全监管总局《危险化学品从业单位安全生产标准化评审标准》(安监总管三〔2011〕93 号发布)<br>11.2　安全检查形式与内容<br>企业安全检查形式和内容应满足：<br>季节性检查由各业务部门的负责人组织本系统相关人员进行，是根据当地各季节特点对防火防爆、防雨防汛、防雷电、防暑降温、防风及防冻保暖工作等进行预防性季节检查 |

续表

| 序号 | 检查项目 | 检查内容 | 检查要点 | 检查依据 |
| --- | --- | --- | --- | --- |
| 19 | 冬季防滑 | 冬季防滑应符合国家标准要求 | 1. 冬季是否根据天气情况及时对员工进行提示，防止滑倒。<br>2. 人员、车辆通行的道路、生产现场的巡检路线、操作路线不得有冰，下雪时是否及时清理，防止人员滑倒。<br>3. 冬季不得用水冲洗设备、地面。<br>4. 冰雪天气是否对管辖区内的车辆限速行驶。<br>5. 下雪时，厂区内消防通道斜坡路段是否使用溶雪剂等随时对路面积雪进行处理，保证事故状态下大型消防车辆通行 | 国家安全监管总局《危险化学品从业单位安全生产标准化评审标准》安监总管三〔2011〕93 号发布<br>11.2　安全检查形式与内容<br>企业安全检查形式和内容应满足：<br>季节性检查由各业务部门的负责人组织本系统相关人员进行，是根据当地各季节特点对防火防爆、防雨防汛、防雷电、防暑降温、防风及防冻保暖工作等进行预防性季节检查 |
| 20 | 防暑降温 | 防暑降温应符合国家标准要求 | 1. 高温作业职工是否进行上岗前、在岗期间、离岗时和入暑前的职业性健康检查。禁止有职业禁忌症的职工从事高温作业。<br>2. 对热辐射强度较大的高温作业职工，是否提供符合要求的防护用品。<br>3. 高温作业职工是否进行上岗前职业危害告知。<br>4. 防暑降温设备是否有专人管理，按时检修维护，是否每年在暑季前检维修一次，并制定切实可行的使用办法和管理制度，是否确保防暑降温设备处于完好状态。<br>5. 高温作业场所的防暑降温，是否首先采用自然通风，必要时使用送风风扇、喷雾风扇或空气淋浴等局部送风装置。<br>6. 高温作业场所是否设有工间休息室。休息室是否隔绝高温和辐射热，室内有良好的通风，休息室内气温是否低于室外气温，设有空调的休息室室内气温是否保持在 25~27℃。<br>7. 高温作业岗位是否配备防暑降温药品。<br>8. 对高温超标严重的岗位，是否采取轮换作业等办法，尽量缩短一次连续作业时间 | 国家安全监管总局《危险化学品从业单位安全生产标准化评审标准》（安监总管三〔2011〕93 号发布）<br>11.2　安全检查形式与内容<br>企业安全检查形式和内容应满足：<br>（3）季节性检查由各业务部门的负责人组织本系统相关人员进行，是根据当地各季节特点对防火防爆、防雨防汛、防雷电、防暑降温、防风及防冻保暖工作等进行预防性季节检查 |

续表

| 序号 | 检查项目 | 检查内容 | 检查要点 | 检查依据 |
| --- | --- | --- | --- | --- |
| 21 | 直接作业环节管理 | 承包商管理应符合相关规定要求 | 1. 发包部门是否将施工、检修工程发包给资质等级与工程相适应的承包商。<br>2. 各工程部门发包时，是否在工程批文齐全，劳动安全、职业卫生、消防、环境保护建审和评价等手续齐备后方可组织工程发包。<br>3. 业主单位与承包商在签订工程合同时，是否签订安全协议，或在合同中制定涉及此工程项目的详细的安全条款。<br>4. 开工装置、罐区防火间距内进行施工的，业主单位是否制定安全防范措施和应急措施；承包商是否制定安全施工措施并交业主单位审核同意后方可开工。<br>5. 业主单位是否对承包商进行规定内容的厂级、车间级安全教育后，方可颁发入厂证。在入厂证有效期内进入其他车间进行检修、施工时，是否重新进行车间级教育情况应记入台账。<br>6. 入厂证有效期不得超过半年，到期是否再次进行教育后办理。入厂证应注明个人基本情况、工种、特殊工种等信息。<br>7. 业主单位是否按规定将工程款的3%作为承包商的风险保证金，对承包商的违章违纪行为进行处罚，并在风险保证金中扣除。工程结算是否经安全部门会签后，工程管理部门方可支付工程款。<br>8. 业主单位是否按规定对本辖区内承包商的安全管理工作进行监督检查 | 国家安全监管总局《危险化学品从业单位安全生产标准化评审标准》安监总管三〔2011〕93号发布<br>7.4 承包商<br>1. 建立合格承包商名录、档案（包括承包商资质资料、表现评价、合同等资料）；<br>2. 对承包商进行资格预审；<br>3. 选择、使用合格的承包商；<br>4. 与选用的承包商签订安全协议；<br>5. 对作业过程进行监督检查。<br>要向承包商进行作业现场安全交底，对承包商的安全作业规程、施工方案和应急预案进行审查 |
| | | 直接作业环节安全教育符合相关规定要求 | 1. 外来施工人员是否经过生产单位厂级安全教育、考试合格办理《入厂通行证》方可进入厂区。<br>2. 检修、施工人员是否经过生产单位车间级教育、考试合格方可进入生产区域进行作业。<br>3. 每日作业前施工单位是否对施工人员进行安全技术交底。<br>4. 特种作业人员是否持有效（每2年进行复审通过）《特种作业操作证》上岗 | 国家安全监管总局《危险化学品从业单位安全生产标准化评审标准》安监总管三〔2011〕93号发布<br>5.5 其他人员培训教育<br>企业应对承包商的作业人员进行入厂安全培训教育，经考核合格发放入厂证，保存安全培训教育记录。进入作业现场前，作业现场所在基层单位应对施工单位的作业人员进行进入现场前安全培训教育，保存安全培训教育记录 |

续表

| 序号 | 检查项目 | 检查内容 | 检查要点 | 检查依据 |
| --- | --- | --- | --- | --- |
| 21 | 直接作业环节管理 | 直接作业环节现场管理符合相关规定要求 | 1. 检修、施工现场是否道路平整，消防通道畅通，机具、材料、临时设施、供电线路、电焊把线、气焊带及各类施工管路等布置是否整齐、合理、有序，严禁占用和堵塞安全通道。<br>2. 危险作业区如土石方作业、起重作业、射线作业、试压作业等是否设立明显的警示牌或警戒线，夜间作业是否设置警示灯。<br>3. 施工现场的照明设施是否满足现场施工的安全需要，否则夜间严禁施工作业。<br>4. 氧气、乙炔、汽油、柴油、油漆等易燃易爆物品，严禁在施工现场随意堆放，是否存放在指定地点，并落实防火防爆措施。<br>5. 与施工项目相关的工艺管线、下水井系统等，是否采取有效的隔离措施。<br>6. 进入施工现场的各种设备和机具，施工单位是否进行检查，合格后粘贴《修机具合格证》。<br>7. 检修、施工作业中的边角余料和垃圾是否按规定放置在指定地点，及时清理，每日做到工完、料净、场地清。<br>8. 施工渣土严禁在施工现场随意倾倒和堆放，是否设置指定的渣土堆放场所。<br>9. 检修、施工人员的自行车是否停放在周边指定区域，严禁在检修、施工区域随意停放。<br>10. 进入检修、施工现场的机动车辆作业完成后是否离开作业区域，停放在指定地点时，司机不得远离车辆，应随叫随到 | 国家安全监管总局《危险化学品从业单位安全生产标准化评审标准》安监总管三〔2011〕93号发布<br>7.2　警示标志<br>企业应按照GB16179规定，在易燃、易爆、有毒有害等危险场所的醒目位置设置符合GB2894规定的安全标志；<br>企业应在检维修、施工、吊装等作业现场设置警戒区域和安全标志，在检修现场的坑、井、洼、沟、陡坡等场所设置围栏和警示灯。<br>企业应在可能产生严重职业危害作业岗位的醒目位置，按照GBZ158设置职业危害警示标识，同时设置告知牌，告知产生职业危害的种类、后果、预防及应急救治措施、作业场所职业危害因素检测结果等。<br>7.3　作业环节<br>企业应保持作业环境整洁 |
|  |  | 直接作业环节劳动保护符合相关规定要求 | 1. 进入检修施工现场的各类人员是否按作业项目穿戴符合要求的工作服、安全帽、工作鞋。<br>2. 特种作业是否按要求做好特殊防护，作业人员要配备特殊防护用品。如，安全防护面罩、护目镜、特殊防护服、手套、工作鞋等。<br>3. 粉尘、有毒作业场所是否戴防尘、毒口罩。<br>4. 腐蚀性作业是否穿戴耐酸碱工作服、工作鞋、手套，戴防护面罩。碎屑飞溅、强光作业等是否戴护目镜。<br>5. 电工作业是否穿绝缘鞋 | 国家安全监管总局《危险化学品从业单位安全生产标准化评审标准》安监总管三〔2011〕93号发布<br>7.3　作业环节<br>企业应在危险性作业活动作业前进行危险、有害因素识别，制定控制措施。在作业现场配备相应的安全防护用品（具）及消防设施与器材，规范现场人员作业行为。<br>8.3　劳动防护用品<br>1. 为从业人员提供符合国家标准或行业标准的个体防护用品和器具；<br>2. 监督、教育从业人员正确佩戴、使用个体防护用品和器具 |

续表

| 序号 | 检查项目 | 检查内容 | 检查要点 | 检查依据 |
|---|---|---|---|---|
| 21 | 直接作业环节管理 | 用火管理符合相关标准要求 | 1. 用火作业是否持有效的《用火作业许可证》。包括：各种焊接、切割和其他明火作业；接临时电源和使用非防爆电器设备、机具；爆破和锤击、喷砂作业等易产生火花作业；机动车辆进入施工现场等。<br>一张用火票只限一处用火，实行一个用火地点、一张用火许可证、一名用火监护，不得一张用火票进行多处用火。<br>2. 是否严格执行“三不动火”原则，用火人对违反“三不动火”原则的行为有权拒绝用火。<br>3. 用火许可证是否按规定填写，明确具体的用火部位。<br>4. 用火前是否进行用火分析，合格后方可签发《用火许可证》。<br>许可证上的动火人和实际动火人要一致。<br>5. 监火人在监火时是否佩戴明显标志，用火点是否悬挂小旗以标识，是否配备相应的灭火器材，是否随身携带用火作业许可证备查。<br>监护人离开时是否收回用火人持有的用火许可证，停止动火。<br>6. 是否清除用火点周围一切可燃物，有效覆盖、隔离下水井、管沟、排水沟、地漏、电缆沟等，防止可燃气窜入用火点周围。<br>7. 用火现场是否按规定配置消防器材，并保持消防道路畅通。<br>8. 施工完毕，是否仔细检查清理现场，熄灭火种、切断电源后方可离开。<br>同一动火区域不应同时进行可燃溶剂清洗和喷漆等作业。<br>9. 高处用火时是否做好措施，防止火花飞溅，并对其下方的可燃物、易燃物、机械设备、电缆、气瓶等是否采取可靠的防护措施；与高处用火点相对应的地面是否有专人巡视。<br>10. 电、气焊、临时用电等作业者是否持有效的本岗位特种作业证。<br>11. 电焊机是否摆放在通风、防雨、防晒环境中，导线裸露部分在屏护罩内。 | 国家安全监管总局《危险化学品从业单位安全生产标准化评审标准》安监总管三〔2011〕93 号发布<br>6.6　检维修<br>企业在进行检维修作业时，应执行下列程序：<br>(1)检维修前：<br>①进行危险、有害因素识别；<br>②编制检维修方案；<br>③办理工艺、设备设施交付检维修手续；<br>④对检维修人员进行安全培训教育；<br>⑤检维修前对安全控制措施进行确认；<br>⑥为检维修作业人员配备适当的劳动保护用品；<br>⑦办理各种作业许可证。<br>(2)对检维修现场进行安全检查。<br>(3)检维修后办理检维修交付生产手续。<br>7.1　作业许可<br>企业应对下列危险性作业活动实施作业许可管理，严格履行审批手续，各种作业许可证中应有危险、有害因素识别和安全措施内容：<br>(1)动火作业；<br>(10)其他危险性作业 |

续表

| 序号 | 检查项目 | 检查内容 | 检查要点 | 检查依据 |
| --- | --- | --- | --- | --- |
| 21 | 直接作业环节管理 | 用火管理符合相关标准要求 | 12. 在闷热、潮湿、小空间或金属容器内进行电焊作业时，是否有防止个人防护用品的潮湿损坏的措施，操作时脚下是否垫上绝缘木板，不得赤手换焊条，或将焊钳夹在腋下去搬弄工件。<br>13. 电焊回路线是否连接在焊件上，焊把线和二次线是否无破损，绝缘良好，不得穿过下水井或与其他设备搭接；焊机的一次线长度一般不应超过5m。<br>14. 电焊把线、回路线与气焊的氧气胶管、乙炔气胶管不得混合捆绑。<br>15. 焊接电缆通过道路时，是否架高或采取其他保护措施。<br>16. 气焊作业时，用火点与氧气瓶、乙炔瓶之间距离至少10m，氧气瓶与乙炔瓶之间距离至少5m，乙炔气瓶禁止卧放。<br>17. 单个使用的气瓶在垂直竖放的同时要有固定措施。<br>18. 严禁乙炔瓶和氧气瓶混装和混放。<br>19. 气瓶使用前，尤其乙炔瓶和氧气瓶在使用前，胶带与瓶嘴的接口处，是否用卡子夹紧，严禁用铁丝捆绑，防止漏气着火。<br>20. 各种气瓶的防护圈和瓶帽是否齐全，严禁在地面上滚运<br>在高温季节里，气瓶严禁在阳光下直接暴晒，要有遮盖措施 | |
| | | 临时用电符合相关规定要求 | 1. 在生产装置、罐区等易燃易爆场所接临时电源时，是否办理《用火作业许可证》。<br>2. 临时用电的施工和维护，是否由持有有效的《电工作业操作证》的人员担任。<br>3. 临时用电单位，不得变更地点和工作内容。<br>4. 进入现场的施工机具是否经检验合格加贴合格证后方可使用。<br>5. 在靠近带电部分进行作业时是否设监护人。<br>6. 施工现场用电线路是否采用绝缘良好的软导线或电缆，不得有破皮、老化、漏电、绝缘裂纹等现象。电缆线路是否考虑避免机械损伤和介质腐蚀。<br>7. 低压架空线路是否采用绝缘导线，最大弧垂与地面距离，在施工现场不低于2.5m，穿越机动车道不低于5m。 | 国家安全监管总局《危险化学品从业单位安全生产标准化评审标准》安监总管三〔2011〕93号发布<br>6.6　检维修<br>企业在进行检维修作业时，应执行下列程序：<br>（1）检维修前：<br>①进行危险、有害因素识别；<br>②编制检维修方案；<br>③办理工艺、设备设施交付检维修手续；<br>④对检维修人员进行安全培训教育；<br>⑤检维修前对安全控制措施进行确认；<br>⑥为检维修作业人员配备适当的劳动保护用品； |

续表

| 序号 | 检查项目 | 检查内容 | 检查要点 | 检查依据 |
| --- | --- | --- | --- | --- |
| 21 | 直接作业环节管理 | 临时用电符合相关规定要求 | 8. 电源线路不得拖拉在地面上或接近热源。严禁将电线直接挂在树上、金属设备、构件和钢脚手架上，或用金属丝绑扎电缆(线)。电线通过马路及易被损坏处应加设钢质套管保护。<br>9. 严禁将电线芯线直接插入插座或将芯线挂在电源开关上，露天开关是否装在特别箱闸内。照明设备拆除后，不能留有带电电线，如电线保留，应切断电源并将线头绝缘。<br>10. 电线(电缆)、软线、电焊把线不得与钢丝绳绞在一起。<br>11. 电缆接头是否设在接线盒内，接线盒是否能防水、防损伤。<br>12. 现场临时用电配电盘、箱要有编号，是否有防雨措施，盘、箱、门是否能牢靠关闭；现场的开关箱、开关柜是否加锁。<br>13. 施工现场用电网络防护是否采用三级漏电保护网络，总配电箱、分配电箱、线路末端用电设备的开关箱中均是否装设漏电保护装置。<br>容量为 20kV · A 以内三相动力设备、照明线路和手持电动工具等一般可采用额定漏电动作电流不超过 30mA、最大分断时间不大于 0.1s 的漏电保护器；容量为 20kV · A 以上的动力设备，一般可选用漏电动作电流不超过 50mA、最大分断时间不大于 0.1s 的漏电保护器。<br>14. 移动工具、手持式电动工具是否一机一闸一保护。<br>手持式电动工具的外壳、手柄、导线、插头、开关等是否完好无损。<br>15. 现场用 220V 的照明线路，是否绝缘良好，布线整齐且应固定和经常检查维修。照明灯具悬挂高度应在 2.5m 以上，如低于 2.5m 时，是否设保护罩，且不得任意挪动或当行灯使用。<br>16. 行灯电压不得超过 36V，且行灯应带有金属保护罩；在特别潮湿的场所或塔、釜、槽、罐等金属设备内作业时，行灯电压不得超过 12V；在易燃易爆区域，使用防爆型安全行灯。<br>17. 铁房子、休息室内的照明线是否用像皮软线，并设漏电保护开关，灯泡功率不大于 100W，穿过房壁时应套上绝缘保护管，保护管距铁房子内壁应不小于 2.5cm | ⑦办理各种作业许可证。<br>(2)对检维修现场进行安全检查。<br>(3)检维修后办理检维修交付生产手续。<br>7.1　作业许可<br>企业应对下列危险性作业活动实施作业许可管理，严格履行审批手续，各种作业许可证中应有危险、有害因素识别和安全措施内容：<br>(4)临时用电作业；<br>(10)其他危险性作业 |

续表

| 序号 | 检查项目 | 检查内容 | 检查要点 | 检查依据 |
| --- | --- | --- | --- | --- |
| 21 | 直接作业环节管理 | 进入受限空间符合相关标准要求 | 1. 进入受限或探入密闭、半密闭设施及场所的施工作业是否办理《进入受限空间作业许可证》。<br>《进入受限空间作业许可证》当日有效，作业中断4h以上时，需要重新办理。<br>2. 作业监护人和作业负责人是否随身携带《进入受限空间作业许可证》。<br>3. 基层单位与施工单位现场安全负责人是否对监护人和作业人员进行必要的安全教育。<br>4. 作业前，施工作业负责人是否向施工作业人员进行作业程序和安全措施交底，并指派作业监护人；作业单位和设备所属单位不是同一单位时，双方要各派一名监护人。监护人应具备出现意外时的应急处理能力。<br>5. 作业前，是否逐条落实安全措施，受限空间内的氧含量、可燃气、有毒有害介质分析合格后方可进入。<br>6. 进入存有残渣、填料、吸附剂、催化剂、活性炭等有毒有害介质的受限空间作业时，是否每半小时对氧含量、可燃气、有毒有害介质进行一次分析，作业人员是否穿戴防静电服装，使用防爆工具。<br>7. 设备打开通风孔进行自然通风，必要时是否采取强制通风或佩戴空气呼吸器。<br>佩戴长管面具时，要检查气密性，应防止长管被挤压，吸气口应置于空气新鲜的上风口，并有人监护。<br>8. 受限空间进出口通道，不得有阻碍人员进出的障碍物，应保证其畅通无阻，便于人员出入和疏散。<br>9. 所要进入的设备是否作好工艺处理，所有与设备相连的管线，阀门是否加盲板断开，并对该设备进行吹扫、蒸煮、置换合格。不得以关闭阀门代替盲板，盲板应挂牌标示。 | 国家安全监管总局《危险化学品从业单位安全生产标准化评审标准》安监总管三〔2011〕93号发布<br>6.6　检维修<br>企业在进行检维修作业时，应执行下列程序：<br>（1）检维修前：<br>①进行危险、有害因素识别；<br>②编制检维修方案；<br>③办理工艺、设备设施交付检维修手续；<br>④对检维修人员进行安全培训教育；<br>⑤检维修前对安全控制措施进行确认；<br>⑥为检维修作业人员配备适当的劳动保护用品；<br>⑦办理各种作业许可证。<br>（2）对检维修现场进行安全检查。<br>（3）检维修后办理检维修交付生产手续。<br>7.1　作业许可<br>企业应对下列危险性作业活动实施作业许可管理，严格履行审批手续，各种作业许可证中应有危险、有害因素识别和安全措施内容：<br>（2）进入受限空间作业；<br>（10）其他危险性作业 |

续表

| 序号 | 检查项目 | 检查内容 | 检查要点 | 检查依据 |
| --- | --- | --- | --- | --- |
| 21 | 直接作业环节管理 | 进入受限空间符合相关标准要求 | 带有搅拌器等转动部件的设备，是否在停机后切断电源办理停电手续后，在开关上挂“有人检修、禁止合闸”标示牌。必要时设专人监护。<br>10. 在进入受限空间作业期间，严禁同时进行各类与该设备相关的试车、试压或试验工作及活动。<br>11. 作业监护人在作业期间，不得离开现场，离开现场时，应停止作业。<br>12. 进入金属容器（炉、塔、釜、罐等）和特别潮湿、工作场地狭窄的非金属容器内作业照明电压不大于12V；当需使用电动工具或照明电压大于12V时，是否按照规定安装人身漏电保护器，其接线箱（板）严禁带入容器内使用。<br>13. 当作业环境原来盛装爆炸性液体、气体等介质的，则应使用防爆电筒或电压不大于12V的防爆安全行灯，行灯变压器不应放在易燃易爆受限空间或金属容器内。<br>14. 作业监护人是否点清出入受限空间作业人数和工具数量，发现异常，是否及时停止作业，并立即采取应急措施。<br>15. 进入受限空间作业涉及动火、临时用电、高处作业等作业时，是否办理相应的作业许可证 | |
| | | 高处作业符合相关标准要求 | 1. 施工单位进行高处作业时，是否办理《高处作业许可证》。<br>2. 特殊高处作业是否制定作业方案和安全技术措施。特殊高处作业包括：因事故或灾害需进行的五级以上强风、雨、雪、雷电、大雾等露天高处作业和带电、异温、悬空、抢救等高处作业。<br>3. 高处作业人员是否系好安全带，安全带是否无破损，戴好安全帽，衣着要灵便，是否穿防滑鞋，禁止穿硬底和带钉易滑的鞋。<br>4. 安全带是否系挂在施工作业处上方的牢固构件上，高挂（系）低用，不得系挂在有尖锐棱角的部位，严禁用绳子捆在腰部代替安全带；上方无固定点时，方可采用低于腰部水平系挂方法，但下部是否有足够净空。 | 国家安全监管总局《危险化学品从业单位安全生产标准化评审标准》安监总管三〔2011〕93号发布<br>6.6　检维修<br>企业在进行检维修作业时，应执行下列程序：<br>（1）检维修前：<br>①进行危险、有害因素识别；<br>②编制检维修方案；<br>③办理工艺、设备设施交付检维修手续；<br>④对检维修人员进行安全培训教育；<br>⑤检维修前对安全控制措施进行确认； |

续表

| 序号 | 检查项目 | 检查内容 | 检查要点 | 检查依据 |
|---|---|---|---|---|
| 21 | 直接作业环节管理 | 高处作业符合相关标准要求 | 在钢结构上、管廊管道上没有脚手架、又无法系挂安全带的高处作业，是否采取和落实安全水平绳措施，给作业人员提供可系挂安全带的地方，否则严禁高处作业。<br>5. 在道路和设备、设施上方或上下交叉作业区域及人和物体有坠落可能的高处作业区域进行高处作业，是否按规定要求挂设安全网。<br>6. 所有可能发生高处坠落的平台周边、孔、洞、坑边，是否有固定地护板、护栏等防护设施。<br>7. 高处作业严禁上下投掷工具、材料和杂物等，高处放置的材料和物品是否要有固定措施，工具应放入工具套(袋)内，有防止坠落的措施，必要时要设安全警戒区，并设专人监护。<br>8. 高处作业完后余下的边角余料和垃圾是否及时清理下来，防止坠物伤人。<br>9. 作业人员不得在高处不牢固的结构物上、平台边缘、孔洞边缘、通道、安全网内休息。<br>10. 30m 以上的特级高处作业时，是否配置性能完好的通讯设备，保持与地面的联系；夜间高处作业应有充足的照明。<br>11. 高处作业要与架空电线保持规定的安全距离。当安全距离不足时，是否采取可靠的安全措施。<br>12. 高处作业涉及用火、临时用电、进入受限空间等作业时，是否办理相应的作业许可证。<br>13. 脚手架的安装、修改或拆除作业人员是否持有效的《特种作业资格操作证书》，持证上岗，搭设的脚手架是否符合安全规范要求，严禁独立操作。<br>大型和特殊脚手架，是否编制脚手架施工方案，并按照批准的施工方案进行搭设。<br>14. 禁止使用有严重腐蚀、弯曲、压扁和裂缝的钢管，禁止使用有脆裂、变形和滑丝等缺陷的扣件和连接件。<br>15. 钢脚手板不得有严重锈蚀、油污和裂纹；捆绑脚手板时，宜用 8 号镀锌铁丝，两端是否捆绑牢固。 | ⑥为检维修作业人员配备适当的劳动保护用品；<br>⑦办理各种作业许可证。<br>(2)对检维修现场进行安全检查。<br>(3)检维修后办理检维修交付生产手续。<br>7.1　作业许可<br>企业应对下列危险性作业活动实施作业许可管理，严格履行审批手续，各种作业许可证中应有危险、有害因素识别和安全措施内容：<br>(5)高处作业；<br>(10)其他危险性作业 |

续表

| 序号 | 检查项目 | 检查内容 | 检查要点 | 检查依据 |
| --- | --- | --- | --- | --- |
| 21 | 直接作业环节管理 | 高处作业符合相关标准要求 | 16. 脚手架搭设、拆除是否符合以下要求：<br>16.1 脚手架搭设、拆除过程中，附近和下方不得有人作业和通行，作业区域应设置警戒区，设专人监护，非作业人员不得入内；<br>16.2 在搭设、拆除脚手架过程中，如脚手板、杆未绑扎或已拆开绑扣，不得中途停止作业，拆除时应一次全部拆完；<br>16.3 脚手架的搭设间距应符合行业标准的有关规定；搭设拆除脚手架时，作业人员、架杆及作业面等应与电线安全距离，不足时，应切断电源或采取可靠的安全措施；<br>16.4 脚手架的基点和依附构件(物体)保持牢固可靠；从地面搭设时，地基应平整坚实，严禁用砖石铺垫脚手架的基点；<br>16.5 脚手架不得从下而上逐渐扩大，形成倒塔式结构；脚手架整体应稳定牢固，不得摇摆晃动；<br>16.6 从地面或操作基础面至脚手架作业面，应有上下梯子和通道；<br>16.7 脚手架的作业面脚手板应满铺，绑扎应牢固，探头板的长度不得大于300mm；使用中的脚手架上的脚手板最少不能少于2块(500mm宽)；<br>16.8 作业面面积应满足作业要求，作业面四周应设高度不小于1m的双层杆围栏；当作业面周围无合适的安全带挂设位置时，还应专设安全带挂设杆；<br>16.9 脚手架的走道和平台外侧，设置180mm高的踢脚板；<br>16.10 施工现场严禁使用单面脚手架；<br>16.11 在脚手架下或近处挖土时，应先加固脚手架；<br>16.12 脚手架在使用过程中，不得随意拆除架杆和脚手板，更不得局部切割和损坏；<br>16.13 脚手架使用完毕应及时拆除。临时性脚手架，实行一次性搭设、使用和拆除管理，不许搁置待用。<br>16.14 拆除时，按顺序由上而下，采取先搭后拆、后搭先拆的顺序，不准上下同时作业；严禁整排拉倒脚手架；<br>16.15 拆下的架杆、连接件、跳板等材料，应采用溜放，严禁向下投掷 | |

续表

| 序号 | 检查项目 | 检查内容 | 检查要点 | 检查依据 |
|---|---|---|---|---|
| 21 | 直接作业环节管理 | 起重作业符合相关标准要求 | 1. 起重作业指挥人员、司索人员（起重工）和起重机械操作人员是否持有有效的，《特种作业人员操作证》，持证上岗。<br>2. 大中型设备、构件、特殊天气条件下的吊装作业及在开工装置和高压线路周围等进行吊装作业时，是否编制施工方案、施工安全措施和应急预案。<br>注：（1）大型：100t 以上；（2）中型：40～100t；（3）小型：40t 以下。<br>3. 起重作业前施工单位是否向参加起重吊装的人员进行技术交底并记录存档。<br>4. 起重机械是否按照国家标准规定进行日检、月检和年检。<br>5. 自制、改造和修复的吊具、索具等简易起重设备，是否有设计资料（包括图纸、计算书等），并应有存档资料。<br>6. 轮式起重机是否配备专用钢板或枕木，作为吊车支腿的垫板。<br>7. 吊车支腿须远离地下井、管沟、涵洞、桥面、地下管线、挡土墙等易损构筑物。<br>8. 轮式起重机作业时，吊装作业现场是否用警戒绳设置警戒区域、挂牌警示并派人看护，严禁非作业人员入内。<br>9. 卷扬机作业是否由专人操作、专人指挥，钢丝绳穿越通道时是否有专人看管。<br>10. 用倒链进行起重作业时，严禁用工艺管线等生产设施作锚固点。<br>11. 起重作业前是否检查作业环境、地面附着物情况、起重机械与地面的固定或垫木的设置情况，吊索具无缺陷，捆绑正确牢固，被吊物与其他物件无连接，吊装区无闲散人员。<br>12. 是否检查确认起重机械作业时或在作业点静置时各部位活动空间范围内没有在用的电线、电缆和其他障碍物。<br>13. 起重机械及其臂架、吊具、辅具、钢丝绳、缆风绳和吊物应远离高低压输电线路；是否在输电线路近旁作业时，是否按规定保持足够的安全距离。 | 国家安全监管总局《危险化学品从业单位安全生产标准化评审标准》安监总管三〔2011〕93 号发布<br>6.6　检维修<br>企业在进行检维修作业时，应执行下列程序：<br>（1）检维修前：<br>①进行危险、有害因素识别；<br>②编制检维修方案；<br>③办理工艺、设备设施交付检维修手续；<br>④对检维修人员进行安全培训教育；<br>⑤检维修前对安全控制措施进行确认；<br>⑥为检维修作业人员配备适当的劳动保护用品；<br>⑦办理各种作业许可证。<br>（2）对检维修现场进行安全检查。<br>（3）检维修后办理检维修交付生产手续。<br>7.1　作业许可<br>企业应对下列危险性作业活动实施作业许可管理，严格履行审批手续，各种作业许可证中应有危险、有害因素识别和安全措施内容：<br>（7）吊装作业 |

续表

| 序号 | 检查项目 | 检查内容 | 检查要点 | 检查依据 |
|---|---|---|---|---|
| 21 | 直接作业环节管理 | 起重作业符合相关标准要求 | 14. 起重作业时是否明确指挥人员。指挥人员应佩戴明显的标志，严格按照指挥信号、旗语、手势和哨音规范指挥操作。<br>15. 吊物捆绑是否符合以下要求：<br>15.1　吊物捆绑正确、牢固可靠；较长的管材、钢结构严禁单绳扣捆绑吊装；必要时须焊接吊耳、防滑管或采取其他安全措施，吊往高处的吊物应有溜绳措施，防止碰刮它物；<br>15.2　不准用吊钩直接缠绕重物，不得将不同种类或不同规格的吊索、吊具混在一起使用。吊具承载不得超过额定起重量，吊索不得超过安全负荷，吊装前应检查其连接点是否牢固、可靠；<br>15.3　吊挂重物时，起吊绳、链所经过的棱角处应加衬垫；吊运零散的物件时，使用专门的吊篮、吊斗等器具；<br>15.4　吊物捆绑、吊挂不牢或不平衡而可能滑动时不得进行起重操作；<br>15.5　不得绑挂和起吊不明重量或与其他重物相连、埋在地下或与地面和其他物体冻结在一起的重物；<br>15.6　单机吊装时，吊点和吊物的重心应在同一垂直线；捆绑余下的绳头，应紧绕在吊钩或吊物之上；<br>15.7　用两台或多台起重机械吊运同一重物时，钢丝绳保持垂直。升降、运行应保持同步；各台起重机械所承的载荷不能超过各自额定起重能力的80%；<br>15.8　在制动器、安全装置失灵、吊钩螺母防松装置损坏、钢丝绳损伤达到报废标准等情况下禁止起重操作；<br>15.9　无法看清场地、吊物情况和指挥信号时不得进行起重操作；<br>15.10　正式起吊前是否进行试吊，试吊中检查全部机具、地锚受力情况，确认一切正常，方可正式吊装；<br>15.11　当起重臂、吊钩或吊物下面有人，吊物上有人或浮置物时不得进行起重操作； | |

续表

| 序号 | 检查项目 | 检查内容 | 检查要点 | 检查依据 |
| --- | --- | --- | --- | --- |
| 21 | 直接作业环节管理 | 起重作业符合相关标准要求 | 15.12 吊装过程中，没有指挥令任何人不得擅自离开岗位；<br>15.13 人员与吊物保持一定的安全距离；放置吊物就位时，可用拉绳或撑竿、钩子辅助就位；<br>15.14 指挥吊运、下放吊钩或吊物时，应确保下部人员、设备的安全；重物就位前，不许解开吊装索具；<br>15.15 起重臂、起重物上不得站人，禁止人员随吊物起吊或在吊钩、吊物下停留，不得停留在起重机运行轨道上；<br>15.16 轮式起重机带载荷行走时，不得超过额定载重量的70%，吊物位于正前方，离地高度不得超过50cm，行驶应缓慢；<br>15.17 下放吊物时，严禁自由下落(溜)，不得利用极限位置限制器停车；<br>15.18 在停工或休息时，不得将吊物、吊笼、吊具、吊臂和吊索悬吊在空中；<br>15.19 在起重机械工作时，不得对起重机械进行检查和维修，禁止在有载荷的情况下调整起升、变幅机构的制动器。<br>16. 遇6级以上大风或大雪、大雨、大雾等恶劣天气时，是否从事露天起重作业。<br>17. 起重作业完毕应将吊钩和起重臂是否放到规定的稳妥位置，所有控制手柄均应放到零位。对使用电气控制的起重机械，是否将总电源开关切断 | |
| | | 土石方作业符合相关标准要求 | 1. 破土施工作业是否办理《土石方作业许可证》。作业前，工程主管部门是否组织总图主管部门及电力、电信、生产、机动、消防、安全等有关部门和破土施工区域所属单位、地下设施的主管单位进行确认后，办理《土石方作业许可证》。一个施工点办理一张《土石方作业许可证》。<br>2. 破断消防道路是否办理《占用、破断消防道路许可证》。<br>3. 施工单位是否根据土石方的工作任务、交底情况及施工要求，制定施工方案，落实安全措施，并向施工人员交底。 | 国家安全监管总局《危险化学品从业单位安全生产标准化评审标准》安监总管三〔2011〕93号发布<br>6.6 检维修<br>企业在进行检维修作业时，应执行下列程序：<br>(1)检维修前：<br>①进行危险、有害因素识别；<br>②编制检维修方案；<br>③办理工艺、设备设施交付检维修手续； |

续表

| 序号 | 检查项目 | 检查内容 | 检查要点 | 检查依据 |
| --- | --- | --- | --- | --- |
| 21 | 直接作业环节管理 | 土石方作业符合相关标准要求 | 4. 在道路上(含居民区)、危险区域内及其他区域开挖深度超过2m的施工，是否在施工现场设围栏及警示牌，夜间是否设警示灯。<br>5. 深度超过2m的坑沟有人作业时，施工单位现场是否派监护人。<br>6. 挖掘破土时应由上至下逐层挖掘，是否采用挖洞和从下向上拓宽作业。<br>7. 深度大于2m时是否设置人员上下梯子等保证人员快速进出设施。<br>8. 破土开挖，应防止邻近建(构)筑物、道路、管道等下沉和变形，是否在必要时采取防护措施，加强观测，防止沉降和位移。<br>9. 在邻近建、构筑物进行土方作业，当挖掘深度深度超过建、构筑物基础深度时，是否分段挖掘，每段长度不大于2m。<br>10. 在挖掘地坑、地沟时如土壤深度适宜，无地下水及挖方敞露时间不长，且不会受水冲或深度不超过定值时，可挖成直壁，不加支撑。否则是否放坡或加支撑防护。<br>11. 符合上条深度因条件不能放坡时，是否采用固壁支撑，固壁支撑木料板厚不小于5cm，撑木直径不小于10cm。<br>12. 开挖沟、坑、槽作业时，距离边沿0.8m内禁止堆土，0.8~3m间堆土高度不得超过1.5m，3~5m间堆土高度不得超过2.5m。塔吊、振动机械距边沿不少于4m，汽车不少于3m，翻斗车往沟槽内卸料时是否在距边沿1m处打掩。<br>13. 坑、沟等边缘有裂纹、不断落土、支撑变形、折断、滑坡、塌方、情况异常或发现不明物体时，是否立即停止作业，撤出人员并设置警戒区、夜间设红灯。<br>14. 作业人员是否在地坑、地沟内休息。<br>15. 土石方作业涉及用火、临时用电、进入受限空间等作业时，是否办理相应的作业许可证 | ④对检维修人员进行安全培训教育；<br>⑤检维修前对安全控制措施进行确认；<br>⑥为检维修作业人员配备适当的劳动保护用品；<br>⑦办理各种作业许可证。<br>(2)对检维修现场进行安全检查。<br>(3)检维修后办理检维修交付生产手续。<br>7.1　作业许可<br>企业应对下列危险性作业活动实施作业许可管理，严格履行审批手续，各种作业许可证中应有危险、有害因素识别和安全措施内容：<br>(3)破土作业；<br>(10)其他危险性作业 |

续表

| 序号 | 检查项目 | 检查内容 | 检查要点 | 检查依据 |
|---|---|---|---|---|
| 21 | 直接作业环节管理 | 放射作业符合相关标准要求 | 1. 进行射线作业时，是否办理《射线作业许可证》，有效期为24h。<br>2. 探伤设备使用单位是否取得地方卫生、公安部门颁发的《放射性同位素许可登记证》和《放射装置工作许可证》，才能进行射线探伤作业。<br>3. 从事放射性同位素工作的人员，是否持有卫生部门颁发的《放射卫生防护培训证》及《放射工作人员证》方可从事射线作业。<br>4. 射线作业前，是否针对作业内容，对射线作业进行危害识别，制定相应的作业程序及安全措施，并经作业点所在车间确认各项安全措施已落实。<br>5. 作业点所在车间是否告知射线作业影响范围内的相关单位。<br>6. 射线作业是否安排在人员较少时进行。<br>7. 在工作现场，每次工作开始前，探伤作业人员是否在安全防护区界线四周设置警戒标志(警绳、警灯、报警装置)，并设专人监护。<br>8. 每次作业前是否清理防护区域内的人员，完善防护设施，确认无误方可开始作业。防止任何人在射线作业时闯入防护区域和进行交叉作业。<br>9. 使用放射射线探伤机作业时，工作人员是否使用个人剂量计和个人剂量报警仪，对整个工作过程进行不间断监测。<br>每天射线探伤机作业结束后，是否将装有放射源的主机送回源库存放。<br>10. 在开放型工作场所使用的放射性同位素是否在现场过夜，特殊情况须设临时储存场所的，是否经过本单位和工作场所所在单位安全、保卫部门的检查确认，设置放射性标志，指定专人负责安全保卫 | 国家安全监管总局《危险化学品从业单位安全生产标准化评审标准》安监总管三〔2011〕93号发布<br>6.6　检维修<br>企业在进行检维修作业时，应执行下列程序：<br>(1)检维修前：<br>①进行危险、有害因素识别；<br>②编制检维修方案；<br>③办理工艺、设备设施交付检维修手续；<br>④对检维修人员进行安全培训教育；<br>⑤检维修前对安全控制措施进行确认；<br>⑥为检维修作业人员配备适当的劳动保护用品；<br>⑦办理各种作业许可证。<br>(2)对检维修现场进行安全检查。<br>(3)检维修后办理检维修交付生产手续。<br>7.1　作业许可<br>企业应对下列危险性作业活动实施作业许可管理，严格履行审批手续，各种作业许可证中应有危险、有害因素识别和安全措施内容：<br>(10)其他危险性作业 |

续表

| 序号 | 检查项目 | 检查内容 | 检查要点 | 检查依据 |
|---|---|---|---|---|
| 21 | 直接作业环节管理 | 试压作业符合相关规定要求 | 1. 施工单位在进行试压作业前，是否办理《试压作业许可证》。一台设备(一条管道)办理一张《试压作业许可证》。<br>2. 试压作业时，试压作业区域是否设置警戒线、悬挂警告标志，夜间还应设置红色警示灯。<br>3. 进行试压作业前，施工单位是否针对作业内容对试压作业进行危害识别，制定相应的施工方案及安全措施。<br>4. 试压作业时，施工单位是否安排本单位职工进行试压作业监护。<br>5. 压力表是否安装于试压设备、管道的高处和低处，不少于两块。<br>6. 水压试验时；设备、管道的最高点是否安装放空阀，最低点安装排水阀。<br>7. 一般情况下应用水作为试压介质，用可燃性液体进行液压试验时，温度是否低于其闪点，且25m范围内不得有火源，并备消防器材。<br>8. 按设计规定须用空气进行气压试验的，试压设备、管道内的易燃介质是否置换干净并分析合格后方可作业。<br>9. 带压设备、管道严禁受到强烈冲撞和气体冲击，升压和降压是否缓慢进行。<br>10. 检查及试压过程中，在法兰、法兰盖侧面、对面不得站人，封头对面不得站人。<br>11. 试压过程如发现泄漏，不得带压补焊或修理。<br>12. 试压过程中如出现异常情况是否立即停止试压作业。<br>13. 拆装盲板人孔时是否办理《拆装盲板、人孔作业许可证》 | 国家安全监管总局《危险化学品从业单位安全生产标准化评审标准》安监总管三〔2011〕93号发布<br>6.6 检维修<br>企业在进行检维修作业时，应执行下列程序：<br>(1)检维修前：<br>①进行危险、有害因素识别；<br>②编制检维修方案；<br>③办理工艺、设备设施交付检维修手续；<br>④对检维修人员进行安全培训教育；<br>⑤检维修前对安全控制措施进行确认；<br>⑥为检维修作业人员配备适当的劳动保护用品；<br>⑦办理各种作业许可证。<br>(2)对检维修现场进行安全检查。<br>(3)检维修后办理检维修交付生产手续。<br>7 作业安全<br>7.1 作业许可<br>企业应对下列危险性作业活动实施作业许可管理，严格履行审批手续，各种作业许可证中应有危险、有害因素识别和安全措施内容：<br>(10)其他危险性作业。<br>7.2 警示标志<br>企业应在检维修、施工、吊装等作业现场设置警戒区域和安全标志，在检修现场的坑、井、洼、沟、陡坡等场所设置围栏和警示灯。<br>7.3 作业环节 |
| 22 | 拆除和报废 | 拆除和报废符合行标和地标 | 1. 作业负责人是否与需拆除设施的主管部门和使用单位共同到现场进行作业前交底；<br>2. 作业人员是否进行危险、有害因素识别；<br>3. 是否制定拆除计划或方案；<br>4. 是否办理拆除设施交接手续 | 国家安全监管总局《危险化学品从业单位安全生产标准化评审标准》安监总管三〔2011〕93号发布<br>6.7 拆除和报废<br>企业应严格执行生产设施拆除和报废管理制度。拆除作业前，拆除作业负责人应与需拆除设施的主管部门和使用单位共同到现场进行对接，作业人员进行危险、有害因素识别，制定拆除计划或方案，办理拆除设施交接手续 |

表 9-11　工业气体安全监督检查专业要求

| 序号 | 检查项目 | 检查内容 | 检查要点 | 检查依据 |
| --- | --- | --- | --- | --- |
| 1 | 平面布置、厂房建筑 | 企业选址与布局应符合国家与行业标准要求 | 1. 总平面布置是否符合工业布局和城市规划的要求，按照国家有关法律、法规及建设前期工作的规定进行；<br>2. 总平面布置，是否在总体规划的基础上，根据工业企业的性质、规模、生产流程、交通运输、环境保护，以及防火、安全、卫生、施工及检修等要求，结合场地自然条件，经技术经济比较后择优确定；<br>3. 化工企业厂址是否符合工业布局和当地总体规划及土地利用总体规划的要求；<br>4. 选择化工企业厂区总平面是否根据厂内各生产系统及安全、卫生要求进行功能明确合理分区的布置，分区内部和相互之间是否保持一定的通道和间距。<br>5. 厂房建筑的耐火材料等级<br>5.1　厂房建筑的耐火材料等级、厂区防火间距、安全通道及消防用水量等安全防火条件是否符合 GB50016 的规定。可燃气体充装站应符合相应气体的设计规范。<br>5.2　爆炸下限小于 10% 的气体属于甲类气体，有氢气、乙炔、甲烷等是否采用一级或不低于二级耐火等级的建筑。<br>5.3　乙类气体（一氧化碳、氧气、氨气、一氧化二氮、氯）建筑耐火等级要求一、二级，是否达到要求。<br>5.4　戊类气体（氮、氩、氖、氦、二氧化碳等）建筑耐火等级不应低于三、四级。厂房的层数、最大允许建筑面积是否符合要求。<br>5.5　有爆炸危险的甲、乙类厂房，是否设置泄压设施，泄压面积与厂房体积的比值（$m^2/m^3$）宜采用 0.03~0.25（如氢≥0.25；乙炔≥0.2；乙烯≥0.16 等）。<br>设置在石油化工企业内的充装站是否符合 GB 50160 的规定。 | 《工业企业总平面设计规范》（GB 50187—2012）2.0.1~2.0.11 条；<br>第 2.0.1 条　厂址选择必须符合工业布局和城市规划的要求，按照国家有关法律、法规及建设前期工作的规定进行。<br>第 2.0.2 条　居住区、交通运输、动力公用设施、废料场及环境保护工程等用地，应与厂区用地同时选择。<br>第 2.0.3 条　厂址选择应对原料和燃料及辅助材料的来源、产品流向、建设条件、经济、社会、人文、环境保护等各种因素进行深入的调查研究，并应对其进行多方案技术经济比较，择优确定。<br>第 2.0.4 条　厂址宜靠近原料、燃料基地或产品主要销售地。并应有方便、经济的交通运输条件，与厂外铁路、公路、港口的连接，应短捷，且工程量小。<br>第 2.0.5 条　厂址应具有满足生产、生活及发展规划所必需的水源和电源，且用水、用电量特别大的工业企业，宜靠近水源、电源。<br>第 2.0.6 条　散发有害物质的工业企业厂址，应位于城镇、相邻工业企业和居住区全年最小频率风向的上风侧，不应位于窝风地段。<br>第 2.0.7 条　厂址应具有满足建设工程需要的工程地质条件和水文地质条件。<br>第 2.0.8 条　厂址应满足工业企业近期所必需的场地面积和适宜的地形坡度。并应根据工业企业远期发展规划的需要，适当留有发展的余地。<br>第 2.0.9 条　厂址应有利于同邻近工业企业和依托城镇在生产、交通运输、动力公用、修理、综合利用和生活设施等方面的协作。<br>第 2.0.10 条　厂址应位于不受洪水、潮水或内涝威胁的地带；当不可避免时，必须具有可靠的防洪、排涝措施。凡位于受江、河、湖、海洪水、潮水或山洪威胁地带的工业企业，其防洪标准应符合现行国 |

| 序号 | 检查项目 | 检查内容 | 检查要点 | 检查依据 |
| --- | --- | --- | --- | --- |
| 1 | 平面布置、厂房建筑 | 企业选址与布局应符合国家与行业标准要求 | 6. 氧气生产场所建设地点选择是否符合当地城市与工业区总体规划，环境效益好且安全可靠的厂址。空分装置的吸风口含乙炔（不大于 $0.5\times10^{-6}$）有害气体及含尘量（不大于 30mg/m$^3$）应符合要求；<br>7. 设施类别及防火间距<br>7.1 设施类别及防火间距是否符合要求：制氧、压氧厂房乙类二级，生产、储存氢气的建、构筑物甲类二级，氧气（包括液氧）储罐间的防火间距，应不小于相邻两罐中较大罐的半径；与氢气储罐宜分开设置，必须相邻时，其防火间距应不小于相邻两罐较大罐的直径。氧气与氮气、氩气储罐的间距及氮气、氩气储罐之间的间距应满足施工和维修要求，且不宜小于 2m；<br>7.2 液氧储罐与液氮、液氩储罐的间距及液氮、液氩储罐之间的间距是否满足施工和维修要求，且不宜小于 2m；<br>7.3 氢气储罐间的防火间距，应不小于相邻两罐中较大罐半径；固定容积氢气储罐间的防火间距，应不小于相邻两罐中较大罐直径的 2/3；固定容积氢气储罐与湿式、干式氢气储罐间的防火间距，应不小于相邻两罐中较大罐半径；<br>7.4 氢气储罐与氧气储罐间的防火间距，应不小于相邻两罐中较大罐直径。厂区四周应设围墙或围栏；<br>7.5 灌氧（氮、氩、氢）站房充装台应设高度不低于 2m、厚度不小于 200mm 的钢筋混凝土防护墙。<br>8. 充装站<br>8.1 充装间是否设有足够泄压面积和相应的泄压设施。充装介质密度小于空气的气体充装站排气泄压设施应设在建筑物顶部，充装介质密度大于或等于空气的气体，充装站排气泄压设施是否设在建筑物靠近地面的位置上；<br>8.2 充装站是否设置符合安全技术要求的通风、遮阳、防雷、防静电设施； | 家标准《防洪标准》的有关规定。<br>第 4.1.8 条　总平面布置，应合理地组织货流和人流。<br>《化工企业总图运输设计规范》（GB 50489—2009）第 3.1.1～3.1.9 条；<br>3.1.1 厂址选择应符合国家工业布局和当地城镇总体规划及土地利用总体的要求。厂址选择应严格执行国家建设前期工作的有关规定；<br>《建筑设计防火规范》（GB 50016—2006）第 3.1～3.8 条，其中 3.5.1 甲类仓库之间及其与其他建筑明火或散发火花地点、铁路等的防火间距见附录 2.2.1；4.3.3 条湿式氧气贮罐与建筑物、储罐、堆场之间的防火间距见附录 2.2.2。<br>《深度冷冻法生产氧气及相关气体安全技术规程》（GB 16912—2008）第 4.2.1～4.2.3 条；<br>《深度冷冻法生产氧气及相关气体安全技术规程》（GB 16912—2008）第 4.3.1～4.6.33 条、《氧气站设计规范》（GB 50030—2007）第 3.0.5 条氧气站等乙类生产建筑物与各类建筑物之间的最小防火间距见附录 2.2.3 与《氢气站设计规范》（GB 50177—2005）第 3.0.2 条氢气站、氢气罐与建筑物、构筑物的防火间距见附录 2.2.4；<br>《气瓶充装站安全技术条件》（GB 27550—2011）第 6.2～6.7 条<br>6.2 充装间必须设有足够泄压面积和相应的泄压设施。充装介质密度小于空气的气体充装站排气泄压设施应设在建筑物顶部，充装介质密度大于或等于空气的气体，充装站排气泄压设施应设在建筑物靠近地面的位置上。<br>6.3 充装站应设置符合安全技术要求的通风、遮阳、防雷、防静电设施。<br>6.4 可燃气体充装站内的灌瓶（充装）间、实瓶间、压缩机房等为甲类厂房；瓶库等为甲类库房。其厂房建筑应为一、二级耐火等级的单层建筑。甲类厂房与甲类库房必须符合如下条件：<br>a）密度等于或大于空气的可燃气体的厂房、库房内应采用不产生火花 |

续表

| 序号 | 检查项目 | 检查内容 | 检查要点 | 检查依据 |
| --- | --- | --- | --- | --- |
| 1 | 平面布置、厂房建筑 | 企业选址与布局应符合国家与行业标准要求 | 8.3 充装站的充装间与瓶库的钢瓶是否分实瓶区、空瓶区布置。氧气、电解氢充装站灌瓶台应设置防护墙(有抽真空装置或气瓶装有余压保持阀除外)。深冷大型液氧贮罐($500m^3$ 以上)(堆积珠光砂绝热型)应按 GB 50160 第 3.5.7 条的要求建造围堰;<br>8.4 站台上宜保留足够宽度的通道,并应设置有大于平台宽度的雨蓬;<br>8.5 生产区内严禁设地下、半地下建筑物,地下管沟是否用干砂填充 | 地面,如采用绝缘材料作整体面层时,应采取防静电措施。地下不得设地沟,如必须设置时,其地沟应填砂充实并加盖板,或采用强制通风措施。<br>b)厂房、库房应采用混凝土柱、钢柱框架或排架结构,当采用钢柱时,应采用防火保护层。结构宜采用敞开式建筑,门、窗应向外开启并应有安全出口。顶棚应尽量平整,避免死角。<br>c)厂房、库房应有必要的泄压设施,泄压设施宜采用轻质屋盖作为泄压面积,易于泄压的门窗、轻质墙体也可作为泄压面积。作为泄压面积的轻质屋顶和轻质墙体每平方米重量不宜超过 60kg。泄压面积与厂房(库房)体积的比值($m^2/m^3$),应符合 GB 50016 建筑设计防火规范。<br>d)建筑面积(单层)超过 $100m^2$ 或同一时间生产人数超过 5 人的生产厂房应至少有两个安全出口。<br>e)厂房或库房顶部应设避雷网并接地,其冲击接地电阻应小于 10Ω。<br>6.5 充装站的充装间与瓶库的钢瓶应分实瓶区、空瓶区布置。氧气、电解氢充装站灌瓶台应设置防护墙(有抽真空装置或气瓶装有余压保持阀除外)。深冷大型液氧、液氮贮罐($500m^3$ 以上)(堆积珠光砂绝热型)应按 GB 50160《石油化工企业设计防火规范》、的要求建造围堰。又根据《危险化学品重大危险源识别》《GB 18218—2008》表 4-1 气体中氧化性气体的危险性属于 2.2 项非易燃无毒气体且次要危险性为 5 类气体,大型液氧贮罐超过临界量 200t 者为重大危险源。<br>6.6 充装站应有专供气瓶装卸的站台或专用装卸工具。站台上存放空瓶和实瓶的区间应设立明显标记。站台上宜保留有宽度不小于 2m 的通道(乙炔充装站通道净宽不小于 1.5m)。乙炔充装站的站台宜高出地面 0.4~1m,平台宽度不宜超过 3m,并应设置有大于平台宽度的雨蓬,雨蓬及其支撑应为非燃烧体。<br>6.7 液化石油气和压缩天然气充装站的站址及场地还应符合下列规定: |

续表

| 序号 | 检查项目 | 检查内容 | 检查要点 | 检查依据 |
| --- | --- | --- | --- | --- |
| 1 | 平面布置、厂房建筑 | 企业选址与布局应符合国家与行业标准要求 | | a)充装站生产区应设置高度不低于2m非燃烧体实体围墙。<br>b)充装站应分区布置，应分为生产区和辅助区。液化石油气充装站在生产区和辅助区之间应设高度不低于2m的非燃烧体实体围墙。<br>c)生产区应布置在充装站全年最小频率风向的上风侧或上侧风侧。<br>d)生产区应敷设宽敞的回车场地。生产区应设有宽度不小于4m的环形消防车道。液化石油气充装站当贮罐总容积小于500m$^3$时，可设尽头式消防车道和面积不小于12m×12m的回车场。供大型消防车使用的回车场面积不应小于18m×18m。<br>e)充装站内场地平整，在山区、丘陵地区设站也可分阶梯布置。生产区内严禁设地下、半地下建筑<br>物(地下贮罐、水泵结合器除外)，地下管沟应用干砂填充。<br>f)充装站生产区与辅助区至少各设一个对外出口。贮罐总容积超过1000m$^3$，液化石油气生产区应<br>设两个对外出入口，其间距不应小于50m。出入口宽度应不小于4m。<br>g)钢瓶装卸台的设置，应符合GB 50028《城镇燃气设计规范》的规定 |
| 2 | 生产工艺、装置设备与设施 | 企业的生产工艺装置、设备与设施符合国家标准要求 | 1. 压力容器的安装、改造、维修、检验、使用、和管理是否符合《固定式压力容器安全技术监察规程》。<br>2. 气瓶充装站的铁路罐车、汽车罐车、长管拖车、罐式集装箱和管束式集装箱的使用管理、充装、卸载改造维修、定期检验安全附件的管理是否符合《移动式压力容器安全技术监察规程》。<br>3. 凡与乙炔接触的设备、管件、仪表，严禁选用含铜量超过70%的铜合金以及银、汞、锌、镉及其合金材料制造的零部件。<br>4. 氧气充装站的工艺布置、设备与管道的选择设计是否符合GB 16912的规定。氢气站的工艺布置、设备与管道的设计应符合GB 50177的要求。<br>5. 深冷液化气体储罐及软管等的快速接头是否根据气体的不同采用不同的结构。 | 《固定式压力容器安全技术监察规程》(TSG R0004—2009)第五~八条；<br>第五条　本规程适用范围内压力容器所用的安全阀、爆破片装置、紧急切断装置、安全联锁装置、压力表、液位计、测温仪表等安全附件也应当满足本规程的要求。<br>第六条　压力容器的主要受压元件包括筒体、封头(端盖)、人孔盖、人孔法兰、人孔接管、膨胀节、设备法兰；球罐的球壳板；换热器的管板和换热管；M36以上的设备主螺柱及公称直径大于等于250mm的接管和管法兰。<br>本规程适用范围内的压力容器除本体外还包括：<br>(一)压力容器与外部管道或装置焊接连接的第一道环向焊接接头的焊接坡口、螺纹连接的第一个螺纹接头、法兰连接的第一个法兰密封 |

续表

| 序号 | 检查项目 | 检查内容 | 检查要点 | 检查依据 |
| --- | --- | --- | --- | --- |
| 2 | 生产工艺、装置设备与设施 | 企业的生产工艺装置、设备与设施符合国家标准要求 | 6. 氧气充装不得使用水润滑压缩机。<br>7. 对于充装与水反应易形成强腐蚀性介质的气体，充装站是否备有对设备、管道阀门、气瓶进行干燥的设施。<br>8. 深冷液体加压气化充瓶装置中，深冷液体泵排液量与气化器换热面积及充装量是否匹配，应使每瓶气的充装时间不得小于 30min。<br>9. 乙炔设备、管道系统是否设有氧体积分数小于 3%的氮气或二氧化碳置换设施。<br>10. 以电解法生产的氢气和氧气充装站，是否在氧气管道上设置分析氧中氢含量的自动分析仪器，在氢气管道上是否设置分析氢气中氧含量的自动分析仪器 | 面、专用连接件或管件连接的第一个密封面；<br>（二）压力容器开孔部分的承压盖及其紧固件；<br>（三）非受压元件与压力容器本体连接的连接焊缝。<br>第七条　本规程不适用于下列压力容器：<br>（一）核装置中直接接受辐射的压力容器、安装在船舶和铁路机车上的压力容器、国防或军事装备用的压力容器、真空下工作的压力容器（不含夹套压力容器）、锅炉安全技术监察规程适用范围内的直接受火加热的设备（例如以余热利用为目的的烟道式、复合式余热锅炉等）。（二）正常运行最高工作压力小于 0. 1MPa 的压力容器（包括在进料或出料过程中需要瞬时承受压力大于等于 0. 1MPa 的压力容器）。（三）机器上非独立的承压部件（包括压缩机、发电机、泵、柴油机的气缸或承压壳体等）。（四）可拆卸垫片式板式热交换器（包括半焊式板式热交换器）、空冷式热交换器、冷却排管。<br>第八条　压力容器的设计、制造（组焊）、安装、改造、维护、使用、检验，均应当严格执行本规程的规定。各级特种设备安全监察机构（以下简称安全监察机构）负责压力容器安全监察工作，监督本规程的执行。<br>《移动式压力容器安全技术监察规程》（TSG R0005-2011）第 5~9 条。<br>《气瓶充装站安全技术条件》（GB 27550—2011）第 7. 2 条。<br>压力管道的设计、制造、安装、检验、使用和管理应符合《特种设备安全监察条例》、《压力管道安全管理与监察规定》及 GB50235 的规定，并根据介质类别按有关标准的规定喷涂相应的颜色标记。<br>深度冷冻法生产氧气及相关气体安全技术规程（GB 16912—2008）第 8 条及氢气站设计规范（GB 50177—2005）第 6. 01~6. 16 条。<br>《气瓶充装站安全技术条件》（GB 27550—2011）第 7. 4 条、第 7. 5 条、第 7. 5 条、第 7. 6 条、第 7. 11 条和第 8. 6 条。<br>7. 4　氧气充装站的工艺布置、设备与管道的选择设计应符合 GB 50030 及 GB 16912 的规定。氢气站的工艺布置、设备与管道的设计应符合 GB 50177 的要求。 |

续表

| 序号 | 检查项目 | 检查内容 | 检查要点 | 检查依据 |
| --- | --- | --- | --- | --- |
| 2 | 生产工艺、装置设备与设施 | 企业的生产工艺装置、设备与设施符合国家标准要求 | | 7.5 气体充装站的充装接头应符合 GB 15383 中相关的规定。深冷液化气体储罐及软管等的快速接头应根据气体的不同采用不同的结构。<br>7.6 充装站不得使用水润滑压缩机充装压缩气体。对于充装与水反应易形成强腐蚀性介质的气体，充装站应备有对设备、管道阀门、气瓶进行干燥的设施。<br>7.11 乙炔管道和所连接的设备中，在下列部位应设置阻火器，阻火器的选用应符合《溶解乙炔设备》JB/T 8856—2001 中 5.7.5.1 的规定。<br>a)高压干燥器的出口管路上；<br>b)各充气汇流排的主截止阀前；<br>c)充气汇流排的各分配截止阀后；<br>d)高压乙炔放回低压乙炔的管路上。<br>8.6 以电解法生产的氢气和氧气充装站，应在氧气管道上设置分析氧中氢含量的自动分析仪器，在氢气管道上设置分析氢气中氧含量的自动分析仪器 |
| 3 | 安全标识 | 安全警示标志符合要求 | 1. 充装站是否根据气体的特性，按照 GB 2894 中的规定，在站内外醒目处应设置须知牌和安全标志；<br>2. 是否负责气瓶的维护和附件的修理、更换，气瓶颜色标志的涂敷工作 | 《安全标志》(GB 2894—2008)第 4.1~4.5 条；<br>《气瓶安全监察规程》(2000)第 68 条。<br>气瓶检验单位的主要职责是：1. 对气瓶进行定期检验，出具检验报告，并对其正确性负责；2. 对气瓶附件进行更换；3. 进行气瓶表面的涂敷；4. 对报废气瓶进行破坏性处理 |
| 4 | 应急资源配置 | 建立健全应急资源配置及应急救援体系 | 1. 充装站内是否设置消防车通道、专用消防栓、消防水源、灭火器材以及在紧急情况下处理事故的消灾设施和器具。灭火器的配量应符合 GBJ 140 的规定。乙炔充装间内应设置供灭火用的紧急喷淋装置；<br>2. 充装站的消防设施是否符合 GB 50016 的规定。有爆炸危险场所的电力装置设计、施工与验收是否符合 GB 50028 和 GB 50257 的要求。乙炔充装站有爆炸危险性的 1 区内，应采用适用于乙炔的 dⅡCT2(B4b)级隔爆型电气设备或仪表 | 《气瓶充装站安全技术条件》(GB 27550—2011)第 6.8 条。<br>充装站内必须设置消防车通道、专用消防栓、消防水源、灭火器材以及在紧急情况下处理事故的消灾设施和器具。灭火器的配量应符合 GBJ140《建筑灭火器配置设计规范》的规定。乙炔充装间内必须设置供灭火用的紧急喷淋装置 |

续表

| 序号 | 检查项目 | 检查内容 | 检查要点 | 检查依据 |
| --- | --- | --- | --- | --- |
| 5 | 作业环境 | 作业场所符合国家标准要求 | 1. 充装毒性气体的充装站是否具备以下安全设施：<br>1.1 厂房内除设置一般机械通风外，是否备有事故排风装置。对排出含有大量有毒气体的空气应进行净化处理，使其符合 GBZ 1—2010 中有关规定的要求；<br>1.2 盛贮剧毒液化气体的容器是否设置在室内，并设有可在容器四周形成水幕用以制止突发性事故而造成毒性气浪的给水装置；<br>1.3 充装剧毒液化气体的充装站，是否配置在充装同时可防止气体溢出的负压操作系统；<br>1.4 充装毒性气体和乙炔的充装站，是否设有回收或处理瓶内余气的设备和装置，不得向大气排放，液化石油气体充装站应设有残液倒空和回收装置，还应有新瓶抽真空设施 | 《气瓶充装站安全技术条件》(GB 27550—2011)第 7.7 条。<br>深冷液体加压气化充瓶装置中，深冷液体泵排液量与气化器换热面积及充装量应匹配，应使每瓶气的充装时间不得小于 30min。<br>《气瓶充装站安全技术条件》(GB 27550—2011)第 7.8 条：<br>充装毒性气体的充装站还应具备以下安全设施：<br>a)厂房内除设置一般机械通风外，还应备有事故排风装置。对排出含有大量有毒气体的空气必须进行净化处理，使其符合 GBZ 1—2010《工业企业设计卫生标准》中有关规定的要求。<br>b)盛贮剧毒液化气体的容器应设置在室内，并设有可在容器四周形成水幕用以制止突发性事故而造成毒性气浪的给水装置。<br>c)充装剧毒液化气体的充装站，必须配置在充装同时可防止气体溢出的负压操作系统 |
| 6 | 从业人员操作行为 | 规范从业人员操作行为 | 1. 永久气体瓶装气中的杂质含量应符合方可充装瓶装气中的杂质含量应符合相应气体标准的要求；<br>2. 液化气体充装前的气瓶是否由专人负责，逐只进行检查 | 《永久气体气瓶充装规定》(GB 14194—2006)第 5.2 条。<br>瓶装气中的杂质含量应符合相应气体标准的要求，下列气体禁止装瓶：<br>a)氧气中的乙炔、乙烯及氢的总含量达到或超过 2%(体积分数，下同)或易燃性气体的总含量达到或超过 4%者；<br>b)氢气中的氧含量达到或超过 0.5%者；<br>c)其他易燃性气体中的氧含量达到或超过 4%者。<br>《永久气体气瓶充装规定》(GB 14194—2006)第 5.3 条。<br>气瓶充装气体时，必须严格遵守下列各项规定：<br>a)充气前必须检查确认气瓶是经过检查合格(应有记录)或妥善处理了(应有记录)的；<br>b)用防错装接头进行充装时，应认真仔细检查瓶阀出气口的螺纹与所装气体所规定的螺纹型式是否相符，防错装接头各零件是否灵活好用；<br>c)开启瓶阀时应缓慢操作，并应注意监听瓶内有无异常音响；<br>d)充装易燃气体的操作过程中，禁止用扳手等金属器具敲击瓶阀和管道； |

续表

| 序号 | 检查项目 | 检查内容 | 检查要点 | 检查依据 |
|---|---|---|---|---|
| 6 | 从业人员操作行为 | 规范从业人员操作行为 | | e)在瓶内气体压力达到7MPa以前应逐只检查气瓶的瓶体温度是否大体一致，在瓶内气体压力达到10MPa以前应逐只检查气瓶的瓶阀的密封是否良好。发现异常时应及时妥善处理；<br>f)气瓶的充装流量不得大于$8m^3/h$(标准状态下)，且充装时间不得小于30min；<br>g)用充气汇流排充装气瓶时，在瓶组压力达到充装压力的10%以后，禁止再插入空瓶进行充装。<br>《液化气体气瓶充装规定》(GB 14193—2009)第4.3条。<br>有下列情况之一的气瓶，禁止充装：<br>a)不具有“气瓶制造许可证”的单位生产的；<br>b)进口气瓶未经安全监察机构批准认可的；<br>c)将要充装的气体与气瓶制造钢印标记中充装气体名称或化学分子式不一致的；<br>d)警示标签上印有的瓶装气体名称及化学分子式与气瓶制造钢印标记中不一致的；<br>e)将要充装的气瓶不是本充装站的自有产权的，气瓶技术档案不在本充装单位的；<br>f)原始标志不符合规定，或钢印标志模糊不清，无法辨认的；<br>g)颜色标志不符合GB 7144—1999《气瓶颜色标志》的规定，或严重污损脱落，难以辨认的；<br>h)高压气瓶使用年限超过30年的，盛装腐蚀性气体的钢质焊接气瓶超过12年的，盛装其他气体的钢质焊接气瓶超过20年的；<br>i)超过检验期限的；<br>j)经过改装的；<br>k)附件不全、损坏或不符合规定的；<br>l)气瓶瓶体或附件材料与所装介质性质不相容的；<br>m)低压液化气体气瓶的许用压力小于所装介质在气瓶最高使用温度下的饱和蒸气压的气瓶。(国内的低压液化气体气瓶的最高使用温度定为60℃。 |

续表

| 序号 | 检查项目 | 检查内容 | 检查要点 | 检查依据 |
| --- | --- | --- | --- | --- |
| 6 | 从业人员操作行为 | 规范从业人员操作行为 | | 《液化气体气瓶充装规定》(GB 14193—2009)第4.4条。<br>颜色或其他标志以及瓶阀出口螺纹与所装气体的规定不相符的气瓶，除不予充气外，还应查明原因，报告上级主管部门和当地质监部门，进行处理 |
| 7 | 个体防护配备 | 个体防护配备符合国家标准要求 | 气体充装站应有个体防护配备，气体充装站应按所装介质的特性配备相应的保护用具和用品 | 《气瓶充装站安全技术条件》(GB 27550—2011)第8.7条。<br>气体充装站应按所装介质的特性配备相应的保护用具和用品；有腐蚀性介质的充装站应有可靠的防酸碱灼伤的劳保用具；有深冷液化气体加压气化的充装站应有可靠的防冻劳保用品；有毒气体充装站现场应配有防毒面具、滤毒罐和急救药品，并应具有可靠的通讯联络手段和抢救运送中毒人员的条件。可燃气体充装站应具有防静电衣服，底部无铁钉鞋具和不能产生火花的检修工具 |

# 参 考 文 献


1 蒋军成. 危险化学品安全技术与管理[M]. 北京：化学工业出版社，2009.
2 赵耀江. 危险化学品安全管理与安全生产技术[M]. 北京：煤炭工业出版社，2006.
3 匡永泰，高维民. 石油化工安全评价技术[M]. 北京：中国石化出版社，2005.
4 付林，方文林. 危险化学品安全生产检查[M]. 北京：化学工业出版社，2015.
5 方文林. 危险化学品基础管理[M]. 北京：中国石化出版社，2015.
6 方文林. 危险化学品法规标准[M]. 北京：中国石化出版社，2015.
7 方文林. 危险化学品应急处置[M]. 北京：中国石化出版社，2015.